초파리를 알면 유전자가 보인다

초파리를 알면 유전자가 보인다

스테퍼니 엘리자베스 모어

이한음 옮김

까치

역자 이한음

서울대학교 생물학과를 졸업했다. 저서로 과학 소설집『신이 되고 싶은 컴퓨 터』가 있으며, 역서로는『DNA : 유전자 혁명 이야기』,『유전자의 내밀한 역사』,『살아 있는 지구의 역사』,『조상 이야기 : 생명의 기원을 찾아서』, 『생명 : 40억 년의 비밀』,『암 : 만병의 황제의 역사』,『위대한 생존자들』, 『낙원의 새를 그리다』,『식물의 왕국』,『새로운 생명의 역사』 등이 있다.

초파리를 알면 유전자가 보인다

저자 / 스테퍼니 엘리자베스 모어

역자 / 이한음

발행처 / 까치글방

발행인 / 박후영

주소 / 서울시 용산구 서빙고로 67, 파크타워 103동 1003호

전화 / 02·735·8998, 736·7768

팩시밀리 / 02·723·4591

홈페이지 / www.kachibooks.co.kr

전자우편 / kachibooks@gmail.com

등록번호 / 1-528

등록일 / 1977. 8. 5

초판 1쇄 발행일 / 2018. 11. 12

값 / 뒤표지에 쓰여 있음

ISBN 978-89-7291-676-5   93470

이 도서의 국립중앙도서관 출판예정도서목록(CIP)은 서지정보유통지원시스템 홈페이지(http://seoji. nl.go.kr)와 국가자료공동목록시스템(http://www.nl.go.kr/kolisnet)에서 이용하실 수 있습니다. (CIP제어번호: CIP2018034733)

나의 가족에게

차례

서문

내가 과학 분야에서 처음 일자리를 얻게 된 것은 웨슬리언 대학교에서 근로 장학생으로 뽑히면서였다. 그때 나는 신입생이었는데, 지금 기억 나는 바에 따르면 고를 수 있는 일이 몇 군데 없었다. 기숙사 친구들은 대부분 도서관에서 책 정리하는 일을 택했지만, 나는 생물학과에서 실험 기구들을 세척하는 일을 맡았다.

그것은 완벽한 일자리였다. 오후에 가면 세척할 실험 기구들이 커다 란 하얀 플라스틱 통 안에 대충 헹구어진 상태로 들어 있었다. 통마다 교수의 이름이 검은 펜으로 큼지막하게 적혀 있었다. 세척은 연구실 별 로 각각 하라고 했다. 즉 한번에 한 통에 있는 기구들만 세척기에 넣으라 는 것이었다. 산업용 세척기에 실험 기구들을 다 넣고 난 후, 가루비누 한 컵을 집어넣고 작동시켰다. 그런 다음에 앉아서 공부를 하고 있으면, 1시간쯤 후에 끝났다는 소리가 울렸다. 그러면 나는 내열 장갑을 끼고서 실험 기구들을 꺼내고, 다른 통에 담긴 기구들을 넣었다.

1학년이 끝날 무렵에 한 연구실에서 대학생 연구원이 될 생각이 있냐 는 질문을 받았다. 세척기와 오토클레이브—고압 고온 멸균기—가 있는 그 작은 방 바로 옆 연구실에 있던 생화학자가 이따금 고개를 들이밀고 는 어느 연구실이든 들어가보라고 권하곤 했다. 그는 오후 내내 실험 기구를 세척하면서 앉아 있을 필요가 없다는 사실을 나에게 확실하게 주지시키려는 듯했다. 대신에 실험 기구를 세척하는 일과 같은 근로 장학금을 받든 학점을 따든 간에, 직접 실험을 해보라는 것이었다. 나는 좀 내키지는 않았지만—어쨌거나 대부분의 시간을 혼자 공부를 하면서 보내는 꽤 수지맞는 일자리였으니까—결국 그의 조언을 받아들여 한 생물학 교수를 찾아가서 연구원 자리가 있는지 물어보았다.

어떤 종류의 연구를 하고 싶은지 또는 어느 연구실에 들어가고 싶은지, 처음부터 명확한 생각이 있던 것은 아니었다. 그러나 확실하게 "안 돼"라고 마음먹은 것은 하나 있었다. 생물학과에서 초파리, 즉 드로소필라 멜라노가스테르(*Drosophila melanogaster*)를 연구하는 사람들이 있는 연구실로는 가지 않겠다고 단호하게 결심했다.

초파리 연구실에서 일하지 않겠다고 결심한 이유가 무엇이냐고?

그것은 오로지 실험 기구들을 보고서 내린 결정이었다.

생물학과의 열두 곳쯤 되는 연구실에서 나오는 실험 기구들을 매주 씻다보니 어떤 패턴이 눈에 보이기 시작했다. 대부분의 연구실에서는 아주 길쭉한 유리 실린더, 작은 플라스크, 입이 넓은 비커 등 다양한 실험 기구들이 나왔다. 금속 주걱이나 회전하면서 용액을 뒤섞는 막대자석도 이따금 보이곤 했다. 그러나 단 한 군데만은 예외적이었다. 당시 생물학과에서 초파리를 연구하는 교수는 딱 한 명이었다. 그의 이름은 마이클 위어였는데, 그 연구실에서 오는 "위어"라고 적혀 있는 하얀 통에는 으레 다른 연구실에서 볼 수 있는 갖가지 크기와 모양의 실험 기구들이 놓여 있지 않았다. 대신에 똑같은 모양과 크기의 200밀리리터짜리 유리병들만이 줄줄이 있었다. 그중에는 양각 문자로 "오줌 표본"이라고 표시된 것도 많았다.

그 때문에 내가 구역질했다는 뜻은 아니다. 나는 그 안에 오줌 따위는 전혀 들어 있지 않다는 것을 알고 있었다. 게다가 실험 기구들은 미리 헹궈져서 왔으니까 말이다. 초파리나 초파리 애벌레의 흔적도 전혀 보이지 않았다. 초파리 먹이의 흔적조차도 찾을 수 없었다. 그저 좀더 말끔히 세척하기 위해서 기계로 온, 이미 헹궈진 병일뿐이었다. 그런데 왜 거부감을 가졌냐고? 이유는 단순했다. 그 연구실에서 오는 실험 기구들이 너무 지겨웠기 때문이다. 200밀리리터 병들을 세척기에 줄줄이 집어넣은 뒤, 반들반들하게 닦인 병들을 다시 하얀 통에 줄줄이 내려놓는 일을 반복해보라. 나는 흥미로운 연구실에서 일하고 싶었다. 많은 일들이 벌어지는 연구실에서. 다양한 일을 하는 연구실에서. 즉 내 나름의 판단 기준이 있었다. 그런데 줄줄이 이어지는 똑같은 크기의 병들을 볼 때, 그 연구실은 영 꽝이었다.

지금 돌이켜보면, 대학생 때 초파리 연구실에는 가지 않겠다고 한 그 결정은 불가피하게 일어날 일을 미룬 것이나 마찬가지였다. 만나자마자 사랑에 빠진 두 사람이 이렇게 말하는 것과 비슷하다고나 할까. "오랫동안 한 동네에 살면서도 몰랐다니!" 볼더에 있는 콜로라도 대학교의 대학원생이 되었을 때에도, 나는 곧바로 초파리 연구에 정착한 것이 아니라 얼마간 주변을 맴돌았다. 팔처럼 뻗은 한 쌍의 섬모로 개구리헤엄을 치듯이 물속을 돌아다니는 단세포 녹조류인 클라미도모나스 레인하르드티이(*Chlamydomonas reinhardtii*)를 연구하면서 두 달을 보냈고, 초파리처럼 흔히 쓰이는 "모델 생물(model organism)"인, 속이 비치는 작은 선충인 예쁜꼬마선충(*Caenorhabditis elegans*)을 붙들고 다시 두 달을 보냈다. 모델 생물이란 그 생물을 통해서 배운 것들을 우리 자신을 포함하여 다른 많은 생물들의 발생, 성장, 생활, 건강, 노화, 행동 등을 제어하는 원리, 메커니즘, 유전적 토대를 이해하는 데에 더 폭넓게 적용할 수 있다는 가정하에(나는 타당한 가정이라고 본다) 많은 연구자들이 연구에 쓰는 종(種, species)을 말한다.

그러던 1994년 초여름, 나는 로버트 보스웰 교수를 찾아갔다. 나로서는 일종의 마지막 승부수를 던진 셈이었다. 대학원에서의 1년이 끝나가고 있었다. 실험실 연구보다는 주로 강의를 들으면서 지내던 기간이었다. 그동안 나는 한 연구실에 정착하기를 거부해왔고, 순회하면서 경험했던 연구실로는 들어가고 싶지 않았다. 대학원을 아예 그만두고 동부 지역으로 돌아갈 생각까지 하고 있었다. 그만두면 어떤 일을 할지 그런 것들까지 구상했다.

그러나 쿼터백이 그래도 마지막 승부수를 던지는 이유는 일단 성공하면 보상이 엄청나기 때문이다. 마치 짜 맞춘 듯이 순조롭게 일이 진행되고, 팀은 꿈같은 경기를 펼치게 된다. 보스웰 교수의 연구실─초파리 연구실─에서 마지막 시도를 해보자고, 결심을 한 나는 대학원 학위 논문에 딱 맞는 것을 찾아냈다. 아니 나중에 드러났듯이, 그것은 그 이상이었다. 그 결심을 통해서 나는 "파리 인간(fly person)"이 되었다. 학계에서 초파리를 연구하는 우리 같은 사람들은 스스로를 그렇게 부른다.

나는 초파리가 모델 생물 중에서도 최고라고, 모델 중의 모델이라고 생각한다. 그리고 이런 주장을 하는 것도 내가 처음은 아니다. 그냥 놓아둔다면, 이 무해한 작은 파리는 썩어가는 사과 더미나 포도원 위를 빙빙 맴도는 일만 하면서 생을 보내는 데에 만족할 것이다. 그러나 100여 년 전부터 과학자들은 이 초파리를 연구하기 시작하면서, 인간의 생물학과 질병의 기본 사항들을 비롯하여 놀라울 만큼 많은 근본적인 생물학 개념들을 밝혀왔다. 비록 내가 처음 이 분야를 접한 이후로 많은 세월이

흘렀지만, 나는 지금도 초파리 연구를 통해서 밝혀지는 새로운 사실들에 놀라곤 한다. 나는 이 작은 요정과 유전학, 유전체학, 세포학, 발생학, 신경과학 같은 분야들에서 초파리를 대상으로 연구를 하는 많은 연구자들의 진가를 깊이 인식하게 되었다.

이 책에서 나는 독자들에게 "초파리에게서 최초로" 발견한 것들의 이야기를 들려줌으로써 그 놀라움과 깨달음을 함께 나누고 싶다. 초파리가 주역을 맡아서 해낸 주요 생물학적 깨달음들과 발견들—다른 분야의 연구자들이 나아갈 새로운 연구 방향을 제시하는 것—을 보여주고 싶다. 그런 깨달음과 발견이 없었다면 다른 분야의 연구자들은 그 길로 가지 못했거나 그 길을 찾아내는 데에 훨씬 더 오랜 시간이 걸렸을 것이다. 나의 목표는 초파리에게서 먼저 이루어진 발견들의 목록을 집대성한다거나 오로지 이런 유형의 발견만을 딱 골라서 제시하겠다는 것이 아니다. 대신에 나는 "최초"를 도약대로 삼아서 초파리 연구가 인간 유전자의 기능적 이해를 포함하여 생물학과 생명의학을 이해하는 데에 어떤 식으로 폭넓게 영향을 미쳐왔는지를 보여주고자 한다. 사실 인간 유전자들 중에는 그 생물학적 기능—세포 내 작용 메커니즘, "어떻게 작동할까?"의 해답—의 최초 단서가 이른바 하등한 초파리를 대상으로 한 연구에서 나온 것들이 정말 놀라울 만큼 많다. 인간의 세포, 생쥐, 쥐, 기니피그를 연구해서 나온 것들이 아니었다.

2000년 제41차 초파리 연례 학술대회에서, 첫 번째 토의 주제는 새로 발표된 초파리 유전체 서열이었다. 눈과 다리가 달린 동물들 중에서 유전체 전체의 서열이 밝혀진 것은 초파리가 처음이었다. 이 토의 시간에 초파리 분야의 손꼽히는 한 연구자는 강당에 가득한 사람들 앞에서 초파리가 기본적으로 "날개 달린 작은 인간"이라고 농담을 했다.

물론 진짜로 그렇지는 않다.

그러나 초파리는 경이로운 존재이다. 그리고 적어도 진화라는 실을 통해서 우리와 연결되어 있다. 왜냐하면 자연은 매번 신종(新種)이 생길 때마다 새롭게 모든 것을 재발명하기보다는 어떤 문제를 일단 풀면 그 해결책을 반복하여 적용하는 경향이 있기 때문이다.

처음에 연구자들이 초파리를 연구하게 된 것은 어느 정도는 우연과 상황이 맞아떨어져서였다. 그러나 그 뒤로도 초파리 연구를 계속한 이유는 결코 우연이 아니다. 일단 "초파리에게서 최초로" 밝혀진 이야기들—우리의 몸, 행동, 여러 장애 및 질병의 이야기와 밀접한 관계가 있는 것들이 많다—을 접하고 나면, 초파리에게 주의를 기울일 수밖에 없을 것이다. 지금까지 죽 그래왔으며, 앞으로도 그럴 것이다.

서론

실험실의 전형적인 초파리 먹이—옥수수 가루, 효모, 당, 물, 이 물질들을 서로 엉기게 만드는 우무 약간—위에서 자라고 있는, 서로 다른 발생 단계에 있는 초파리들이 든 병을 들여다보면, 그다지 기억에 남지 않을 듯한 흐릿한 색깔들이 많이 보인다. 먹이는 베이지색이다. 아주 작은 알과 작은 애벌레는 흰색이다. 애벌레는 자라면서 병의 벽을 타고 기어오르며, 하얀 솜으로 된 마개가 있는 곳까지 가서 번데기가 된다. 번데기는 처음에는 회백색이었다가 점점 짙어져서 호박색이나 담황색이 된다. 성체가 나올 때가 되면, 투명한 껍데기 안쪽으로 두 개의 흑회색 얼룩이 점점 뚜렷해진다. 그것이 바로 날개이다. 날개는 젖은 채로 접혀 있다. 성체가 밖으로 기어나오면 펴지면서 마른다. 흰색, 베이지색, 흑회색이라는 이 중립적인 색깔의 바다에서, 초파리를 눈에 띄게 만드는 것이 있는데 바로 성체의 두 눈이다. "야생형(wildtype)" 즉 정상적인 초파리의 눈이 짙은 빨간색이다. 이 한 쌍의 석류석은 측지돔처럼 여러 면으로 이루어져 있고(현미경을 써야 보이지만), 강렬하다.

연구자는 수천, 수만, 수십만 마리의 초파리를 분류할 때마다, 이 짙은 붉은 눈을 비롯하여, 온몸의 전형적인 강모(작은 털) 패턴, 몸을 덮고 있는 단단한 큐티클의 색깔, 날개의 모양 같은 공통적인 특징들을 본다.

그러나 어쩌다가 이 가시적인 특징들 중의 어느 하나 이상이, 다른 초파리들과 뚜렷이 다른 녀석과 마주친다. 연구실에서 발견하여 따로 번식시키고 과학 논문을 통해서 발표한 최초의 초파리 돌연변이 중 하나는 정상적인 짙은 빨간 눈이 색깔이 없거나 흰색으로 바뀐 것이었다 (Sturtevant 1965). 이 초파리는 T. H. 모건의 연구실에서 발견되었고, 모건은 나중에 노벨상을 받았다. 그는 연구실에서 초파리를 키웠지만 곤충에 관심을 가진 곤충학자가 아니라, 발생과 유전에 관심이 있는 발생학자였다. 흰 눈 초파리가 발견된 것은 초파리가 자신의 연구에 유용할 수 있을지를 막 조사하기 시작했을 무렵이었고, 그 발견으로 그의 학자 인생을 결정하게 될 새로운 길이 열리고 있었다. 그 초파리는 짝을 찾아서 번식했다. 자식들도 눈이 흰색일까? 그랬다. 무엇인가 다른 것, 즉 그 별난 형질이 다음 세대에 다시 출현하는 것을 본 순간, 그의 몸에 전율이 일어났을 것이 틀림없다.

흰 눈 초파리 혈통에 있는 변형된 유전자는 나중에 화이트(white)라는 이름을 얻었다. 이렇게 이름을 붙이는 방식은 초파리 유전자의 명명 체계 중의 하나로 자리를 잡았고, 그후로도 대체로 이 방식이 유지되어오고 있다. 일종의 역행 논리를 따른다고 할 수도 있다. 즉 움직이지 않는 자동차 엔진이나 물이 나오지 않는 주방 수도꼭지의 이름을 붙이는 것과 같은 식이다. 화이트 유전자의 기능이 정상일 때, 초파리는 두 종류의 색소—드로솝테린(drosopterins)이라는 새빨간 색소와 오모크롬(ommo-chrome)이라는 갈색 색소—를 만들며, 그 색소들이 결합하여 야생형 초파리 눈 특유의 붉은 색조를 만든다. 화이트 유전자가 정상적인 기능을 하지 않으면, 새빨간 색소도 갈색 색소도 만들어지지 않는다.

흰 눈 초파리는 1910년에 학계에 처음으로 보고되었는데(Morgan 1910),

그것은 시작에 불과했다.

모건은 그 뒤에 흰 눈 돌연변이 초파리를 이용하여 당시 이해 수준이 초보적인 단계에 불과했던 유전학 분야에서 유용한—심지어 파괴적이기까지 한—여러 발견들을 해냄으로써, 다른 연구자들이 초파리를 유전학 연구에 이용하도록 권장하는 역할을 했다. 초파리의 여러 가지 이점을 유전학 연구에 활용하는 연구자들이 수십, 수백, 이윽고 수천 명에 달하면서, 초파리, 즉 드로소필라 멜라노가스테르(*Drosophila melanogaster*)는 선호하는 연구 대상이 되었다. 한 세기 넘게 연구가 이루어진 결과, 비록 아직 무수한 수수께끼들이 남아 있기는 해도, 초파리는 지구에서 가장 잘 이해되어 있는 다세포 생물이라는 주장을 쉽게 할 수 있는 그런 존재가 되었다. 즉 유전자들이 염색체에 늘어서 있는 양상, 그 유전자들의 기능, 유전자들이 발생(즉 수정란에서 제 모습을 갖춘 성체에 이르는 성장 과정)을 조절하는 방식, 다 자란 초파리가 보여줄 수 있는 행동과 세포 반응의 범위 등등이 지구에 사는 다른 어떤 종보다도 더욱 완전히 파악되어 있다. 많은 학생들은 고등학교나 대학의 생물학 수업에서 초파리 실험을 통해서 유전학 연구를 처음 접한다. "드로소필라"나 "초파리"라는 용어는 대부분의 대학 생물학 입문 교과서 맨 끝의 찾아보기에 실려 있다. 초파리를 이용한 연구로부터 나온 결과들은 최고 수준의 과학 학술지에 으레 실리며, 때로는 「뉴욕 타임스(*Newyork Times*)」와 「월스트리트 저널(*Wall Street Journal*)」 같은 대중 매체에도 등장하곤 한다.

이 모든 이야기들은 한 가지 의문을 제기하는 듯하다. "왜?"

이 작은 파리가 왜 그토록 집중적인 연구 대상이 되었을까? 그리고 마찬가지로 중요한 질문이 있는데, 이미 그렇게 많이 알고 있다면, 초파리 연구를 왜 계속하는 것일까? 어쨌거나 지금 과학자들은 한 사람의 유전체만이 아니라 수천 명의 유전체 서열을 살펴보고 있다. 게다가 최근의 기술 발전 덕분에 액체 배지에서 배양한 인간 세포를 써서 의미 있는 실험도 가능해졌다. 또 연구자들은 특정한 질병에 걸린 환자의 병든 조직이나 정상 조직에서 직접 채취한 세포로 실험을 할 수 있고, 사람 세포 속의 유전자 서열을 유례없을 만큼 정확하게 조작할 수도 있다. 게다가 피부 같은 조직에서 긁어낸 세포로부터 유도 만능 줄기 세포(induced pluripotent stem cell, iPSC)를 만들고(Takahashi et al. 2007; Yu et al. 2007; Park et al. 2008), 크리스퍼(clustered regularly interspaced short palindromic repeat, CRISPR) 유전자 가위 같은 것을 써서 사람 세포의 DNA 서열을 "가공할" 수도 있다(Jansen et al. 2002; Cong et al. 2013; Mali et al. 2013). 그러나 독자적으로든 종합적으로든 간에, 다른 생물들에게서 드로소필라가 생물학 또는 생명의학 연구에 가진 유용성이나 의미를 대신하거나 훼손시키는 새로운 발전은 이루어진 적이 없다. 해마다 많은 대학생들, 대학원생들, 박사후 연구원들이 초파리 연구실에 들어와 새로운 초파리 연구 과제를 맡아서 이 빨간 얼룩 같은 눈을 가진 생물을 대상으로 연구자로서의 경력을 쌓는다. 젊은 연구자든 나이든 연구자든, 신참이든 고참이든 간에, 초파리 연구자들은 진득하게 매달린다. 용감하게, 확신을 가지고, 충실하게.

초파리 연구를 추구하는 일이 가치가 있음이 상당한 증거들을 통해서 뒷받침되지 않고서는 이런 일이 일어날 리가 없다. 고도로 훈련된 뛰어난 실력을 갖춘 연구자 수천 명이 초파리를 계속 연구하는 데에는 타당한 이유가 있을 것이고, 국가 연구비 지원 기관, 민간 재단, 비영리 기구―인간의 특정한 질병에 초점을 맞춘 기구들을 포함한다―가 초파리 기반 연구에 연구비를 계속 지원하는 데에도 타당한 이유가 있을 것이다.

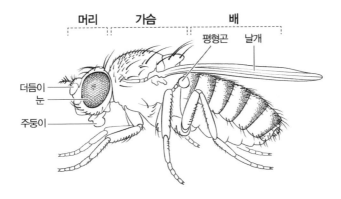

머리　　　가슴　　　　　배

평형곤　날개

더듬이
눈

주둥이

초파리 성체 암컷. 초파리 성체의 몸은 크게 머리, 가슴, 배의 세 부분으로 나누어진다. 파리목에 속한 다른 진정한 파리들처럼, 초파리도 날개가 2개(1쌍)이며, 날개 밑동에 균형을 잡는데에 쓰인다고 보는 북채 모양의 평형곤이 1쌍 달려 있다. 머리에서 발목마디에 이르기까지, 몸의 대부분의 부위에는 감각을 느끼는 강모가 규칙적인 패턴으로 나 있다. 머리에는 더듬이, 눈, 주둥이 같은 기관들이 있다.

진정한 파리, 곤충 세계의 헬리콥터

초파리의 유전학적 연구가 이루어지기 수백 년 전부터 야외에서 곤충을 연구한 곤충학 쪽에서 초파리를 보면, 초파리는 전혀 매력도 없고 중요한 동물도 아니다. 드로소필라(*Drosophila*)는 파리목(Diptera)의 "진정한 파리(true fly)"이다. 여기서 "디(di)"는 2, "프테라(ptera)"는 그리스어로 날개를 뜻한다. 그래서 쌍시류(雙翅類)라고도 한다. "익룡(pterodactyl)"이라는 용어도 프테라에서 나왔다. 날개 달린 곤충들은 대부분 날개가 4개(2쌍)이지만, 진정한 파리류는 2개(1쌍)이며, 대신에 날개 밑동에 평형곤(haltere)이라는 특수한 부속지가 1쌍 달려 있다. 북채나 마라카스 악기처럼 막대기 끝에 작은 공이 달린 모양이다. 평형곤은 두 번째 날개 1쌍이 진화 과정에서 특수하게 변형된 것으로서, 종종 회전의(回轉儀)에 비유되곤 한다. 그래서 파리류는 곤충 세계에서 가장 뛰어난 비행 능력을 지닌 축에 속한다. 진정한 파리류는 선회하는 수리류보다는 벌새에 더 가까운 방식으로 난다. 즉 여객기보다는 헬리콥터에 더 가깝다. 공중에서 방향을 틀어 휙 튀어나갈 수도 있고 정지 비행도 할 수 있다.

영어에는 "파리(fly)"라는 이름이 붙지만, 진정한 파리가 아닌 곤충이 많다. 나비(butterfly), 잎벌(sawfly), 하루살이(mayfly), 잠자리(dragonfly)가 대표적이다. 거꾸로 파리목에 속한 진정한 파리이지만 "파리"라는 이름이 붙어 있지 않은 곤충도 많다. 모기(mosquito), 각다귀(gnat), 깔따구(midge)가 그렇다.

드로소필라는 진정한 파리이기는 하지만, 전형적인 정의에 들어맞는 "진정한 초파리"는 아니다. 곤충학에서 "초파리(fruit fly)", 즉 과실파리(과일파리)는 대개 과실파리과(Tephritidae)에 속한 종만을 가리킨다. 이 과에는 악명 높은 지중해과실파리(*Mediterranean fly*)처럼 작물에 해를 끼치는 많이 잘 알려진 곤충들, 그리고 공격하여 망치는 작물의 이름을 딴 여러 작은 해충들이 속한다. 사과과실파리, 체리과실파리, 복숭아과실파리, 올리브과실파리 같은 것들이다. 드로소필라속의 파리들을 포함하여 초파리과(Drosophilidae)에 속한 대부분의 파리와 달리, 과실파리과의 파리들은 자라고 있는 열매나 살아 있는 식물 조직에 알을 낳는다. 알에서 깨어난 애벌레는 그 조직을 파먹으면서 과일이나 채소의 상품 가치를 떨어뜨리거나 아예 없애버린다.

그래서 많은 사람들은 과실파리과를 인류의 적이라고 본다. 반면에 최근에 확산되는 해충인 벚초파리(*Drosophila suzukii*)를 제외한 초파리과의 파리들은 비교적 무해하다고 여겨진다. 다 익은 뒤에 썩기 시작한 과일에만 모여드는 경향이 있기 때문이다. 게다가 몇몇 초파리과 종은 아예 과일 근처에 가지를 않는다. 드로소필라 멜라노가스테르가 생물학자들이 선호하는 연구 대상이 될 무렵에 나온 작물 해충에 관한 문헌들을 보면, 드로소필라는 아예 빠져 있거나, 그저 성가신 존재라고만 기록되어 있다. 한 예로 『경작지와 과수원의 해충(*Insect Pests of Farm and Orchard*)』 1912년도 판에는 드로소필라가 언급도 되어 있지 않다. 1941년도 판에는 다른 저자가 "드로소필라" 항목을 추가하기는 했지만, 그저 4분의 1쪽도 안 되는 지면을 차지한 "그밖의 식품 해충"이라는 한 작은 하위 절에서 다루면서 "수가 아주 많고 성가시다"라고만 적었을 뿐이다(Peairs 1941). 19세기의 한 문헌에는 드로소필라가 포도원을 날아다니면서 포도주의 발효에 필요한 효모를 전파하는 일을 한다는 주장까지 담겨 있었다(인용된 문헌, Oldroyd 1965). 초파리의 후각과 관련지어 살펴본 훨씬 더 최근의 연구 결과들은 이 개념이 옳다고 뒷받침하는 듯하다(Christiaens et al. 2014). 과실파리과와 초파리과가 끼치는 영향이 서로 의미 있다고 할 만큼 충분히 차이가 있기 때문에, 초파리 생물학자들은 드로소필라 멜라노가스테르에 왜 "과실파리(fruit fly)"라는 이름을 붙였냐고 곤충학자들을 비난하곤 한다. 그래서 대안으로 식초파리, 바나나파리, 포도주파리, 또 사과 같은 과일을 짓눌러서 즙을 짜고 남은 찌꺼기를 가리키는 용어를 써서 찌끼파리라는 이름도 제시되어 있다(국어의 초파리는 식초의 초[醋]와 같은 한자를 쓴다. 과일이 썩기 시작할 때 나는 식초 같은 시큼한 냄새와 맛에 끌려서 모이는 파리라는 뜻으로 붙인 이름이다/역주). (현재 생물학과 생명의학 문헌과 데이터베이스에 적용되는 기준에 따라서, 이제부터는 따로 언급하지 않는 한, 드로소필라 멜라노가스테르를 드로소필라, "초파리", 또는 단순히 "파리"라고 부르기로 하자.)

  야생 드로소필라와 우리 인류 사이의 직접적인 상호작용이라는 측면에서 볼 때도, 초파리는 아무런 특별한 위치에 놓여 있지 않다. 초파리는 우리에게 눈에 띌 만한 위협을 전혀 가하지 않는다. 우리를 물거나 쏘거나 찌르는 일 없이, 비교적 평화롭게 우리 주변에서 살아간다. 초파리의 사촌 중에는 이루 말할 수 없이 해로운 종류들이 많다. 파리목에는 우리를 공격하거나, 우리에게 식량과 노동을 제공하고 반려자가 되어주는 동물들을 공격하는 괴물 같은 녀석들도 아주 많다(Service 2012). 등에, 사슴파리, 체체파리처럼 무는 녀석들, 깔다구와 등에모기처럼 몸집이 더 작으면서 무는 종류들, 3,500종이 넘는 모기들이 그렇다(Service 2012). 지구의 오지에서조차도 사람을 무는 파리류와 모기류는 삶을 비참하게 만들 수 있다. 미군의 오래된 소책자에는 북극 지방에서 파리와 모기가 물어대는 문제를 다룬 부분이 있다. 이 피를 빠는 곤충들이 "북극 여름의 저주, 재앙, 천벌이라고 불려왔다"고 하면서, 그것들로부터 자신을 지키기 위해서 취할 수 있는 다양한 조치들을 제시한다. 옷을 겹쳐 입고, 밝은 색깔의 양말을 신은 뒤 장화를 신고, 얼굴과 목까지 가리는 모기장이 달린 모자인 "헤드넷(head-net)"을 쓰고, 팔꿈치까지 올라오는 장갑을 끼라고 하는 내용이었다(Arctic Desert and Tropic Information Center 1944).

이 곤충들은 그냥 성가시기만 한 것이 아니다. "질병 매개체" 역할도 할 수 있다. 즉 우리의 피부를 물거나 찔러서 피를 빨 때 감염성 병원체를 우리의 몸에 주입한다. 파리목의 질병 매개체들이 인류의 건강에 미치는 영향은 엄청나다. 모기류인 아노펠레스 감비아이(*Anopheles gambiae*)는 열대말라리아원충(*Plasmodium falciparum*)을 옮긴다. 단세포 진핵생물인 이 병원충은 연간 50만 명 이상의 목숨을 앗아가는 질병인 말라리아를 일으킨다. 다른 질병을 옮기는 파리들도 많다. 뎅기열, 동부말뇌염, 웨스트나일열, 황열병, 지카바이러스병은 바이러스에 감염되어 걸리는

22

데, 다양한 종류의 모기들이 옮긴다. 아프리카수면병은 단세포 진핵생물인 트리파소노마 브루세이(*Trypanosoma brucei*)가 일으키는데, 체체파리를 통해서 전파된다. 또한 다양한 유형의 사상충증은 모기와 무는 파리가 옮기는 사상충에 감염되어 생긴다(Service 2012). 그래서 여러 지역사회들은 파리목의 질병 매개체들을 없애기 위해서 노력한다. 1900년대 미국에서는 모기와 그 서식지를 없애는 것이 시민의 의무라고 여겨졌고, 고인 물에 등유를 뿌리는 것부터 검정우럭류, 송사리류, 가시고기류 같은 모기 애벌레인 장구벌레를 잡아먹는 물고기를 풀어놓는 등 다양한 박멸 방법들이 시도되었다(Howard 1901). 미국의 많은 지역들에서는 지금도 모기 박멸 사업을 적극적으로 실시하고 있으며, 도시에서는 "질병 매개체 박멸 사업"이라는 더 포괄적인 양상으로 펼쳐지기도 한다. 여기에는 화학적 살충제뿐 아니라, 모기에게 독성을 일으키는 바실루스속(*Bacillus*) 세균의 홀씨 같은 것을 이용한 생물학적 방제약을 고인 물속으로 넣는 것도 포함된다.

물론 초파리과를 제외한 파리목의 모든 곤충이 과일을 망치는 진정한 초파리나 피를 빠는 모기 같은 해충인 것은 아니다. 생물체를 분해하여 양분을 토양으로 되돌리는 중요한 일을 하는 파리 종류도 많다. 벌처럼 꽃가루를 옮기는 종류도 있다. 그냥 놔두면 환경을 파괴하는 수준으로 불어날 수도 있을 식물, 동물, 다른 곤충의 집단 크기를 줄이는 기생생물 역할을 하는 종류도 있다(Waldbauer 2003). 곤충학자 C. H. 커런은 『북미 파리목의 과와 속(*The Families and Genera of North American Diptera*)』(1934)에서 이런 말까지 했다. "아마 막시류(벌목)[벌, 말벌, 개미, 잎벌]를 제외하고, 파리류만큼 인류에게 중요한 곤충 집단은 또 없을 것이다. 이 두 집단은 곤충 중에서 인류의 가장 좋은 친구이다……세상에서 파리와 벌이 갑자기 사라진다면, 지구는 금세 동물도 식물도 없는 행성으로 변할 것이다. 이 곤충들이 '자연의 균형'을 유지하는 데에 대단히 중요한 역할을 하기 때문이다"(Curran and Alexander 1934).

우리의 식품이나 건강에 큰 위해를 끼치는 것들이 으레 연구 대상이 된다는 점을 생각하면, 인류가 비교적 무해한 관계를 맺고 있는 *D.* 멜라노가스테르를 굳이 그렇게 연구할 이유가 없을 것 같다. 그러므로 드로소필라가 지속적으로 집중 연구 대상이 되어온 이유는 다른 곳에서 찾아야 한다. 최상급을 가리키는 단어들에 초점을 맞추어야 할까? 초파리가 가장 작거나, 가장 강인하거나, 가장 특이하거나, 가장 희귀한 파리라서? 그러나 드로소필라는 그런 조건들을 충족시키지 못한다. 초파리가 가장 작은 파리일까? 아니다. 초파리가 작기는 하다. 몸길이가 일반 집파리의 절반도 안 되는 약 2.5밀리미터이다. 그러나 진정한 파리 중에는 더 작은 종류도 있다. 벼룩파리과(Phoridae)에 속한 벼룩파리 중에는 몸길이가 0.5밀리미터에 불과한 것들도 있다. 드로소필라의 5분의 1에 불과하다. 그러면 가장 강인할까? 아니다. *D.* 멜라노가스테르는 인류가 사는 거의 모든 곳에서 살아가는 세계적인 종이지만(Oldroyd 1965), 그보다 더 극단적인 환경 조건에서도 잘 사는 친척 종들도 많다. 애기각다귀과(Limoniidae)의 눈각다귀는 혈액에 천연 부동액인 글리세롤(glycerol)이 섞여 있어서, 꽤 낮은 영하의 온도에서도 살 수 있다. 드로소필라는 그런 온도에서 견딜 수 없다. 또 사막이나 해안의 극단적인 환경에서 살아가는 파리나 깔다구 종도 많다. 그들은 이글거리는 태양이나 밀려드는 파도에서 살아남을 수 있는 특수한 적응 형질들을 갖추었다. *D.* 멜라노가스테르는 그런 곳에서 번성하지 못할 것이다.

그렇다면 가장 특이할까? 이번에도 답은 아니오이다. 초파리는 외계

생물처럼 보이는 대눈파리, 다리가 긴 각다귀, 날개 없는 거미파리 같은 파리목의 몇몇 곤충들에 비하면 별로 기이하게 보이지 않는다. 드로소필라는 썩어가는 과일의 당분과 효모를 먹으므로, 배설물이나 사체를 먹는 종류 같은 여러 곤충들에 비하면 식단이 그리 역겨운 것도 아니다. 드로소필라는 공중에서 다른 곤충을 낚아챌 수 있는 "암살자"나 "약탈자" 같은 파리매과(Asilidae)의 곤충들처럼 사나운 포식자도 아니다. 또 식물 속에서 살아가는 혹파리과(Cecidomyiidae)의 다양한 혹파리에 비하면, 그리 별난 환경에서 살아가는 것도 아니다. 혹파리는 식물이 혹을 만들도록 유도함으로써 식물의 모습 자체를 바꾼다. 게다가 새둥지를 찾아다니다가, 찾아내면 날개를 떼어내고 그곳에서 번식을 하는 악시미아과(Axymyiidae)의 파리 카르누스 헤마프테루스(*Carnus hemapterus*)와 비교하면? 또 "물에 잠겨 있지만 가라앉지는 않은 희멀겋게 드러난", "주머니칼을 찔러 넣을 수 있을 만치 부드럽지만 비집어서 벌리기는 어려울 만치 딱딱한" 썩고 있는 축축한 나무에서만 사는 종류와 비교하면 (Marshall 2006)?

또한 드물기 때문이냐는 질문에도, 답은 확실하게 "아니오"이다. 여름에 열린 창문 옆에 익은 바나나를 둔 사람이라면 누구나 잘 안다(이 문제의 실용적인 해결책은 부록 A를 보시라). 그런데도 한 세기가 넘도록, *D*. 멜라노가스테르는 다른 그 어떤 파리목 곤충보다, 아니 사실상 크거나 작은, 기이하거나 평범한, 유익하거나 해로운 다른 모든 곤충들보다 더 많이 연구가 이루어졌다. 더 나아가서는 지구의 다른 거의 모든 생물들보다 여전히 더 많은 연구들이 진행되고 있다.

그러니 질문은 그대로 남는다. "왜?"

유전 연구를 위한 "맞춤" 생물

최초로 흰 눈 돌연변이 초파리가 학계에 보고될 무렵인 1910년, 유전 정보가 한 세대에서 다음 세대로 어떻게 전달되는지를 이해하려고 애쓰던 연구자들은 흥미로운 지적 전환점을 맞이하고 있었다. 1860년대에 G. 멘델은 특정한 "형질"이 그 형질의 특성에 토대를 둔 특정한 규칙들에 따라서 유전될 수 있고, 한 세대에서 다음 세대로 예측 가능한 양상으로 전달된다는 것을 보여주는 논문을 발표했다. (초기 연구자들은 "형질"을 "특징" 또는 "인자"라고도 불렀고, 나중에는 "유전자좌[locus]"와 연관지어 설명하기도 했다. 대체로 지금 유전학자들은 이 모든 용어들 대신에 "유전자[gene]"라는 말을 쓴다.) 멘델은 우리 각자가 부모 각각으로부터 각 형질의 사본을 하나씩 받는다고 하면서, 각 형질의 유전을 통제하는 두 가지 "법칙"을 제시했다. 첫째, 형질은 뒤섞이기보다는 분리된다. 즉 각기 다른 실체로 행동한다. 멘델의 완두콩은 세대가 흘러도 매끄러운 형태, 아니면 주름진 형태였다. 뒤섞여서 반쯤 주름진 형태는 나오지 않았다. 마찬가지로 완두꽃의 색깔도 이쪽 아니면 저쪽이었지, 양쪽이 섞인 중간 색깔은 나오지 않았다. 둘째, 멘델은 형질들이 독립적으로 조합된다고 주장했다. 즉 매끄러운 완두콩에서 자란 식물은 어떤 특정한 색깔의 꽃만 피우는 것이 아니었다. 또 그는 형질의 두 사본 중 한쪽은 겉으로 드러나는 "우성"을 띠고, 다른 한쪽은 드러나지 않는 "열성"을 띠는 식으로, 한 형질의 사본 사이에 우열 관계가 있다고 주장했다. 멘델은 개념 측면에서 중요한 발전을 이루었지만, 형질의 유전이 이루어지는 실제 메커니즘—어떤 물질이 형질을 담당하는지, 아니 그런 물질 자체가 있는지—은 알지 못했다.

많은 지면들을 통해서 설명되어왔듯이, 지금 널리 알려져 있는 멘델의 연구는 당대에는 거의 외면을 받다가 1900년경에 재발견되었다. 그럼으로써 다양한 생물들을 대상으로 관련 연구를 하도록 자극했다. 드로소필라도 그중의 하나였다. 멘델의 연구가 재발견되기 전까지, 몇몇 주요 발견이 이루어졌다. 멘델의 연구가 영향을 미치기 시작할 무렵에, 연구자들은 생물이 세포로 이루어져 있고, 세포에 염색체가 들어 있으며, 염색체를 부모로부터 절반씩 물려받는다는 것을 알고 있었다. 전에는 모든 염색체가 똑같다고 생각했지만, 모건 연구실에서 첫 번째 흰 눈 초파리가 발견될 무렵에는 한 생물이 지닌 염색체들이 서로 다르다는 증거들이 쌓이고 있었다. 또 연구자들은 염색체가 유전될 수 있는 정보를 지니고 있을지도 모른다는 개념에 관심을 가지기 시작하고 있었다. 당시 현황을 더 상세하게 보여주는 것은 현재 우리가 당연하다는 듯이 쓰고 있는 많은 용어들이 19세기 말에서 20세기 초에 걸쳐 창안되었다는 사실이다. "유전자"라는 용어도 1909년에 처음으로 쓰였다(Sturtevant 1965).

드로소필라가 이용되기 시작한 것은 이런 맥락에서였다. 특히 나중에 "파리 방(Fly Room)"이라고 알려지게 될 컬럼비아 대학교의 한 연구실을 통해서 가장 유명세를 얻게 되었다. 그곳에서 그리고 그후로 전 세계의 여러 연구실에서 초파리를 대상으로 많은 선구적인 연구들이 이루어졌다(Kohler 1994). 유전 연구는 본질적으로 숫자 게임이다(Morgan 1964). 이를테면, 어떤 현상이 동물 4마리 중 1마리에게서 관찰된다면, 100마리일 때에는 약 25마리, 1,000마리일 때에는 약 250마리에서 관찰되는 식으로, 출현 비율이 유지된다. 흰 눈 형질의 유전 양상을 기술한 모건의 1910년 논문은 초파리 개체수의 힘을 명확히 보여준 사례이다. 약 1년에 걸쳐 수행한 실험을 담은 그 논문에는 거의 6,000마리의 초파리를 분석한 자료가 실려 있다. 실험한 개체수가 워낙 많았으니 논문의 결론도 그만큼 신뢰도가 생겼다. 생활사가 계절에 얽매인 식물이나 닭이나 생쥐 같은 동물을 이용해서는 그 짧은 기간에 그 정도의 성과를 낼 수가 없었을 것이다. 그런 동물들은, 자라는 데에 더 오래 시간이 걸리고 낳는 새끼의 수도 훨씬 적다.

사실 초파리를 바람직한 연구 대상으로 만드는 여러 이유 및 속성들은 적어도 어느 정도는 개체수를 배경으로 한다. 생물학이나 유전학 입문 강의를 들은 사람들에게는 익숙하게 들릴 이야기이다. 우선, 연구자는 실험실 조건에서 기르기가 비교적 쉬운 생물을 고르는 편이 현명하다. 공간이나 먹이를 덜 필요로 하고, 수정란에서 온전한 모습을 갖춘 성체에 이르기까지 비교적 짧은 기간에 빨리 발달하고, 실험실 조건에서도 세대마다 계속 많은 자식들을 낳음으로써 번식력이 강해야 한다. 초파리는 이 세 가지 범주를 충족시킨다. 소규모 연구실 공간에서 쉽게 기르고 관리할 수 있으며, 배아에서 성체까지 자라는 데에 약 열흘밖에 안 걸리고, 알을 수천 개씩 낳는다.

야생 초파리는 먹이를 먹는 두 단계(애벌레와 성체 단계)에서 익어서 발효되는 과일을 먹으므로, 초기 파리 연구자들은 쉽게 구할 수 있는 바나나만 있으면 초파리 "계통"(따로 배양되는 특정한 유전형의 초파리들)을 계속 기르고, 서로 다른 유전형의 암수를 교배하여 새로운 "교잡계통"을 만들 수 있었다. 게다가 비슷한 연구에 쓰이는 다른 곤충들을 기르는 데에 필요한 먹이 혼합물에 비해서, 원래 쓰이던 바나나 위주의 먹이뿐만 아니라 더 최근에 쓰이는 주로 옥수수 가루와 당분으로 이루어진 초파리 먹이도 재료가 훨씬 적게 들어간다. 한 예로, 집파리를 대량으로 키우는 데에 쓰이는 먹이에는 말똥—신선한 말똥을 구해서 살균한 뒤 효모와 섞는다—과 발효되는 중인 개 비스킷이 들어갔었다(West 1951).

게다가 비록 초파리의 수명이 사람들이 으레 짐작하는 것보다 상당히 더 길기는 하지만—조건이 좋으면 초파리 성체는 2개월 이상 살 수 있다—초파리의 생활사는 이용하기에 좋을 정도로 짧다. 초파리는 1일째에 수정란으로 삶을 시작한다고 할 때, 온도와 습도를 여름에 가까운 조건으로 유지하면 애벌레와 번데기 단계를 거쳐서 탈바꿈을 하여 성체가 되기까지 열흘도 채 걸리지 않는다. 그리고 성체가 되자마자 짝짓기를 하여 번식이 가능하다. 일단 성체가 되면, 잘 먹으면서 건강한 초파리 암컷 한 마리는 여생 동안 하루에 평균 약 25-50개의 알을 낳는다. 수명이 약 2개월이고, 자라는 데에 약 열흘이 걸리므로, 표준 실험실 조건에서 초파리 한 쌍은 일주일도 안 되어 수십 마리의 부모가 되고, 한 달 안에 수백 마리의 조부모가 되고, 죽기 전까지 수천 마리의 증조부모가 된다.

이런 특징들에 힘입어서 초파리는 다른 곤충들뿐만 아니라 1900년대에 유전 연구에 쓰이던 닭, 쥐, 생쥐 등 다른 동물들보다도 실험실에서 기르기가 더 좋았다. 다른 동물들은 모두 초파리보다 공간을 더 많이 차지하고, 생활사가 더 길고, 새끼를 더 적게 낳는다. 거기에다가 새로운 분야의 연구를 할 때에 성공이 확실하지 않다는 사실에 비추어보면, 필요자원을 더 많이 요구하는 생물을 연구할 때는 상대적으로 비용과 위험성이 더욱 큰 듯하다. 20세기 초에 이루어진 한 실험이 확실한 사례를 제공한다. 당대의 손꼽히던 인물이었던 존스홉킨스 대학교의 R. 펄이 한 실험이었다. 그는 닭을 대상으로 유전 실험을 했는데, 무려 17년 넘게 거의 5,000마리를 실험했다. 모건이 화이트 유전자를 지닌 초파리 6,000마리를 관찰하고 연구하여 기념비적인 결과를 내놓는 데에 걸린

기간보다 16년이 더 걸렸다. 안타깝게도, 그가 투자한 그 많은 시간들과 자원은 생산적이지 못했다. 그 연구 결과는 나중에 "성공 못 함"이라는 한마디로 요약되었다(Walter 1930). 펄이 성공을 거둔 연구 중 가장 잘 알려진 것들은 초파리를 대상으로 했다는 점도 언급해둔다.

초파리 혈통을 유지하고 단기간에 많은 개체수를 실험하는 비용이 비교적 저렴하다는 점은 지금까지도 바람직한 특성으로 남아 있다. 평균 크기의 연구실 서너 곳에 필요할 만큼의 초파리 먹이를 충분히 공급할 수 있는 "초파리 주방"을 짓고 운영할 인력, 실험실 공간, 장비, 재료를 갖추는 데에 드는 비용에다가 초파리를 기르는 온도 조절이 되는 배양기에 드는 비용을 더하면, 그리 비용이 적지는 않다. 그러나 제브라피시와 생쥐를 비롯한 다른 흔한 모델 생물을 연구할 시설을 운영하는 데에 드는 비용에 비하면 미미한 수준이다. 게다가 학술 연구기관의 전형적인 어류나 생쥐 사육 시설은 전형적인 초파리 연구시설보다 기르는 동물의 수가 훨씬 더 적기 십상이다. 어느 시점에 시설에 있는 절대적인 개체수와 유전형의 수 양쪽으로 다 그렇다. 그런데도 그런 시설을 운영하려면 훨씬 더 많은 비용이 든다. 초파리 연구실보다 인력, 장비, 공간이 더 많이 필요하고, 매일 소모품에 들어가는 비용도 더 크다.

초기 초파리 연구자들에게 유용했던 또 한 가지는 초파리가 쉽게 알아볼 수 있는 외부 특징들을 가지고 있으며, 그것들이 유전적 통제를 받는다는 것이다. 그래서 최초의 흰 눈 초파리가 그러했듯이, 많은 돌연변이체들을 쉽게 알아볼 수 있다. 한 예로, 흰 눈 돌연변이체를 찾아낸 뒤에 연구자들은 색소를 만드는 두 경로 중 어느 하나가 망가질 때에, 화가의 팔레트에 있는 것 같은 다양한 돌연변이 눈 색깔들이 나타난다는 것을 알았다. 화이트처럼, 그 유전자들도 돌연변이체의 눈 색깔에 따라 이름이 붙여졌다. 그 초창기에 붙여진 유전자 이름 중의 상당수는 지금도 쓰이고 있다(브라운[brown], 카디널[cardinal], 시너바[cinnabar], 프룬[prune], 퍼플[purple], 로지[rosy], 루비[ruby], 스칼렛[scarlet], 세피아[sepia], 버밀리언[vermillion]). 눈 색깔 외에도, 초기 유전학자들은 눈의 모양과 질감에 영향을 미치는 유전자들도 찾아냈다(로브[Lobe], 글래스[glass]). 또 날개의 모양, 길이, 맥, 곧음을 담당하는 유전자들도 찾아냈다(노치[Notch], 미니어처[miniature], 식베인스[thickveins], 컬리[Curly]). 딱딱한 바깥 껍데기인 겉뼈대의 색깔을 정하는 유전자들도 찾아냈다. 몸 전체의 색깔이 다 바뀔 수도 있고(블랙[black], 에보니[ebony], 옐로[yellow]), 어느 한 부위만 바뀔 수도 있다(펜타곤[pentagon], 스펙[speck]). 그리고 몸을 덮은 감각모의 수와 모양을 담당하는 유전자들도 있다(헤어리[hairy], 포크드[forked]). 사실 야생형 초파리는 털의 길이와 분포가 매우 일정하기 때문에, 가까운 친척 종들은 털을 비교하여 어느 종인지 알아낸다. 이 분포 양상을 "강모상(chaetotaxy)"이라고 하는데, 털이라는 뜻의 그리스어 카에테(chaete)와 배치를 뜻하는 탁시스(taxis)의 합성어이다. 초파리는 암수를 구별하기도 쉽다. 수컷은 더 작고 꽁무니가 더 검고 양쪽 앞다리에 굵은 강모(剛毛)가 띠를 이룬 "성즐(性櫛, sex comb)"이라는 것이 있다. 초파리 암컷에게는 없는 특징이다. 초파리 암수는 외부 생식기의 모양과 색깔을 보고서 쉽게 구별할 수 있다.

오늘날 연구자는 초파리를 조사할 때면, 대개 이산화탄소 기체를 집어넣어서 산소를 접하지 못하게 하여 초파리를 마취시킨다. 에테르 증기나 저온에 노출시키는 방법으로도 마취시킬 수 있지만, 덜 안전하고 통제하기가 좀더 어렵다. 일단 마취가 된 초파리는 배양 용기에서 후두두 쏟아낼 수 있다. 병을 뒤집어서 그 끝을 톡톡 몇 번 두드리면, 마취된 성체들이 "초파리 패드(fly pad)"로 떨어진다. 초파리 패드는 색인 카드 크기의 장치로서, 약 1.7센티미터 높이의 상자 안에 하얀 다공성 플라스틱 판을 붙인 것이며, 이산화탄소 통에 연결되어 있다. 바닥이 흰색이어서 초파리의 색깔, 모양, 그밖의 외부 특징들을 관찰하기 좋고, 송송 나 있는 작은 구멍들을 통해서 이산화탄소가 꾸준히 흘러들어가서 관찰하는 동안 초파리는 계속 마취 상태로 있을 수 있다.

초파리가 일단 초파리 패드에 놓이면, 연구자는 "해부 현미경" 아래에 있는 패드를 움직이면서 양쪽 접안 렌즈로 자세히 살펴볼 수 있다. 해부 현미경은 연구실에서뿐 아니라 학교 교실에서도 흔히 쓰이는 배율이 낮은 비교적 단순한 현미경이다. 렌즈를 보는 물체에 가까이 또는 멀리 움직이면서 초파리의 다양한 특징들을 자세히 살펴보면서, 이런저런 차이점들을 알아낼 수 있다. 연구자는 작은 도구를 써서 패드 위에서 각 초파리를 이리저리 움직인다. 작은 붓, 잘 다듬은 깃털, 전용 집게, 작은 금속 약수저가 흔히 쓰인다. 1930년대 즈음에는 이런 도구들을 "밀개"라고 불렀고, 마취시킨 초파리를 관찰하고, 분류한 다음, 다시 병으로 쓸어넣는 일은 "초파리 밀기(fly pushing)"라고 불렀다.

현미경, 초파리 패드, 밀개를 써서 연구자는 각 초파리를 부드럽게 움직이면서 특정한 외부 특징을 자세히 살펴보거나, 눈에 보이는 특정한 표지의 유무를 기준으로 초파리들을 분류할 수 있다. 그런 다음 각 범주에 몇 마리씩 있는지 셈으로써, 어떤 양상으로 유전이 일어나는지 감을 잡을 수도 있다. 그럼으로써 특정한 유전형을 지닌 초파리가 예측한 수보다 더 많은지 적은지를 알아볼 수도 있고, 특정한 표현형을 지닌 초파리를 새로운 먹이가 든 병에 쓸어넣어서 새 교잡 계통을 생성할 수도 있다. 새 병에 집어넣으면 초파리는 깨어나서 돌아다닐 것이고, 짝을 집

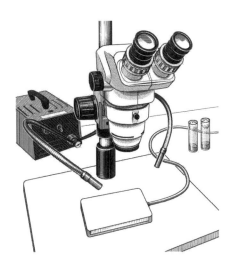

전형적인 초파리 밀기 장치. 현미경을 통해서 하얀 초파리 패드 위에 있는 마취된 초파리를 관찰한다. 연결된 관을 통해서 이산화탄소 기체가 초파리 패드로 들어와서 초파리를 마취 상태로 유지한다. 두 개의 백색광원을 움직이면 원하는 부위를 더 잘 비출 수 있다. 초파리 밀기 도구들은 손 가까이에 놓여 있다.

어넣으면 짝짓기를 하여 번식을 할 것이다. 초파리 연구자가 초파리를 분류하고, 세고, 새 병에 쓸어넣는 모습을 지켜보는 것은 약사가 알약들을 분류하고, 세어서, 처방전에 따라 약봉지에 집어넣는 모습을 지켜보는 것과 비슷하다. 능숙한 초파리 유전학자가 되기 위해서는 여러 해가 걸릴 수도 있지만, 초파리 밀기 자체는 어렵지 않다. 해부 현미경을 주고서 전문가가 몇 가지 요령만 알려주면, 대다수의 사람들은 몇 분 안에 암수를 구별하는 법을 배울 수 있다. 또 눈의 모양이나 색깔 같은 속성들, 혹은 다른 어떤 외부 특징에 변화가 일어나서 정상과 다른 개체들, 즉 야생형 초파리의 정상적인 속성과 다른 "돌연변이 표현형"을 가진 개체들을 파악하는 법도 금방 배울 수 있다.

초기 초파리 연구들에서는 겉으로 드러난 특징들에 영향을 받은 돌연변이 초파리들에게 주로 초점을 맞추었다. 즉 당시에 초파리는 주로 발견을 위한 도구였다. 다양한 속성을 가진 파리들(부모 세대, P_0)을 서로 교배시킨 뒤, 그 자식 세대(F_1), 이어서 자식의 자식 세대(F_2) 등으로 가면서 가시적인 표지들의 분포 양상을 꼼꼼히 관찰하고 개체수를 세었다. 이어서 그 가시적인 표지들을 다른 비가시적인 형질들이나 돌연변이들을 추적하는 데에 이용했다. 가시적인 표지들은 같은 염색체의 다른 지점에 다른 돌연변이가 함께 놓여 있는지 여부를 판단하는 간접적인 지시기 역할을 했다. 연구의 초점 대상이든 단순한 지시기이든 간에, 가시적인 표지들은 다양한 유전형들이 뒤섞여 있을 때 특정한 유전형만을 지닌 개체를 골라내는 데에 쓰일 수 있다. 그리고 그런 개체들을 활용해서 조건을 매우 구체적으로 한정하여 유전 검사를 할 수 있다. 가시적인 표지 중에는 야생형과 훨씬 더 쉽게 구별되는 것들도 있고, 그런 구별이 쉬운 표지들이 더 자주 쓰이곤 하는 것도 놀랄 일이 아니다.

지금 이 순간에도 어딘가에서 초파리 생물학자가 교배 실험, 해부, DNA 추출 등을 하기 위해서 눈이 붉은 개체들 속에서 눈이 하얀 개체를, 날개가 곧은 개체들 중에서 날개가 구부러진 개체를, 털이 긴 개체들 중에서 털이 짧은 개체를 골라내고 있을 것이다.

대체로 실험실 환경에서도 빠르게 번식을 하고, 쉽게 알아볼 수 있는 외부 형질에 영향을 미치는 돌연변이들을 일찍부터 이용할 수 있었기 때문에, 드로소필라를 이용한 연구 결과들은 엄청난 양의 지식을 제공함으로써 초창기에 유전학을 이해하는 데에 큰 기여를 했다. 초파리는 유전자와 염색체의 역할과 관계, 유전 양상에 관한 규칙과 예외 사례, 부모와 자식 사이의 복잡한 유전적 상호작용을 알려주는 지식의 원천이었다. 그래서 1920년대 초에는 드로소필라를 "유전학자의 진정한 금맥"

34

이라고 했다(Walter 1930). 드로소필라를 이용한 연구 결과들은 멘델의 유전 이론에 더욱 신뢰성을 부여했고, 이전까지 몰랐거나 입증되지 않았던 유전 형질과 염색체 사이의 관계를 밝히는 데에도 기여했다.

그후 10-20년 사이에 연구실에서 따로 분리하여 배양하는 돌연변이 드로소필라의 수는 한 종류에서 몇 종류를 거쳐서 수백 종류로 늘어났다. 1930년대에는 돌연변이 초파리 계통이 무려 500종류에 달했다(Dunn 1934). 기술 발전에 힘입어서 1960년대까지는 수천 종류로 늘었고(Lindsley, Grell, and Bridges 1967), 그 뒤로 수만 종류로 불어났다. 현재는 기존 기술과 신기술을 써서 유전적 변형을 절묘하게 할 수 있으므로, 시간이 흐르면서 가장 "유전적으로 다루기 쉬운" 모델 생물 중의 하나라고 여겨지는 드로소필라 멜라노가스테르 돌연변이 계통의 수는 더욱 빠르게 늘어날 가능성이 높다. 사실 드로소필라는 복잡한 다세포 생물 중에서 우리가 유전체에 있는 모든 유전자를 대상으로 돌연변이를 분리하거나 일으키면서, 그런 돌연변이가 표준 실험실 조건에서 죽음, 불임, 뚜렷한 형태 변화로 이어지는지 등, 적어도 큰 규모에서 교란의 결과를 밝혀낸 유일한 존재이다.

유전학을 넘어서

어떤 의미에서, 그 선구적인 유전 연구의 목적상 초파리 유전자, 그리고 그 유전자가 만드는 RNA와 단백질이 우리 자신의 것과 비슷한지 여부는 중요하지 않았을 것이다. 다음 세대로 전달되는 방식이 동일하기만 하다면 상관없었을 것이다. 그러나 초파리와 인간은 유전 메커니즘만 유사한 것이 아님이 드러났다. 유사점이 훨씬 더 많고, 훨씬 더 멀리까지 뻗어나간다. 개별 유전자의 조성, 유전자가 만드는 RNA와 단백질의 구조와 기능까지도 유사하다. 유전자와 RNA와 단백질의 집합이 조절되고 상호 연결되어 세포와 조직과 기관과 몸 전체 수준에서 개별 사건이나 행동을 빚어내는 방식도 그렇다. 우리의 다양한 조직과 기관이 형성되고, 자라고, 서로 의사소통하고, 손상을 수선하고, 시간이 흐르면서 늙고, 감염과 독소와 음식과 약물과 알코올과 열을 비롯한 스트레스를 주는 자극들에 반응하는 방식도 그렇다. 이런 의미에서 보면, 진화는 매우 보수적이고 효율적이었음이 드러난다. 어떤 문제가 일단 해결되면, 즉 어떤 동물에게서 진화한 특정한 유전자나 유전자 집합이 유용한 기능을 제공한다는 것이 입증되면, 동일한 해결책이 이렇게 저렇게 수정되어서 새로운 문제들에 반복하여 적용된다. 한 생물의 생활사에서 서로 다른 단계들에 적용되기도 하고, 새로운 생물이 진화할 때 비슷한 문제를 해결하는 데에도 적용된다. 이렇게 공통의 진화 역사를 가진 덕분에, 초파리를 만들고 유지하는 데에 필요한 유전자 집합과 우리와 같은 더 크고 더 복잡한 생물을 만들고 유지하는 데에 필요한 유전자 집합 사이에 풍부하면서 의미 있는 공통점이 나타난다.

적어도 겉모습을 보면, 초파리는 우리와 전혀 다른 생물 같다. 초파리 성체는 머리, 가슴, 배의 세 부분으로 된 체제와 겉뼈대로 이루어진 전형적인 곤충의 모습인 반면, 우리는 속뼈대로 몸을 지탱한다. 게다가 초파리도 다른 곤충들처럼 알을 낳고, 알이 부화하면 애벌레가 나오고, 애벌레는 번데기가 되었다가 탈바꿈을 거쳐서 성체 형태가 된다. 이 발달 양상은 우리가 인간의 발달을 생각할 때에 떠올리는 모습과 전혀 딴판이며, 그 결과 초파리 성체는 사람의 어른과 전혀 모습이 다르다. 그러나 더 깊이 들여다보면, 겉으로 보이는 것보다 초파리와 인간 사이에 더 많은 공통점들이 있음이 드러난다. 예를 들면, 우리처럼 초파리 성체도 복잡한 뇌, 체내 시계, 오감―시각, 청각, 미각, 후각, 촉각―을 지니며, 조직과 기관의 종류도 전반적인 기능과 발생 양상 양쪽으로 우리와 비슷한 것들이 많다. 초파리도 뇌뿐만 아니라 근육, 콩팥 2개, 간, 우리의 허파나 혈관과 다르지 않은 체계적으로 점점 갈라져나가는 관들로 이루어진 연결망, 몸속을 순환하는 혈액이나 림프에 상응하는 체액, 소화계, 심지어 리드미컬하게 고동치는 심장까지 갖추고 있다(초파리 성체와 인간 사이에 상응하는 기관이나 세포 유형을 종합한 목록이 부록 B에 실려 있다).

게다가 초파리의 뇌는 다양한 통합적인 행동을 조정할 수 있을 만큼 정교하다. 초파리는 먹이를 찾아다닐 수 있고, 노래와 춤으로 짝에게 구애를 하고, 포식자를 피해 달아날 수 있다. 또한 희소 자원을 놓고 서로 싸운다. 학습하고 기억한다. 하루 주기 리듬에 따라서 낮에 활동하고 밤에 자는 양상을 유지한다. 초파리가 술에 취할 수 있고, 일단 취하면 짝을 고르는 데에 덜 까다로워진다는 증거가 있다(Wolf and Heberlein 2003; Lee et al. 2008). 또한 코카인 같은 마약에 중독될 수 있다는 증거도 있다(Kaun, Devineni, and Heberlein 2012). 그리고 대부분이 유전자 조작을 통해서 나온 것이기는 하지만, 발달 장애, 암, 당뇨병, 파킨슨병 같은 신경퇴행 질환 등 인간의 질병과 확연히 비슷한 많은 질병들에 "걸릴" 수도 있다. 드로소필라는 특정한 유전자 요법이나 약물 치료가 인간의 질병을 완화시킬 수 있는지 밝히는 "질병 모델(disease model)"로도 점점 더 널리 쓰이고 있으며, 질병 치료의 새 시대를 열 것이라고 기대되는 맞춤형 정밀 의학이라는 새로운 분야의 출현에도 기여하고 있다.

요약하면, 비록 처음에 언뜻 볼 때는 사람과 초파리를 비교한다는 것이 첨단 사양을 모두 갖춘 최신 렉서스 승용차를 토스터나 재봉틀과 비교하는 것 같을지 몰라도, 자세히 살펴보면 최신 렉서스를 1976년식 포드 머스탱과 비교하는 것에 훨씬 더 가깝다는 사실이 드러난다. 낡은 머스탱은 정교한 첨단 장치는 없을지라도, 전체적인 디자인도 비슷하고, 비슷한 기능을 하는 비슷한 부품을 가진다는 공통점이 있다. 또한 제조할 때에 쓰는 도구와 원료를 비롯하여 생산방식 측면에서도, 유지 관리 측면에서도 공통점이 많다. 게다가 렉서스와 머스탱처럼, 사람과 초파리 사이에 가장 비슷한 신체 부위들일수록 망가질 때에 가장 큰 문제를 일으키는 곳인 경향이 있다. 시동 모터, 엔진, 연료통, 타이어, 차대, 운전대 등에 해당하는 부위들이다. 다시 말해서 덜 중요한 특징들을 보면 다른 점이 많기는 하지만, 기초적이거나 근본적인 수준에서 보면 양쪽 시스템은 부품, 조립방식, 기능 측면에서 대체로 같다. 동일한 맥락에서, 드로소필라를 비롯한 모델 생물들을 이용하여 생물학과 생명의학을 하는 우리 같은 사람들은 자신들이 하는 일을 "기초" 또는 "근본" 연구라고 일컫는다. 즉, 더 폭넓은 생물 집단에 적용할 수 있는 공통된 진리를 밝혀내는 일이라는 의미이다.

이 모든 내용을 종합해보면, 드로소필라 연구가 초창기뿐만 아니라 지금도 여전히 매력을 가진 이유가 납득이 가기 시작한다. 초파리를 연구하는 일은, 비교적 단순한 생물을 통해서 모든 또는 많은 생물들을 연결하는 공통의 핵심 주제 중의 일부를 체계적으로 밝혀내는 것이기도 하다. 좀더 단순한 생물로부터 얻은 새로운 지식으로 무장하고 나면, 우리 같은 훨씬 더 복잡한 생물들을 연구하기가 훨씬 더 쉬워진다. 사실, 더 단순한 생물을 이해하여 더 복잡한 생물을 연구하는 안내자로 삼는다는 개념이야말로 모델 생물을 연구하는 핵심 근거이다. 현대 유전 연구에 쓰이는 모델 생물은 초파리만이 아니다. 효모(*Saccharomyces cerevisiae*), 예쁜 꼬마선충(*Caenorhabditis elegans*), 제브라피시(*Danio rerio*), 생쥐(*Mus musculus*), 작은 꽃식물인 애기장대(*Arabidopsis thaliana*) 등이 널리 쓰이거나 새롭게 등장한 모델 생물이다. 게다가 이른바 "인간" 연구라고 하는 것들 중 상당수는 실제 인간이 아니라, 본질적으로 아주 다양한 모델 생물들을 이용하여 이루어진다. 예를 들면, 인간 유전자의 기능을 조사하는 연구 중 상당수는 배양된 인간 세포를 써서 이루어진다. 암 조직에서 얻은 세포도 많으며(널리 쓰인 헬라 세포[HeLa cell]가 대표적이다), 끝까지 분화한 정상적인 세포를 일련의 분자 조작을 통해서 완전 초기 단계에 해당하는 분열하는 세포로 되돌려서 이용하는 사례도 있다. 어느 쪽이든 간에, 사람 자체보다는 단순한 체계이다.

모델 생물이나 배양한 세포를 실험하는 우리 중 어느 누구도 이런 모델 체계 중 하나 또는 여러 개가 사람의 발달, 건강, 질병의 모든 측면을 모사할 수 있다고 장담하지는 않는다. 모델의 효용성에는 한계가 있기 마련이며, 효모나 초파리나 헬라 세포가 명백하게 인간이 아니므로 그럴 수밖에 없을 것이다. 마찬가지로 드로소필라를 작물 해충이나 곤충 질병 매개체의 모델로 삼는 데에도 한계가 있다. 초파리는 초파리(적어도 식초파리)이지, 작물을 훼손하는 사과과실파리, 질병을 옮기는 모기, 나무를 갉아먹는 흰개미 같은 생물이 아니라는 명백한 사실 때문이다. 더 나아가서 지금은 빠르고 저렴하게 유전체 서열 분석을 할 수 있는 시대—생물학의 "빅데이터" 폭발 시대—이기 때문에, 우리는 한 종 내에서도 의미 있는 방식으로 드러나는 차이들이 있다는 사실을 그 어느 때보다도 더 명확하게 인식하고 있다. 그런 차이들 때문에 우리 각자, 즉 어느 한 종의 각 개체는 나름의 강점과 약점을 지니고, 나름의 체내 신호 체계와 환경의 단서들에 반응하는 양상을 갖춘 독특한 생물학적 체계가 된다. 따라서 각자에게 알맞은 맞춤 치료방식이 필요하다는 주장 역시 점점 힘을 얻고 있다.

그렇기는 해도, 초파리 같은 모델 생물과 우리 인간 사이, 또 초파리와 다른 동물들 사이의 유사점과 공통점도 심오하며, 다양하고, 흥미로운 양상을 띤다. 한 세기 넘게 초파리를 연구하면서 과학자들은 우리자신들의 유전자와 단백질의 기능에 관한 무수한 진리를 밝혀왔다. 수정란에서부터 어떻게 이목구비를 다 갖춘 형태가 발달하는지, 어떻게 늙는지, 무엇이 잘못되어 병에 걸리는지 등등, 이 목록은 계속 이어진다. 아직 해결되지 않은 문제들도 모델 체계를 이용하면 밝혀낼 수 있을 것이다. 초파리 연구는 흔하거나 희귀한 인간의 질병에 관한 새로운 사실을 알아내거나 그 질병을 치료할 새로운 전략을 찾아내는 일뿐만이 아니라, 앞으로 더욱 새롭고 심오한 발견들을 할 것이라고 약속한다. 더 나아가서 드로소필라 연구가 생물학과 생명의학에 어떤 식으로 기여해 왔는지를 이해하면, 연구를 한다는 것이 어떤 의미인지를 이해하는 데에 도움이 될 수 있다. 즉 작은 생물에 관한 연구는 더 크고 더 복잡한 생물을 이해하는 데에 어떤 도움을 주는지를 알게 해준다. 그리고 작은 초파리와 우리 인간처럼 겉보기에 전혀 다른 생물들 사이에 대체로 동일한 상태로 남아 있는, 즉 진화를 통해서 보존되어온, 생물들이 처한 문제들에 대한 경이로운 해결책들을 이해하는 데에도 이바지한다.

제1장

지도

일반적으로 사람들은 지도를 좋아하는 듯하다. 우리는 동네, 소도시, 도시, 군, 광역, 나라, 대륙, 지구 전체의 지도뿐만 아니라, 그 너머에 있는 달 표면의 지도, 천체, 은하수, 결코 닿지 못할 외계 공간의 지도까지 가지고 있다. 또한 아주 다양한 특징들에 관한 지도도 있다. 날씨 패턴, 수로(水路), 쇼핑몰, 분쟁 지역, 나비의 이주 경로, 운석이 떨어진 지점의 지도 같은 것들 말이다. 판타지 작가들은 자신이 구상한 가상 세계의 지도도 그리고, 그 지도를 소설 앞쪽에 싣기도 한다. 로버트 루이 스티븐슨은 『보물섬(*Treasure Island*)』의 지도를 그렸고, J. R. R. 톨킨은 『호빗 (*The Hobbit*)』에 실을 지도를 그렸다. 우리는 적어도 지도가 매우 유용할 수 있다는 명백한 이유 때문에 지도에 가치를 부여한다. 지도는 우리가 가보지 않았던(그리고 아마 결코 가지 않을)곳이 어떤 모습일지 감을 잡을 수 있게 해주고, 새로운 곳을 돌아다닐 수 있게 해주며, 익숙한 공간을 새롭게 이해할 수 있게 해준다. 지도의 중요한 점은 너무 커서 실제 크기로 묘사할 수 없는 지역 전체를 한눈에 볼 수 있도록 해준다는 것이다. 정의상 지도는 축척을 써서 지역을 나타내기 때문에 가능한 일이다.

1킬로미터를 1센티미터로 나타낸다든지 해서 말이다. 또한 사진과 달리, 지도는 어떤 특징은 빼버리고 어떤 특징은 눈에 잘 띄는 색깔로 표시하여 시선을 사로잡도록 하면서, 추상적인 형태로 특징들을 나타낸다. 지도를 펼치면, 우리는 상대적인 거리를 파악하고, 관심이 있는 지점을 찾고, 도로를 수로와 구별하고, 시간의 흐름에 따르는 변화도 볼 수 있다. 여행 계획을 짜고 경로를 볼 수 있다. 어느 장소인지도 알 수 있고, 그 장소에 더 익숙하고 더 연결되어 있다는 느낌을 받고, 까마득히 먼 곳도 가까이 있는 양 느낄 수 있다.

DNA로 이루어진 염색체는 유전정보를 담고 있다. 그것은 우리의 몸 전체를 만들고, 유지하고, 번식하는 데에 필요한 암호로 된 명령문이다. 그렇기 때문에 염색체, 또는 염색체들로 이루어진 유전체는 생물의 청사진 또는 사용 설명서라고 비유되곤 한다. 그러나 실질적이고 유용한 의미에서, 염색체는 경관(landscape)이라고 생각할 수도 있다. 유전자를 포함하여 여러 특징들로 가득한 지리적 영역이라고 말이다. 각 특징은 정의되고, 주석이 달리고, 도표로 나타내고, 같은 염색체에 있는 다른 특징들과 의미 있는 관계로 엮일 수 있다. 다시 말해서, 염색체는 지도로 만들 수 있다. 그리고 주변의 경관을 돌아다니고 탐사하고 이해할 때 우리가 지도에 의지하듯이, 유전 지도(그리고 지금은 "유전체[genomic]" 지도)도 축척을 쓰고 특징들의 어느 부분집합에 초점을 맞춤으로써, 염색체를 돌아다니고 탐사하고 이해하는 데에 도움을 준다. 본래 상상할 수도 없을 만큼 작고 놀라울 만치 복잡한 경관을 파악할 수 있게 해준다. 그런데 염색체의 "유전(genetic)" 지도는 어떻게 작성할까?

최초의 유전 지도는 한 세기 동안 쓰이게 될 지도 제작법을 정의하면서 다른 종들의 염색체 지도를 작성하는 방법의 토대가 되었다. 그 지도는 쥐, 생쥐, 인간의 것도 아니었고, 심지어 어떤 단순한 단세포 생물의 것도 아니었다. 최초의 유전 지도는 한 유전학자가 유전자들의 상대적 위치를 처음으로 표시한 것이었는데, 바로 초파리의 X 염색체 지도였다. 당시 대학생이었던 한 초파리 연구자가 해낸 이 업적은 다른 연구 흐름들과 통합되어서 유전학 분야를 혁신시킴으로써 유전자를 연구하고 이해하는 능력을 영구히 바꿔놓았다.

법칙 깨기

T. H. 모건은 흰 눈 초파리 수컷을 정상적인 붉은 눈 초파리 암컷과 교배시킨 후, 그 자식들을 서로 교배시키는 과정을 반복하면서, 각 세대에 흰 눈 초파리와 붉은 눈 초파리의 개체수가 얼마나 되는지를 세어보았다. 결과를 보고서 그는 깜짝 놀랐다. 암컷과 수컷에서 흰 눈 형질의 유전 양상―개체수―이 전혀 달랐다. 모건은 1910년에 발표한 논문에서 다음과 같은 자료를 제시했다. "근친 교배를 한 F_1 잡종들은 이러했다. 붉은 눈 암컷 2,459마리, 붉은 눈 수컷 1,011마리, 흰 눈 수컷 782마리"(Morgan 1910). 이어서 그는 강조하기 위해서 이탤릭체를 써서, 이 결과의 놀라운 점을 이렇게 요약했다. 시조인 흰 눈 초파리의 손주들 가운데 "흰 눈 암컷은 한 마리도 없었다." 따라서 멘델 법칙이 마침내 널리 논의되고 받아들여진 지 얼마 지나지 않았을 시점에, 한 생물학자가 주목할 만한 예외 사례를 제시한 셈이었다. 멘델의 독립 법칙은 두 형질 사이에는 아무런 관계도 없어야 한다고 말한다. 이 사례에서는 눈 색깔과 성별이 그렇다. 그러나 모건이 제시한 반박의 여지가 전혀 없는 숫자들은 서로 무관하게 보이는 이 두 형질이 독립적으로 유전되는 것이 아

니라, 하나로 "연결되어" 함께 유전된다고 말하고 있었다. 증거로 제시된 초파리가 수천 마리였다는 점도 그 자료와 그 해석을 받아들이는 데에 중요한 역할을 했을 가능성이 높다. 그로부터 겨우 1년 전에, W. 베이트슨은 이렇게 말한 적이 있다. "멘델 법칙의 예외라거나 그 법칙에 들어맞지 않는다고 주장하는 다양한 사례들 가운데 믿을 만한 것은 거의 없다"(Bateson 1909). 반면에 독립 유전 법칙의 예외 사례는 이미 몇 건 나온 적이 있었다. 1900년 C. 코렌스는 어떤 꽃식물을 조사하다가, 흰 꽃이 피는 개체는 예외 없이 잎과 줄기에 털이 많은 반면, 붉은 꽃이 피는 기체는 잎과 줄기가 매끄럽다는 것을 알아차렸다. 독립되어 보이는 두 형질이 늘 함께 나타나는 "완전 연관(complete linkage)"의 최초로 보고된 사례였다. 1905년 베이트슨과 R. C. 퍼넷은 식물을 연구하다가 "불완전 연관(incomplete linkage)"의 사례도 찾아냈다고 발표했다(지금은 그냥 다 "연관"이라고 부른다). 불완전 연관은 두 형질이 한 자손에게서 멘델의 독립 법칙이 예측하는 것보다 함께 나타나는 사례가 더 많기는 하지만, 완전 연관과 달리 언제나 그런 것은 아닐 때를 가리킨다(Sturtevant 1965). 이 무렵에 N. 스티븐스의 초파리 연구 등을 통해서, 연구자들은 X와 Y 염색체가 특별하다는 것을 깨닫기 시작했다. 이 두 염색체가 암수를 결정하는 일을 한다는 것이다(Brush 1978). 모건의 연구 결과에서 특이한 점은 눈 색깔 같은 형질이 세포 내 구조물과 관련된 이 성별 형질과 연결되어 있다는 것이었다.

모건은 눈 색깔이 초파리의 성별과 연관되어 있다는 자신의 연구 결과를 설명할 방법을 찾느라 고심했다. 그는 성염색체를 보면 수컷은 이형 접합(異形接合)이고(지금은 이것을 XY 유전형이라고 표시하곤 한다), 암컷은 동형 접합(同型接合)(XX)이라고 주장했다. 더 나아가서 "붉은 눈 인자"가 X 염색체에 "결합되어(coupling)" 있다고 주장했다. 지금은 화이트 유전자가 X 염색체에 "결합되어" 있다가 아니라 그 위에 있다는 식으로 표현한다. 그러나 이는 그저 표현의 차이일 뿐이다. 모건은 옳았다. 비교적 짧은 기간에 많은 세대들로 이루어진 많은 초파리들을 관찰할 수 있다는 점에 힘입어서, 모건은 "반성(伴性, sex linkage)"이라는 현상을 발견했다. 그리고 그것을 어떤 유전자가 Y 염색체에는 없고 X 염색체에만 있어서, 즉 "연관되어" 있어서 X 염색체에 있는 돌연변이나 형질이 성별과 연관되어 나타날 가능성이 높다는 것을 가리킨다고 설명했다. 초파리 암컷은 X 염색체를 쌍으로 지니지만(부모에게서 하나씩 받아서), 수컷은 하나만 지닌다(엄마에게서만 받으며, 아빠에게서는 Y 염색체를 받는다). 그래서 수컷은 X 염색체에 일어나는 돌연변이에 취약하다. 반면에 암컷은 돌연변이가 일어나도 정상적인 X 염색체가 더 있어서 대개 그 돌연변이가 드러나지 않는다. 흰 눈 수컷에게서는 하나뿐인 X 염색체에 있는 화이트 유전자의 돌연변이가 그대로 발현된 것이었다. 반면에 이형 접합체인 암컷에게서는 정상적인 화이트 유전자 사본이 돌연변이 사본을 가림으로써 그 형질이 드러나지 않았다(Morgan 1910).

연관 찾기

모건의 주위로 재능 있는 대학생, 대학원생, 연구원이 모여들었다. 이 파리 방 집단은 눈, 날개, 털, 큐티클 등에 영향을 미치는 가시적인 결함이나 표현형이 있는 돌연변이 계통들뿐만 아니라, 건강에 치명적이거나 불임을 야기하는 돌연변이 계통들도 많이 찾아냈다. 더 많은 돌연변이 계통들을 찾아내면서, 그들은 돌연변이들 사이의 관계도 새롭게 밝혀낼 수 있었다. 초기 드로소필라 연구자들은 화이트 유전자가 X 염색체와 연관되어 있음을 알아차렸고 또한 화이트처럼 성별과 연관된 유전자 외에 성과 연관되지 않았지만 서로서로 "연관되어" 있는 것처럼 행동하는 유전자도 있음을 알아냈다. 그런 유전자들은 다음 세대에 함께 출현할 가능성이 더욱 높았다. 이 유전자들도 멘델의 독립 법칙에 어긋났다. 이윽고 "긴밀하게 연관된" 돌연변이 유전자들, 즉 가장 자주 함께 나타나는 유전자들이 물리적으로도 서로 가까이 붙어 있을 것이라는 주장이 등장했다. 즉 어떤 유전자들은 같은 염색체에 들어 있을 뿐만 아니라, 같은 염색체에 있는 유전자들 중에서도 서로 더 가까이 놓여 있는 것들이 있다는 주장이었다. 연구자들은 한 형질을 지닌 개체(이를테면, 흰눈 돌연변이 초파리)를 다른 형질을 지닌, 이를테면 옐로(yellow)나 스펙(speck) 유전자에 돌연변이가 있는 개체와 교배시키곤 한다. 그렇게 나온 자식들을 다시 서로 교배시킴으로써 돌연변이들이 따로따로 나타나는 빈도와 연관되어 나타나는 빈도를 센다. 즉 멘델의 법칙에 들어맞는지, 아니면 연관된 형질로서 함께 행동하는지를 알아보는 것이다.

초기 초파리 연구자들은 많은 돌연변이들의 조합 양상을 꼼꼼히 조사한 끝에, 그것들이 4개의 "연관군(linkage group)"을 이루고 있음을 알아냈다. 지금 우리는 이 연관군의 수가 초파리의 염색체 개수인 X 염색체 1개와 "상염색체(autosome)" 3개에 대응한다는 것을 안다. 상염색체는 성염색체를 제외한 다른 염색체들을 가리킨다. X 염색체를 암묵적으로 "1번 염색체"라고 하고, 다른 염색체들은 2번, 3번, 4번이라고 부른다. 드로소필라의 염색체가 4개(거기에 Y 추가)밖에 되지 않기 때문에 비교적 단순하다는 점도 유전 연구에서 초파리가 인기가 있는 이유 중의 하나이다. 초파리는 우리보다 염색체가 더 적은데(4쌍 대 23쌍), 그저 몸집이 훨씬 더 작아서 그런 것은 아니다. 염색체 수는 곤충 사이에서도 매우 다양하다. 누에나방은 27쌍인 반면, 진정한 몇몇의 파리 종은 6쌍이다.

파리 방 연구진은 연관 현상을 통해서 개념상의 "형질"을 물질인 염색체와 관련지을 수 있게 되었지만, 아직 해결하지 못한 문제가 있었다. 계속 쌓이고 있는 연관 자료가 어떤 식으로 염색체라는 물질세계와 관련을 맺고 있는 것일까? 해답을 찾아낸 사람은 모건 연구실에 있던 A. H. 스터트번트였다.

최초의 유전 지도

멘델의 독립 법칙처럼, 연관 현상도 고유의 규칙들을 갖추고 있었다. 그 중의 하나는 형질들이 연관되어 나타나지 않고 독립적으로 나타나는 빈도가 어떤 형질 쌍을 조사하든 일정하다는 것이다. 예를 들면, 옐로와 화이트의 돌연변이 형태들이 연관되지 않고 독립적으로 나타나는 빈도는 반복해서 검사해도 일정했다. 옐로와 버밀리언(vermillion)이 독립적으로 나타나는 빈도도 마찬가지였다. 그러나 빈도 자체는 유전자 쌍마다 달랐다. 즉 옐로와 화이트가 독립되어 나타나는 빈도는 옐로와 버밀리언이 독립되어 나타나는 빈도보다 훨씬 낮았다.

스터트번트를 포함한 모건 연구진은 가능한 한 많은 X 염색체들과 형질들을 조사하면서 어느 형질이 연관되지 않은 형태로 나타나는 빈도가 얼마인지를 파악하기 위해서, 엄청난 양의 연관 자료를 모았다. 스터트번트는 자신들이 기록하고 있는 수들이 상대적인 물리적 거리로 해석될 수 있음을 깨달았다. 이는 대단히 중요한 발견이었다. 스터트번트는

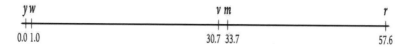

최초의 유전 지도. 단위는 센티모건(cM)이다. 유전자 사이의 간격은 스터트번트가 원래 제시했던 초파리 X 염색체의 유전 지도와 동일하다. 기호만 현대 명명법에 맞게 바꾸었다. 기호별 유전자 이름: y, yellow; w, white; v, vermillion; m, miniature; r, rudimentary. A. H. Sturtevant (1913), "The linear arrangement of six sex-linked factors in Drosophila, as shown by their mode of association," (*Journal of Experimental Embryology*) 14 (1): 43-59, Diagram 1.

1965년에 내놓은 『유전학의 역사(*A History of Genetics*)』에서 이 중요한 깨달음의 순간을 이렇게 묘사했다(Sturtevant 1965). "연관 세기의 차이로……한 염색체에 한 줄로 늘어선 순서를 파악할 수 있지 않을까라는 깨달음이 불현듯이 찾아왔다. 나는 집으로 가서 밤을 새다시피 하면서 (해야 할 숙제를 무시한 채) 최초의 염색체 지도를 작성하는 일에 매달렸다." X 염색체에 있는 유전자들인 옐로, 화이트, 버밀리언, 미니어처 (miniature), 루디멘터리(rudimentary)의 상대적인 위치를 나타낸 지도였다. 1913년에 발표된 원래 지도는 수수하다. 직선에 유전자들의 위치를 나타내는 표시가 5군데 있고, 그 위에 글자가 하나씩 적혀 있다. 이 지도에서 핵심 정보는 표시된 글자들의 순서와 상대적인 간격이다. 지도에 적힌 거리 단위는 인치나 밀리미터 같은 절대적인 측정값도 아니고, 염색체 DNA를 이루는 A, C, G, T "염기"의 개수도 아니다. 염색체의 조성이 그 정도까지 상세히 밝혀지려면 시간이 더 흘러야 했다. 대신에 스터트번트는 한 염색체의 길이에 대한 퍼센트로 값을 나타냈다. 그는 지도교수를 기리는 차원에서 이 계수 단위를 "모건"이라고 했고, 모건을 더 작은 단위인 "센티모건(centiMorgan, cM)"으로 세분했다. 센티모건은 널리 쓰이게 되었다.

이 체계를 창안함으로써, 스터트번트는 유전학계에 최초로 염색체에

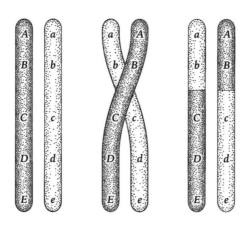

20세기 초 유전학자들이 생각한 염색체 "교차." 감수분열 때 일어나는 교차는 모건과 스터트 번트 등이 관찰한 "불완전 연관"을 설명한다. 대개 가까이 있는 유전자들(A, B, C 등)은 한 염색체에 남아서 함께 움직이기 때문에, 그 유전자들이 만드는 형질들이 "연관된" 것처럼 보인 다. 그러나 때로 염색체들은 "교차한다." 즉 꼬인다. 이를 푸는 과정에서 염색체의 일부가 서로 교환될 수 있다. 유전자 A와 E 사이의 거리가 더 멀수록, 둘 사이에 교차가 일어날 가능성도 더 크다. 연관과 염색체 위 유전자들의 물리적 거리 사이의 관계를 그것으로 설명할 수 있다.

서 유전자들이 서로 얼마나 떨어져 있는지를 말해주는 중요한 표현방식을 제공했다. 바로 최초의 유전 지도였다. 이 방식은 다른 생물들에도 적용할 수 있었고, 연구자들이 나중에 DNA 서열 분석 등 새로운 방법들로 작성한 염색체 경관의 지도와 비교했을 때 정확하다는 것이 드러났다. 스터트번트는 1965년에 그때를 회고하면서 그 최초의 지도에 배열된 유전자들의 "순서와 상대적인 간격이 지금도 거의 그대로" 표준 지도들에 실려 있다고 썼다(Sturtevant 1965). 원래의 지도가 발표된 지 100여년이 지난 지금, 옐로와 화이트 같은 유전자들 사이의 거리를 DNA의단위 하나 수준까지 정확히 알고 있는 이 시대에도, 1913년의 원본 지도는 여전히 꽤 좋아 보인다.

이윽고 유전학자들은 연관 현상을 물리적 구조 및 염색체와 관련된현상들로 설명할 수 있게 되었다. 정자나 난자(생식세포)가 만들어질 때,

그 생물의 엄마에게서 온 염색체와 아빠에게서 온 염색체가 나란히 늘어선다. 그리고 이 나란히 늘어선 모계와 부계 염색체는 때로 들러붙어서 엉키곤 한다. 최종적으로 형성되는 정자나 난자는 염색체가 절반으로 줄어든 반수체(半數體, haploid)이므로, 이 엉킨 염색체들은 어떻게든 떨어져야 한다. 이런 "교차" 뒤에 분리가 일어날 때 원래 염색체가 온전히 유지될 때도 있고, 재조합이 일어날 때도 있다. 재조합은 모계와 부계 염색체의 일부 영역이 물리적으로 서로 교환되는 것이다. 즉 모계 염색체의 조각이 부계 염색체의 상응하는 부위와 뒤바뀐다. 따라서 두 유전자나 형질 사이의 거리가 멀수록, 둘 사이에 교차가 일어날 가능성이 더 크기 때문에, 연관은 지도를 작성하는 데에 쓰일 수 있다. 거리가 멀수록 두 형질을 따로따로 가진 자식의 비율이 더 높아지기 때문이다.

좋은 도로 지도는 주요 목적지와 지형지물 사이의 상대적인 거리를 정확히 즉시 감을 잡게 해준다. 초기 유전 지도는 유용했으며, 시간이 흐르면서 더 많은 돌연변이 계통들이 파악되고 다른 유전형들과의 교차 결과를 꼼꼼히 집계하여 두 형질 사이의 교차 비율을 정확히 알아내면서 정확도가 점점 높아져왔다. 수십 년이 흐르는 동안, 초파리 연구자들은 더 많은 돌연변이 계통들에서 더 많은 형질들을 분리했다. 1910년대부터 현재에 이르기까지, 새로 생성된 돌연변이를 대상으로 연구자가 으레 맨 처음 하는 일은, 어느 염색체에 있는지 그리고 그 염색체의 어느 부위에 있는지 "지도에 기입하는" 것이다. 드로소필라의 유전 지도는 하나의 직선에 5개의 표지가 붙은 스터트번트의 지도 이래로 훨씬 더 포괄적이고 정교해졌다. X, 2번, 3번, 작은 4번 염색체의 상대적인 크기를 나타나는 4개의 직선에 새로 추가된 돌연변이들까지 포함하여 표지와 기호가 정확한 위치에 기입된 형태이다.

유전 지도 작성이 끼친 충격은 아무리 강조해도 지나치지 않다. 2015년 생물학자 S. 헤니코프는 비록 유전학이라는 분야가 "그레고어 멘델의 고전 논문에서 탄생했지만……오늘날 우리가 아는 형태로 유전학의 범위가 정해진 것은 1913년 A. H. 스터트번트가 최초의 유전 지도를 도입하면서부터였다"(Henikoff 2015)라고 썼다.

"유전자"란 무엇일까?

이제 우리는 "유전자"가 쉽게 정의할 수 있는 무엇, 한 염색체에서 시작되는 지점과 끝나는 지점이 명확히 정해져 있는 특정한 구간을 가리키는 것이라고 생각할지 모르겠다. 그러나 그렇지 않다. 어느 유전자의 처음과 끝이 정확히 어디인지 생물학자에게 물으면, 유전학 전공자조차도 답하기 어려워한다는 것을 알게 될 것이다. 대부분의 유전자가 단백질의 암호를 지닌다는 사실을 먼저 떠올릴지 모른다. 유전자 서열은 처음에 책의 한쪽을 베껴서 사본을 만들 듯이 RNA로 "전사되고", 그 RNA 분자는 아미노산이라는 언어로 "번역되어" 단백질을 만든다. 유전자의 단백질 암호 영역은 대개 다른 영역들보다 정의하기가 쉽다. 단백질 암호 영역은 이어진 염기 3개가 유전암호 하나를 만드는 규칙을 따른다. 염기 3개로 된 "시작" 서열에서 마찬가지로 염기 3개로 된 "종결" 서열까지 이어지며, 그 사이에 염기 3개로 된 유전암호인 "코돈(codon)"이 짧게 또는 길게 이어져 있다. 코돈은 아미노산 하나를 지정하며, 코돈의 길이에 따라 단백질의 길이가 정해진다. 연구자들이 정의하고자 애쓰는 유전자에는 전사 기구가 달라붙어서 RNA를 만들기 시작하도록 부추기거나 단념시키는 DNA 영역도 딸려 있다. 이 영역들을 "증폭자(enhancer)"와 "억제자(suppressor)"라고 한다. 또 처음에 유전자에서 생성된 RNA 전사체는 "인트론(intron)"이라는 부위 사이에 "엑손(exon)"이라는 부위가 끼워져 있는 형태이다. 나중에 인트론들은 잘려나가고 엑손들만이 죽 이어붙어서 성숙한 RNA 전사체가 된다. 단백질을 만드는 암호를 가지지 않은 RNA만을 만드는 유전자도 있다. 그 유전자는 단백질로 결코 번역되지 않지만, 처음에 전사되어 나온 변형되지 않은 그대로, 또는 더 처리된 활성 형태로 직접 작용을 하는 RNA를 만든다. 이 "비코딩(noncoding)" 또는 "기능적(functional)" RNA는 홀로 또는 단백질이나 DNA와 함께 구조적인 역할, 조절 역할, 또는 효소 역할을 한다.

많은 경우에, 유전자는 전사되어 단 하나의 RNA 서열을 만들고, 그 RNA 서열에서 단 하나의 단백질이 만들어진다. 그러나 DNA에서 RNA를 거쳐 단백질이 만들어지는 경로에서 어떤 작용이 일어나면, 유전자 하나에서 RNA와 단백질이 둘 이상 만들어질 수도 있다. 그런 작용이 일어날 수 있는 지점이 3군데 있다. 첫째는 유전자에서 RNA로의 전사가 일어나는 시작 지점이 두 군데 이상일 때이다. 즉, "전사 시작 지점(transcription start site, TSS)"이 두 군데 이상이면, 한 유전자가 두 종류 이상의 RNA를 만들 수 있다. 각 RNA의 앞부분은 다르다. 따라서 이 RNA들은 첫 부분이 서로 다른 단백질을 만들 것이다. 둘째, RNA 분자는 "이어맞추기(splicing)"가 이루어질 수 있다. 즉 토막 낸 다음 뒤섞어서 다시 붙일 수 있다. 그러면 한 유전자에서 여러 RNA가 만들어질 수 있고, 따라서 단백질도 두 종류 이상 생길 수 있다. 그 유전자의 TSS가 같을 때에도 그렇다. 여기서 RNA의 어느 지점을 잘라야 한다는 정보가 DNA에 들어 있다는 점을 유념하자. 즉 RNA 이어맞추기는 무작위로 일어나는 것이 아니라, 매우 구체적으로 통제되어 일어나는 사건이다.

마지막으로, 만들어진 단백질은 둘 이상의 조각으로 "쪼개지거나"(잘려서), 인산기, 지질 분자, 당 사슬 같은 것들이 붙어서 다양하게 변형될 수 있다. 이 "번역 후 변형된" 단백질들은 "쪼개지지 않은", 즉 변형되지 않은 원본과 달리, 또는 원본과 함께 세포 내의 각기 다른 구역에서 각기 다른 기능을 할 수 있다.

"유전자 발현", 즉 RNA나 단백질의 생산은 세포 내 환경이라는 물리적 맥락에 놓고 볼 수도 있다. 전사와 이어맞추기는 세포핵 안에서 일어난다. 반면에 번역은 세포질에서 이루어진다. 인산화나 절단 같은 번역 후 변형은 세포 내의 여러 구역들 중 어디에서든 일어날 수 있고, 단백질이 세포 밖으로 나가서도 일어날 수 있다. 단백질과 기능성 RNA는 일단 만들어지면, 세포의 각 하위 영역들로 배치된다. 한 아파트 단지의 주민들이 각자 서로 다른 직장으로 떠나는 것과 비슷하다. 단백질이나 RNA의 직장은 세포핵, 세포질, 세포 표면일 수도 있고, 둘 이상의 지점을 오가는 일을 할 수도 있다. 미토콘드리아나 리소좀 같은 세포소기관(organelle) 안에 배치되는 단백질도 있다. 세포 바깥으로 분비되어 세포 가까이에 머무는 단백질도 있다. 세포 사이의 모르타르인 "세포외 기질(extracellular matrix)"을 형성하는 단백질들이 그렇다. 만들어진 세포를 떠나 멀리 여행하는 단백질도 있다. 멀리 떨어진 신체 기관 사이에 정보를 전달하는 단백질이 대표적이다.

염색체를 보고 연결 짓기

화이트 유전자에서 관찰된 성연관의 한 가지 핵심 측면은, 유전 개념과 당시 생물학자들이 현미경으로 관찰한 특정한 물리적 구조물인 염색체 사이에 관계가 있음을 연구자들이 깨닫게 되었다는 것이다. 염색체와 형질 사이에 관계가 있음을 최초로 알아낸 과학자라는 영예는 N. 스티븐스와 E. B. 윌슨에게 돌아가야 할지도 모르겠다(Brush 1978). 그들은 1905년에 Y 염색체가 수컷성과 관련이 있다는 증거를 제시했다. 그러나 실제로 물리적 구조인 염색체와 형질의 유전 사이의 관계를 결정적으로 증명했다고 찬사를 받는 사람은 모건의 파리 방 일원이었던 C. 브리지스이다. 여기서 초파리 침샘의 특이한 세포학적 성질이 중요한 역할을 했다. 초파리를 비롯한 곤충은 침샘세포를 비롯한 몇몇 세포에 특이한 염색체가 들어 있다. 세포분열 없이 DNA가 계속 복제되어 형성된 염색체이다. 이 염색체들은 아주 많은 연필들을 상자에 담아놓은 것과 비슷하게 나란히 늘어서 있다. 당시 기술로는 염색체 하나의 한 영역까지 자세히 들여다볼 수가 없었다. 하지만 고도로 증폭되어 나란히 늘어서 있는 이 염색체들, 즉 "다사 염색체(多絲染色體, polytene chromosome)"는 세포에서 꺼내어 유리판 위에 올려서 김자액(Giemsa)이라는 청자색 염료로 염색을 하면 각 영역을 눈으로 직접 살펴볼 수 있었다(Wilson 1907). 홀로 있는 염색체에게서는 보이지 않는 특징을 다사 염색체에서는 어떻게 볼 수 있었을까? 빛나는 금속 쬠쇠가 붙어 있고, 그 위에 분홍색 지우개가 달려 있는 노란색 연필들이 상자에 나란히 들어 있다고 상상해보자. 멀리서 볼 때 연필 한 자루와 달리, 그 연필들의 알루미늄 쬠쇠는 반짝이는 띠처럼 죽 이어져 있어서 쉽게 알아볼 수 있다. 다사 염색체는 이런 연필 상자와 비슷하다. 다른 형태의 띠무늬가 있는 다사 염색체는 볼펜이 들어 있는 상자라고 상상할 수 있다. 즉 "띠무늬"가 서로 다른 염색체를 서로 다른 필기구가 든 상자라고 생각하면 된다.

다사 염색체는 초파리 연구의 시대가 오기 전에도 다른 곤충 세포들에서 관찰된 적이 있는데, 19세기 과학자 E. G. 발비아니는 1881년에 깔따구속(*Chironomus*)에서 그런 염색체를 관찰했었다(Balbiani 1881). 1910년대에 브리지스는 곤충 다사 염색체 분석을 새로운 차원으로 발전시켰다. 초파리 다사 염색체의 띠무늬를 꼼꼼히 관찰하여 그림으로 그리고, 서로 다른 염색체가 들러붙어서 분리되지 않는 "비분리(nondis-junction)" 현상이 일어날 때처럼 관찰하기 좋은 유전적 상황이 벌어졌을 때의 띠무늬를 살펴보면서, 다사 염색체의 특정한 띠무늬 패턴을 파악한(즉 패턴을 토대로 어느 염색체들이 서로 붙었는지를 파악한) 다음 암수 성별 등 어떤 표현형이 나오는지와 맞추어봄으로써, 브리지스는 염색체가 유전정보를 담은 물리적 구조물이라는 "직접적인 증거"(스스로 한 말이다)를 얻을 수 있었다(Bridges 1914).

다사 염색체 지도를 이용할 수 있게 되자, 기존 유전 지도에 새로운 세부적인 차원이 추가되었다. 다사 염색체 지도 덕분에, 연구자들은 유전자와 염색체를 눈으로 볼 수 있는 물질적인 대상으로 파악하고 다룰 수 있게 되었다. 다사 염색체마다 짙게 염색되는 띠와 옅게 염색되는 "간대(interband)"가 독특한 패턴을 이루는데, 이 패턴은 나중에 다른 연구들에 이용되면서 특정한 유전자의 DNA 서열 및 유전자 발현에 관한 정보를 파악하는 데에 기여했다. 한 예로, 1960년대에 F. 리토사는 정상적인 다사 염색체의 띠무늬 변화를 관찰하여, 생물에게 "열 충격 반응(heat shock response)"이 일어난다는 증거를 최초로 찾아냈다. 열 충격 반응은 열 같은 스트레스를 받았을 때 특정한 유전자 집합이 활성을 띠는 현상이다(Ritossa 1996). 더 나아가서 연구자들은 다사 염색체를 이용하여 염색체의 구조 변형이나 재배치가 어떤 영향을 미치는지도 조사했다. 다사 염색체에서는 그런 변형이 일어났는지 여부를 쉽게 알 수 있으므로, 어떤 특정한 돌연변이 표현형이 관찰되면, 염색체의 어느 부위에 이상이 일어났기 때문인지 쉽게 연관지어 파악할 수 있었다. 서열이 분석된 인간 유전체의 수들이 늘어나면서, 우리는 염색체의 구조와 DNA의 어느 긴 구간이 통째로 재배치되거나 중복되거나 누락될 때 어떤 일이 일어나는지를 새롭게 이해하고 있다. 오래 전에 초파리의 다사 염색체를 통해서 관찰되고 폭넓게 연구된 현상을 말이다. 사실, 초파리 연구는 유전 장애와 관련된 구조 변형 등 염색체의 구조를 이해하는 데에 밑거름이 되어왔다.

브리지스의 염색체 비분리 연구는 모건을 비롯한 많은 연구자들로부터 찬사를 받았다. 모건은 염색체 비분리 연구를 통해서 나온 이론이 "유전자의 작용에 관한 유전적 해석의 토대가 되었다"라고 썼다(Bridges and Brehme 1944). 지금의 생물학은 염색체가 DNA라는 형태로 유전정보를 담고 있는 물리적 구조물이라는 개념을 당연시한다. 그러니 당시에 그 발견이 얼마나 중요한 것이었는지를 이해하기가 어려울 수 있다. 브리지스가 상세히 묘사한 다사 염색체 그림(Bridges 1935)은 초파리 유전학자들에게 유용하게 이용되고 있다. 스터트번트의 방법을 토대로 한 유전 지도를 보완하는 중요한 대안 지도(물리적 구조에 토대를 둔)를 제공했다. 초기에 운 좋게도 연구자들은 몇몇 돌연변이가 다사 염색체의 어느 지점과 관련이 있는지를 파악할 수 있었다. DNA의 긴 구간이 누락되거나 뒤집히는 현상과 관련이 있는 돌연변이였다. 그런 변화가 생기면 다사 염색체의 띠무늬가 크게 달라지므로, 당시의 성능이 떨어지는 현미경으로도 알아볼 수 있었다. 나중에 "제자리 혼성화(in situ hybridization)"라는 DNA나 RNA에 직접 꼬리표를 붙이는 방법을 통해서 어느 작은 DNA 조각이 다사 염색체의 어느 위치에 들어맞는지를 찾아내는 것이 가능해지면서(Gall 2015), 연구자들은 훨씬 더 많은 유전자들을 이 물리적 지도에 기입할 수 있게 되었다.

모건과 그 연구진은 유전학에 장기적으로 많은 영향을 미쳤다. 1930년대에 한 유전학자는 모건의 화이트 유전자 연구와 그 후속 연구들이 "생물의 특징을 정하는 모든 유전자들이 염색체에 있다는 일반 개념을 낳았다"라고 평했다. "각 유전자는 특정한 염색체의 특정한 지점을 차지하며, 유전자들의 분포를 관장하는 법칙은 사실상 염색체의 분포를 관장하는 법칙이라는 것을 밝혀냈다"(Dunn 1934). 모건은 "염색체가 유전에서 맡은 역할에 관한 발견들을" 해낸 업적으로 1933년 노벨상을 받았다(Nobel Media 2016).

공유의 문화

점점 규모가 커지고 있던 20세기 초의 초파리 유전학계는 더욱 발전을 촉진하기 위해서 돌연변이 초파리 계통, 실험방법, 실험 자료를 공개하여 공유했다. 일자리, 연구비, 기타 자원을 놓고 극심한 경쟁이 벌어지고 있지만, 현재도 초파리 연구 분야에서는 공유 문화가 주류를 이루고 있다(Rubin 2015). 모건 연구진은 돌연변이 초파리 계통들의 목록을 발표하고, 동료 연구자들이 그 초파리들을 활용할 수 있도록 했다. 1930년대에 초파리 연구자들은 「초파리 정보 서비스(Drosophila Information Service, DIS)」라는 소식지를 발간했다. 과학 문헌에 실리는 연구 결과를 보완하는 정보를 시의적절하게 알리고 실질적인 조언을 하고, 돌연변이 초파리 계통 목록을 싣기 위한 간행물이었다. 1940년대가 되자, 새로 발표되는 돌연변이 초파리 계통들이 너무나 많아지면서, 「DIS」에 전부

실을 수 없는 지경에 이르렀다. 그래서 초파리 연구자들은 참고도서를 내놓았다. 돌연변이 표현형과 유전자를 집대성한 사전이었다. 이 사전은 정기적으로 개정판이 나왔다. 나중 판본들이 붉은색 표지를 썼기 때문에, 초파리 분야에서 이 책은 "빨간 책(red book)"이라는 별명으로 불렸다(Lindsley, Grell, and Bridges 1967; Lindsley, Zimm, and Lindsley 1992; Bridges and Brehme 1944).

이윽고 책이라는 형식이 새로운 초파리 유전자 정보의 양과 쌓이는 속도를 따라갈 수 없는 지경에 이르게 되면서 1989년에 W. M. 겔바트, T. 카우프먼, K. 매슈스는 동료들과 함께 초파리 유전자 정보를 담은 온라인 데이터베이스인 플라이베이스(FlyBase)를 구축하게 되었다 (Ashburner and Drysdale 1994; FlyBase Consortium 1994). 생물학자들이 그런 데이터베이스를 구상하기 시작한 초창기에 구축된 대표적인 사례였다. 초기 플라이베이스는 HTTP가 아니라 고퍼(Gopher)를 통해서 접속하는 FTP 사이트였다(FlyBase Consortium 1994). 플라이베이스는 초파리 생물학자들의 필수 정보원이 되었을 뿐만 아니라, 다른 모델 생물들의 유전자와 돌연변이 정보, 그후에는 유전체 자료까지 공유할 비슷한 데이터베이스를 구축할 때 모델 역할까지 했다. 초파리학계의 장기적인 공유 노력을 더욱 돋보이게 한 것은 초파리 계통을 계속 기르면서 동료들과 공유하는 일이 개별 연구실에 부담이 되자, 중앙 집중적인 유지 관리와 배포를 전담하는 센터를 설립한 일이었다. 초파리학계의 협력하는 문화는 1930년대 말부터 1940년대 초에 전쟁으로 피폐해진 유럽 연구실들이 「DIS」를 통해서 목록을 공유하고 갱신한 사례가 있듯이, 힘든 시기에도 초파리 연구를 계속할 수 있도록 도움을 주었을 뿐만 아니라, 지금까지도 계속 영향을 미치고 있다. 이 점은 다른 연구 분야들로부터 부러움을 사고 있다. 게다가 이 공유 문화는 초파리 유전체 서열 전체를 분석하려는 노력을 촉진시키고, 얻은 정보가 빨리 퍼질 수 있도록 기여해왔다.

최초의 "염색체 탐색법"

유전자의 위치를 아는 것과 그 유전자의 DNA 서열을 아는 것은 전혀 다른 문제이다. 후자는 그 유전자가 만드는 기능성 RNA나 단백질이 무엇인지 감을 잡게 해주므로 또다른 중요한 발전을 이루는 것에 해당할 수 있다. 유전체 이전 시대에 연구자들이 유전자의 정체와 서열을 파악하기 위해서, 특히 돌연변이 표현형을 일으키는 해당 유전자를 찾아내고 이어서 그 유전자의 어느 DNA 서열에 변화가 일어났는지를 알아내기 위해서 얼마나 비범한 사고와 힘겨운 노력을 했는지, 지금 시대에는 상상이 잘 안 될 수도 있다. 오늘날 초파리 같은 흔한 모델 생물을 연구하는 생물학자들은, 일단 돌연변이를 찾아내면 염색체라는 구조물, DNA 자체, 그 서열이 정상인지 변형되었는지에 초점을 맞추는 것을 당연시한다. 그러나 언제나 그랬던 것은 아니다. 분자생물학 초창기에는 DNA 조각을 분리하여 복제하고, 심지어는 초파리에 다시 집어넣어서 그 돌연변이 계통에 없었던 어떤 기능이 복구될 수 있을지 알아보는 일까지는 할 수 있었다. 그러나 다사 염색체는 멀리서 본 경관을 제공하기는 했어도, 특정한 DNA 염기쌍 변화에 관한 정보는 제공하지 않았다. 다사 염색체를 살펴보는 일은, 쌍안경이나 망원렌즈가 달린 카메라가 없어서 높은 산꼭대기에 서서 골짜기에 핀 튤립 한 송이나 멀리 맞은편 산의 건강한 나무에 달린 시든 잎 하나를 알아볼 가능성이 거의 없는 상황과 비슷하다.

초파리나 사람의 전장 유전체 서열을 알아내려면 15년쯤 더 있어야 할 1983년에 P. 스피어러, A. 스피어러, W. 벤더, D. 호그니스는 유전자의 DNA 서열과 돌연변이 표현형을 짝짓는 일을 도와줄 방법을 하나 제시했다(Spierer et al. 1983). 바로 더듬기식 염색체 탐색법(chromosome walking)이었다. 이 기법 역시 초파리에게 먼저 적용된 뒤에 나중에 다른 생물들에게로 확대 적용된 또 하나의 사례이다. 서열을 알고 있는 유전자를 이용하여, 그 유전자 가까이에 있다는 것 정도만 알고 있는 미지의 유전자를 찾아내는 방법이다. 알고 있는 기존의 서열에서 시작하여 그 옆에 놓인 DNA 서열을 분자생물학이나 유전학 방법을 써서 추가로 조금씩 알아낸다. 그렇게 더듬거리면서 조금씩 나아가면 미지의 유전자 서열까지 파악 가능하다. 그러면 정상 서열과 돌연변이 서열도 비교할 수 있다.

호그니스 연구진이 개발한 더듬기식 염색체 탐색법은 곧 인간 질병과 관련이 있는 돌연변이들을 파악하는 데에 적용되었다. 예를 들면, 낭성섬유증 환자들에게서 변형된 유전자를 찾아내는 데에 쓰였는데, 일부에서는 이를 더듬기식 염색체 탐색법이 최초로 "중요하게" 이용된 사례라고 본다. 사실 낭성섬유증 환자에게서 변형된 "유전자를 찾는 경쟁"이 벌어질 때(Merz 1989), 더듬기식 염색체 탐색법 및 그와 유사한 염색체 도약법(chromosome jumping)은 그 유전자가 속한 영역을 DNA 염기쌍 약 150만 개 이내의 범위로 좁히는 데에 기여했다. 당시의 DNA 서열 분석 기술 수준을 고려하면, 그 정도가 최대로 좁힌 범위였다. 그 덕분에 인간 "낭성섬유증 막횡단 전도 조절인자(cystic fibrosis transmembrane conductance regulator)", 즉 CFTR 유전자의 정상 판본과 질병을 일으키는 판본의 DNA 서열을 알아낼 수 있었다. 이 유전자는 염기쌍 약 10만

개로 이루어져 있음이 밝혀졌다(Porteous and Dorin 1991). R. 윌리엄슨, L. C. 추이, F. S. 콜린스(2009년 미국 국립보건원 원장이 되어 인간 유전체 계획을 이끈 인물) 각자가 이끄는 연구진은 CFTR 유전자를 찾아내고 DNA 서열을 분석하는 데에 이바지했다(Schmiegelow et al. 1986; Eiberg et al. 1985; Rommens et al. 1989).

연구자들은 CFTR 유전자의 정상 서열과 질병을 일으키는 돌연변이 서열을 알아내면, 낭성섬유증의 치료법이 자명하게 드러날 것이라고 기대했었다. 그 당시에 그리고 아마도 인간 유전체 계획 전반에서 힘들게 얻은 씁쓸한 교훈은, 안타깝게도 그런 기대를 충족시키지 못하는 사례가 대부분이라는 것이다. 유전 장애와 관련된 유전자가 무엇인지 알아낸다고 해도, 더 나아가서 어떤 DNA 서열 변화가 그 병과 관련이 있는지까지 알아낸다고 해도, 마법처럼 치료법이 나오는 것은 아니다(Cardon and Harris 2016). 물론 긍정적으로 작용하기는 한다. 원인 유전자를 찾아내면 환자가 어떤 질병에 걸려 있는지를 명확히 정의할 수 있고, 몰랐을 때에는 무관하다고 여겼을지 모를 집안의 발병 사례들을 가족들이 그 병과 연관짓고 환자가 어떤 증상을 보일지 예상할 수 있게 하고, 장기적으로 연구자들이 치료 전략을 개발하는 일을 도울 수 있다. 돌연변이를 "고치는" 방법이 이상적인 치료법인 양 보이겠지만, 검증되지 않았다. 자연의 세균이 바이러스 침입자에 맞서기 위해서 갖춘 방어 메커니즘을 토대로 개발된 분자 도구인 크리스퍼 체계(Jinek et al. 2012)는 새로운 희망의 불꽃을 지피고 있다. 이 체계는 환자의 DNA 서열을 교정할 새로운 방안을 제시한다(Savic and Schwank 2016). 그러나 이 방법이 실제로 쓰이려면, "적중" 효과(즉 유전체의 다른 서열들은 건드리지 않고 원하는 DNA 서열만 바꾸는)가 확실히 일어날 수 있도록 조치해야 하고, 이 유전자 편집 체계의 구성요소들을 안전하게 세포로 집어넣을 수단을 마련하는 등 중요한 장애물들을 극복해야 한다(Tsai and Joung 2016; Savic and Schwank 2016).

도로 지도에서 위성 영상으로

비록 당시에는 중요했을지라도, 지금 보면 초파리 유전체의 초기 유전 지도는 초보적인 수준같이 보인다. 20세기 전반기에 수백 개의 유전자 가 지도에 기입되었지만, 초파리의 염색체 4개에 들어 있는 유전자 총수 에 비하면 미미한 비율이다. 새로운 정보는 새로운 기술의 발명이 이루 어지면서 나오기도 한다. DNA 구조를 발견했을 때, 염기 3개로 이루어 진 DNA 유전암호를 해독했을 때, DNA의 서열을 분석할 방법을 개발했 을 때, 그후로 우리는 유전자와 염색체의 특성을 더욱 깊이 이해할 수 있었다. 오늘날 생물학자들은 사람, 모든 주요 유전 모델 생물, 그 이외 의 더 많은 종들의 전장 유전체 서열 자료를 마음껏 이용할 수 있을 뿐 아니라, 적어도 몇몇 모델 체계에서는 그 서열의 어디에 어느 유전자가 있는지까지 꽤 깊이 이해하고 있다. 즉 유전체 서열의 어디가 단백질 암호를 지닌 영역이고 무슨 일을 하는 영역인지 꽤 상세히 "주석"을 달 수 있다. 그러나 상세히 주석이 달린 전장 유전체 서열은 최근 들어서야 이용할 수 있게 된 것이다. 최초의 유전체 서열은 다년간에 걸친 체계적 인 연구를 통해서 나왔으며, 일련의 DNA 서열 분석 기술의 발전을 통해 서 촉진되었다. 이런 발전은 비슷한 기간에 걸쳐서 1세대 흑백 화면이 달린 개인용 컴퓨터에서 훨씬 더 성능 좋은 컬러 화면의 컴퓨터, 태블릿, 스마트폰이 등장하기까지, 기술 발전이 이루어진 양상과 들어맞는다.

인간 유전체 서열 분석을 먼저 끝내려는 경쟁이 벌어지고 있을 때,

연구자들은 초파리 같은 흔한 모델 체계들의 전장 유전체 서열 분석도 끝내기 위해서 애쓰고 있었다. 과학자들은 단순한 생물의 유전체를 조각내어 각각의 서열을 분석한 다음, 컴퓨터를 이용하여 서열 조각들을 "조립하여" 하나로 이어진 염색체를 재구성하는 방법을 알아낸다면, 인간 유전체 서열에도 적용할 수 있을 것이라고 올바로 가정했다. 그런 일을 초파리에게 먼저 적용한다면 한 가지 이점이 있었다. 유전 지도와 다사 염색체 지도로부터 이미 알고 있는 것들을 새로운 서열 분석 자료와 비교할 수 있다는 점이었다. 최초로 전장 유전체 서열 분석이 이루어진 종은 바이러스나 세균이었다. 진핵생물보다 유전체가 훨씬 작기 때문에, 이런 미생물의 유전체는 조각내어 서열을 분석한 뒤, 이어붙이기가 더 쉬웠다. 그 뒤에 이윽고 대규모 연구 노력과 기술 혁신이 하나로 합쳐지면서 더 큰 유전체의 서열 분석도 이루어졌다. 최초로 전장 유전체 서열 분석이 이루어진 진핵생물은 효모였다. 효모의 분석된 서열은 1996년에 발표되었다(Goffeau et al. 1996). 다세포 진핵생물 중에서는 1998년에 예쁜꼬마선충의 전장 유전체 서열이 최초로 분석되었다(C. elegans Sequencing Consortium 1998). 이런 발표들에 바로 뒤를 이어서 초파리의 전장 유전체 서열도 발표되었다. 초파리 유전체 서열의 완전 해독은 초파리 연구자들과 셀레라 지노믹스 사(社)의 공동 노력에 힘입은 바 컸다. 셀레라 지노믹스는 유전체를 조각내어 서열을 분석한 뒤 새로운 컴퓨터 프로그램을 써서 서열 전체를 조립하는 방식을 채택했는데, 초파리 유전체 서열 자료를 써서 그 방식이 유용한지 검사하고 싶어 했다. 그 접근법은 성공적이었다. *D.* 멜라노가스테르 유전체 서열 "초안"은 2000년 3월에 발표되어 큰 주목을 받았다(Adams et al. 2000). 인간 유전체 서열 초안은 바로 그 다음해인 2001년에 발표되었다.

이런 인상적인 성공 사례들이 널리 알려지고, 서열 분석 기술과 서열 자료 분석 기술이 빠르게 발전하면서, 생물학과 생명의학 연구는 새로운 시대로 접어들었다. 이 시대를 "유전체 시대(genomic era)" 또는 "유전체 이후 시대(post-genomic era)"라고 부르는데 의미는 똑같다(시간이 흐를수록 후자가 더 많이 쓰이고 있는 듯하다). 초파리 유전체 서열이 발표될 때 이미 최초의 진핵세포나 최초의 다세포 생물 유전체 서열 자료가 나온 상태였지만, 초파리야말로 눈과 다리를 갖춘 동물 중에서 최초로 전장 유전체 서열 분석이 이루어졌다고 주장할 수 있다. 이 최초의 초파리 유전체 서열은 그 뒤로 발표되는 같은 종에 속한 다른 계통들의 전장 유전체 서열들과 구별하기 위해서 "참조(reference)" 유전체 서열이라고 한다. 이 참조 서열은 그 뒤로 계속 갱신되어 왔으며, 갱신된 새 서열이 나올 때마다 소프트웨어 버전처럼 1.0판, 2.0판 하는 식으로 "판 올림"이 이루어진다. 2015년에 6.0판이 나왔다(Matthews et al. 2015; Crosby et al. 2015). 그 유전체 서열의 대부분은 2000년에 발표되었고, 새로운 자료들은 군데군데 빠져 있던 부분들을 메우는 역할을 한다. 초기 북아메리카 지도에서 북부 오지의 정확한 세부 지리 정보가 시간이 흐르면서 서서히 채워졌듯이, 초파리 유전체 중에서도 개략적으로만 서열이 밝혀진 영역들이 있는데 그곳 역시 후속 연구를 통해서 상세히 채워지고 있다. Y 염색체에도 그런 영역들이 있는데, 기술이 발전하면서 서열을 분석하고 주석을 달기가 점점 쉬워졌다(dos Santos et al. 2015).

인간 유전체 서열도 그렇지만(Moraes and Goes 2016), 초파리 유전체 서열의 놀라운 점 중의 하나는 전장 유전체 서열에서 실제로 파악된 유전자의 수가 비교적 적다는 것이었다. 일부에서 추정한 수보다 많기는 했지만(Garcia-Bellido and Ripoll 1978), 초파리 유전체에 든 유전자는 여러 연구자들이 예측한 수보다 적었다. 현재 초파리 유전체에는 단백질 암호를 가진 유전자가 약 14,000개(총 약 18,000개) 있다고 추정된다(Kaufman 2017). 마찬가지로 인간 유전체에도 단백질 암호를 지닌 유전자의 수가 예상보다 적었으며, 약 25,000개로 추정된다. 그러나 초파리 유전체에 단백질 암호를 가진 유전자가 14,000개 있다고 해서, 단백질을 14,000가지만 만들 수 있다는 뜻은 아니다(사람 유전체가 25,000가지만 만들 수 있다는 뜻도 아니다). 앞에서 말했듯이, 유전자 하나에서 두 종류 이상의 RNA와 단백질이 만들어질 수 있다. 아미노산 몇 개가 다르거나, 단백질 사슬이 더 길거나, 나중에 분할되거나 번역 후에 변형됨으로써 종류가 다른 단백질들, 즉 "동위체(同位體, isoform)"들이 생긴다. 지금은 이 14,000개의 단백질 암호 유전자에서 약 22,000개의 단백질이 만들어질 수 있다고 추정한다(Kaufman 2017).

종합하자면, 우리는 2000년 이래로 초파리와 인간을 비롯한 다른 생물들의 전장 유전체 서열이 가진 의미를 점점 더 이해해오고 있다(Moraes and Goes 2016; Brown and Celniker 2015). 미국 국립보건원 산하의 DNA 요소 백과사전(Encyclopedia of DNA Elements, ENCODE) 계획(mod-ENCODE Consortium et al. 2010)에 참여한 여러 기관들의 대규모 협력과 플라이아틀라스(FlyAtlas)(Robinson et al. 2013; Chintapalli, Wang, and Dow 2007) 같은 노력에 힘입어서, 현재 우리는 어떤 발달 단계(즉 배아, 애벌레, 번데기, 성체)의 어떤 조직이나 기관에서 어떤 초파리 유전자가 발현되는지를 유례없을 만큼 잘 파악하고 있다. 실무적인 차원에서, 지금은 연구 중인 활동이나 과정에 어떤 초파리 유전자가 관여한다는 것이 새로 밝혀질 때마다, 우리는 데이터베이스를 검색하여 그 유전자가 언제 어디에서 발현되어 RNA를 만드는지를 금방 추정할 수 있다. 이 정보는 후속 연구의 방향을 정하는 데에 도움이 되기도 하고, 그 유전자가 어떤 종류의 세포에서 필요하고 어떤 과정에 관여하는지까지 짐작할 수 있는 경우도 있다. 지금 연구자들은 차세대 서열 분석 기술과 미소유체공학을 결합하여, 개별 세포에서 어떤 유전자가 켜지고 꺼지는지도 조사할 수 있다. 단지 손가락을 놀리는 것만으로 그렇게 많은 정보를 얻을 수 있게 되면서, 앞에서 이해한 것들을 심화시키고 추가로 새로운 발견으로 이어질 발견과 가설과 실험의 반복 주기는 점점 더 빨라지고 초점이 명확해지고 있다. 기존 자료 집합은 새로 발견한 사실을 해석하는 데에 기여하고, 다음에 어떤 실험을 할지 더 빨리 파악하는 데에 도움을 주고, 조사하는 문제의 해답을 제공한다.

더 저렴해지는 서열 분석 비용, 더 많은 유전체들

효모, 선충, 초파리 유전체 서열이 나와 있는 상태에서 인간 유전체 초안까지 발표되자, 초파리 연구자들은 더 높은 목표를 천명하는 새로운 연구 계획들에 착수했다. 진화 연구를 위해서 초파리속의 다른 종들의 유전체 서열도 분석하자는 목표를 세워 성공을 가둔 계획이 대표적이었다 (Drosophila 12 Genomes et al. 2007). 2000년대와 2010년대에 차세대 서열 분석 기술이 계속 향상되고, DNA 서열 분석 비용이 급격히 낮아지면서, 더욱 대규모 계획도 이루어질 수 있었다. 지금은 많은 *D.* 멜라노가스테르 계통들의 전장 유전체 서열이 나와 있다. 노스캐롤라이나의 한 농산물 장터에서 채집한 야생 초파리(Mackay et al. 2012)와 최소한 5개 대륙에서 채집한 초파리들의 것도 있다(Lack et al. 2015; Lack, Lange, et al. 2016). 지금은 몇몇 질병 매개체들의 유전체 서열도 알려져 있다. 체체파리(*Glossina morsitans*)처럼 유달리 분석하기가 힘든 종들도 있었지만 말이다(International Glossina Genome 2014). 인간, 말라리아모기(*Anopheles* mosquito), 말라리아원충의 전장 유전체 서열은 곤충이 옮기는 질병의 당사자들인 숙주, 매개체, 병원체의 유전체 서열을 모두 분석한 최초의 사례였다(Beckage 2007). 파리를 잡아먹는 식충식물인 기바통발(*Utricularia gibba*)의 유전체 서열도 2013년에 발표되었다(Ibarra-Laclette et al. 2013). 종간(種間) 상호작용의 고리를 이루는 종들의 유전체 서열을 다 알아내게 된 또다른 사례였다.

인간 유전체를 대상으로 한 대규모 서열 분석 노력도 이루어지고 있다. 영장류 종들(Rogers and Gibbs 2014)과 고대 인류(Paabo 2015)에 초점을 맞춘 연구들로서, 이런 자료가 인류 진화를 이해하는 데에 새롭게 기여할 것이라는 가정하에 이루어지고 있다. 다양한 지역에 사는 인류 집단들에서 표본을 채취하여 현대 인류의 유전적 다양성을 밝히는 데에 초점을 맞춘 연구들도 있다(Sudmant et al. 2015; Mathieson et al. 2015). 지금은 질병 관련 연구를 위해서 사람의 유전체 서열을 분석하는 분야가 가장 활기를 띠고 있으며, 그만큼 자료도 늘어나고 있다(Hardy and Singleton 2009). 또한 다양한 질병을 앓는 사람들뿐 아니라, 신생아부터 100세를 넘은 사람들에 이르기까지 다양한 사람들의 유전체 서열 자료가 쌓이고 있다. 갓 탄생한 암유전체학이 한 예이다. 그러면 환자 자신의 암세포와 건강한 세포의 유전체, 또는 암환자들의 암세포 유전체들을 비교할 수 있을 것이다(Tomczak, Czerwinska, and Wiznerowicz 2015). 정신의학 유전체 컨소시엄도 있다. 이 사업단은 자폐증과 양극성 장애에서 식욕부진과 외상후 스트레스 장애에 이르기까지, 여러 정신질환을 일으킬 수 있는 유전적 위험 요인을 밝혀내는 데에 초점을 맞추고 있다(Psychiatric Genomics Consortium 2017). 곤충과 인간을 대상으로 한 대규모 유전체 계획들은 목표가 제각기 다르지만, 접근법은 같다. 양쪽 연구자들은 종의 분포 범위 전체에 걸친, 즉 다양한 지역에서 얻은 표본들을 조사하면 서로 다른 진화 압력을 받아왔음에도 불구하고 변하지 않은 유전체 영역이 드러날 것이며, 그런 영역은 대단히 중요한 기능을 가지고 있을 것이라고 가정한다. 한 환자의 암세포와 정상 세포의 유전체를 비교하거나, 동일한 질병이나 장애가 있는 많은 환자들에게서 공통적으로 일어난 유전체 변화를 파악하면, 구체적이거나 일반적인 치료법을 개발하는 데에 도움이 될 수 있다(제9장 참조). 또한 우리는 비교유전체학 방법을 적용함으로써 어떤 서열인자들이 초파리를 초파리로 만드는지, 인간을 인간으로 만드는지를 종과 개체 수준에서 밝혀내는 일을 시작했다. 어느 유전자가 최근의 것인지 오래된 것인지, 어느 유전자가 연장통에 똑같은 렌치를 하나 더 새로 사서 넣은 것처럼 중복된 것인지, 어느 서열이 유전자를 켜거나 끄는 일을 돕는지를 알아낼수록, 우리는 유전체가 시간이 흐르면서 어떻게 진화하는지를 더 깊이 이해하게 될 것이다.

개념으로서의 유전자와 물리적 실체로서의 유전자

종합하자면, 초파리 D. 멜라노가스테르를 이용한 초기 연구들은 유전을 정확히 이해하게 해줄 핵심 정보를 제공함으로써 유전의 메커니즘을 파악하는 데에 엄청난 기여를 했다. 한때는 그저 개념으로만 있었을 뿐인 유전자는 더 물질적인 실체가 되었다. 지금 우리는 유전자가 DNA로 이루어져 있고, 유전자가 RNA로 전사되고, 일부 RNA가 단백질로 번역되며, RNA와 단백질이 우리의 세포 따라서 몸 전체를 만들고 운영하는 주된 구성 재료이자 기계라는 것을 알고 있다. 생명, 유전학, 초파리 분야에서는 모든 것이, 모든 질문의 모든 답이 궁극적으로 유전자 수준으로 귀결되는 듯이 보일 수 있다. 유전자가 꺼질 때 또는 유전자가 켜질 때, 유전자의 산물이 얼마나 많이, 어떤 형태로, 어떤 맥락에서 만들어지는가라는 문제로 말이다. 오늘날 우리는 각 유전자에 인접한 특정한 DNA 서열과 다른 유전자에서 만들어지는 인자들이 놀라울 만큼 복잡하게 연결된 스위치들과 저항기들을 조화시켜서 유전자 발현을 조절한다는 것도 안다. 그럼으로써 세포 하나가 자라고 분열하고 변화하여 복잡한 생물을 만들거나, 단순히 몸속의 어느 한 지점에서 적절한 상태를 유지하는 것이 가능해진다.

단순화하자면 유전자는 아주 작은 물리적 실체이므로, 우리는 어느 정도는 지도와 서열 자료라는 맥락에서 유전자를 이해하고 살펴보고 탐색할 수 있다. DNA 서열은 우리가 가장 쉽게 알아볼 수 있는 형태로 나타내면, DNA의 네 문자들이 한 줄로 길게 죽 늘어선 모습이다. 띄어쓰기나 마침표가 전혀 없이 문장들을 죽 이어붙인 것과 같다. 지도, 서열, 주석은 이 현미경을 들이대야 겨우 보이는 미세한 물체를 인간이 다룰 수 있는 규모로 확대하며, 복잡한 생화학 분자의 언어를 해석할 수 있는 형태로 바꾼다. 초기 초파리 연구들과 다양한 생물들과 세포들을 대상으로 한 무수한 연구들 덕분에, 이제 우리는 염색체가 유전자들을 지도에 기입할 땅임을 알아내고, 예전에는 수수께끼였던 DNA 경관을 가시적으로 볼 수 있고 탐색할 수 있었다. 그리하여 우리는 충분한 기술과 사전 지식을 토대로 더욱 멀리 탐사를 시작할 수 있게 되었다. 우리는 많은 것을 이해하고 있지만, 아직 빠져 있는 것이 하나 있다. 그것은 바로 이 새로운 지도에 담은 경관을 더 잘 조작할 수 있는 도구들의 집합이다.

제2장

변화

초파리 유전 연구의 초창기에, 연구자들은 다소 우연히 출현한 돌연변이 계통들, 즉 화이트 돌연변이 초파리처럼 색다른 특징을 가진 초파리를 연구 대상으로 삼았다. 야생에서 또는 실험실에서 자연스럽게 생겨나는 돌연변이체를 찾아내어 이용했다. 힘든 노력에는 그만큼 보상이 따르곤 했다. 관찰하는 초파리 수가 더 많을수록, 눈에 띄는 돌연변이 표현형을 지닌 개체와 마주칠 가능성은 그만큼 높아졌다. 그러다보니 이윽고 새로운 돌연변이체를 발견할 기회는 점점 줄어들었다. 1911년 모건은 날개에 영향을 미치는 돌연변이를 지닌 초파리가 "잇달아 빠르게 발견되는 바람에, 새로운 유형의 순수한 혈통이 나올 가능성이 나의 시대에 거의 완전히 다 소진된 듯하다"라고 썼다(Kohler 1994). 그러나 이런 돌연변이 유행 사례는 드물었고, 6개월에 걸쳐서 유전자 하나에서 새로운 돌연변이 대립 유전자가 겨우 4개 발견될 때에도 그런 말이 붙곤했다. 오늘날의 기준으로 보면, 너무나 느린 발전 속도이다. 현재 기술 수준에서는 적절한 자원을 갖춘 박사후 연구원 한 명이 초기 초파리 연구자들이 10-15년 동안 발견한 돌연변이 계통들을 다 모은 것만큼의 돌연변이 계통들을 1년 이내에 만들어낼 수 있다. 이런 변화를 촉발시킨 사람은 H. J. 멀러였다. 그는 1927년에 수렵채집인 사회에 농경이 도입된 것에 맞먹을 혁명적인 변화를 생물학에 일으켰다. 그는 연구자들이 새로운 돌연변이 초파리가 출현하는 "빈도가 극도로 낮아서 지장을 받고 있다"고 하면서 그 문제의 핵심을 짚었다(Muller 1927). 그것은 해결되어야 할 문제였다.

"유전자 내의 유전적 변화를 통제할 어떤 수단을 가지고 싶다는 생물학자들 사이에 널리 퍼진 욕망"(Muller 1927)에 힘입어서, 많은 사람들은 오늘날 "돌연변이원(mutagen)"이라고 하는 것을 찾아내려고 이런저런 시도를 했다. 새로운 돌연변이 계통이 출현하는 빈도를 높일 수 있는 어떤 외부 요인을 뜻한다. 연구자들은 돌연변이율을 일관되게 높일 무엇인가를 찾아내기 위해서 화학물질이나 다양한 요인에 초파리를 비롯한 생물들을 노출시키곤 했다. 돌연변이원에 노출된 초파리의 자손에게서는 유전 가능한 돌연변이가 출현하는 빈도가 확실히 증가할 터였다. 모건의 박사과정 학생이었던 멀러는 X선에 쪼이는 것이 유망한 방법일 수 있다는 단서를 몇 가지 가지고 있었다. 1923년에 연구자들은 생쥐에게 X선을 비춘 뒤 유전성 돌연변이가 두 가지 생겨났다고 발표한 바 있었다. 전망이 엿보이는 발견이었지만, 돌연변이 개체수가 너무 적었기 때문에 설득력이 떨어졌다. 1925년 멀러는 초파리의 재조합에 X선이 미치는 영향을 상세히 다룬 논문을 냈다(Muller 1925). 그렇기는 해도, 어떤 외부 요인이 돌연변이율을 믿을 만하게 높일 수 있을까라는 질문은 "기껏해야 심한 논쟁거리"였을 뿐이며(Muller 1927) 모순되는 증거로 가득했다.

돌연변이로서의 X선

1927년 7월, 멀러는 그 논쟁을 해소할 연구 결과를 내놓았다. 그리하여 그는 특정한 요인, 즉 X선이 돌연변이를 유발하는 데에 효과가 있는 "돌연변이원"이라는 결정적인 증거를 학계에 최초로 제시한 인물이 되었다 (Muller 1927). 1년에 걸쳐 연구를 한 끝에 멀러는 초파리 수컷에게(따라서 정자에) X선을 쬐면 새로운 유전성 돌연변이가 출현하는 빈도가 증가한다는 것을 보여주었다. 멀러가 X선이 돌연변이원임을 명확히 보여줄 수 있었던 종(種)이 초파리였던 것은 결코 우연이 아니다. 그 논문에 멀러는 "중요한 자료를 제시하기 위해서 초파리를 대상으로 지난 1년 동안……일련의 실험"을 했다고 적었다. "널리 알려져 있다시피 한 이 종의 유전 연구에 바람직한 속성들과 개발된 특수한 방법들 덕분에……마침내 X선을 쬐었을 때의 몇 가지 결정적인 효과를 밝혀낼 수 있었다." X선은 "진정한 돌연변이원"이었다(Muller 1927). 멀러는 더 나아가서 이렇게 썼다. "3대, 4대 또는 그 이상의 세대에 걸쳐서 100가지 이상의 돌연변이 유전자가 나타났다. 그것들(아무튼 거의 모두)은 확실하게 유전된다"(Muller 1927). 여기서 다시금 초파리는 발견을 하기에 딱 맞는 토대임이 입증되었다. 초파리는 작은 몸집, 짧은 생활사, 높은 번식률, 쉽게 알아볼 수 있는 가시적인 형질 덕분에 결정적인 실험을 할 완벽한 시스템을 제공했다. 모건의 화이트 유전자 연구에서처럼, 수천 마리를 조사하는 데에는 1년밖에 걸리지 않았다.

논문의 결론 부분에서, 멀러는 자신의 발견이 초파리 연구뿐만 아니라 다른 종들의 연구에 어떤 영향을 미칠 수 있을지 논의했다. "일반적으로 생각할 때에 그렇듯이, 그 효과가 대다수 생물에게 공통적인 것이라면, 충분히 많은 돌연변이들을 이용하여……꽤 좋은 유전 지도를 작성하는 것이 가능해야 한다"(Muller 1927). 이 말은 돌연변이원이 유전학 분야, 더 나아가서 생물학 분야 전체에 미칠 충격을 너무나도 과소평가한 것임으로 드러났다. X선—지금은 DNA의 결실, 삽입, 치환, 역위를 일으킬 수 있다는 것이 알려져 있다—같은 돌연변이원은 초파리를 비롯한 종들의 유전 지도를 상세히 그리는 데에 기여했을 뿐 아니라, 유전자의 기능을 조사하는 필수 도구들도 제공했다. 그 연구의 장기적인 영향과 관련지어서 말하면, 멀러는 1946년 노벨 생리의학상을 받았다. 유전 메커니즘을 규명하는 데에 이바지한 공로로 모건에게 수여된 것이 초파리에게 주어진 최초의 노벨상이라고 한다면, 멀러가 받은 것은 초파리에게 주어진 두 번째 노벨상이라고 할 수 있다(그후로도 계속 주어진다. 제3장, 제7장, 제8장 참조).

방사선 생물학

멀러의 X선 연구는 "방사선 생물학(radiation biology)"이라는 새로운 분야의 출현으로 이어졌다. 방사선 생물학은 X선, 감마선, 자외선 등 고에너지 입자에 노출시킬 때 어떤 생물학적 영향이 미치는지를 알아내는 것을 목표로 한다. 예를 들면, 멀러 자신은 X선이 인간에게 어떤 영향을 미칠지에 관심이 있었다. 나중에 초파리 생물학자 E. B. 루이스를 비롯한 이들은 방사선 노출과 암의 관계를 밝히는 데에 기여했으며, 그 연구는 냉전 때 정치적으로 영향을 미쳤다(Lipshitz 2005). 멀러의 발견 중에는 전혀 다른 분야에서 훨씬 더 폭넓게 영향을 끼친 것도 있었다. 바로 X선에 다량 노출되면 초파리가 불임이 될 수 있다는 발견이었다. 초파리 성체 수컷을 고용량의 X선에 노출시키면, 정자의 DNA가 심하게 손상된다. 그 정자로 수정된 난자는 제대로 발달하지 못한다. 특히 우성을 띠는 치사 돌연변이(lethal mutation) 때문이다. 이런 돌연변이가 있다는 증거는 멀러의 1927년 논문에 처음 제시되었다(Muller 1927).

1950년대에 F. 니플링은 곤충을 불임화하는 X선의 능력을 나선구더기파리를 방제하는 데에 쓸 수 있을지 조사했다. 이 파리의 애벌레는 살아 있는 살을 파먹기에 가축에 큰 위협이 되었다(Perkins 1977). 니플링은 여러 해에 걸쳐서 X선을 쬐어 불임으로 만든 나선구더기파리 수컷을 대량으로 풀어놓아서 그 파리를 박멸할 효과적인 계획을 짜느라 노력했다. 피해 지역에 풀어놓은 X선 처리한 수컷들은 야생 나선구더기파리 암컷들과 짝짓기를 할 것이고, 그로부터 나온 수정란은 살아남지 못할 것이다. 이 "불임 곤충 기법(sterile insect technique)"은 1970년대에 미국 남부에서 나선구더기파리를 제거하는 데에 기여했다(Perkins 1977). 2002년에 A. S. 로빈슨은 방사선으로 불임을 유도하여 해충 방제에 이용하는 방식은 "지금까지 성공을 거둔 많은 대규모 해충 억제와 박멸 사업의 핵심을 이룬다"라고 했다(Robinson 2002). 2016년 가을에 플로리다 키스 지역에 새로 나선구더기파리가 대량 발생하여 토종 사슴을 위협하자, 다시금 불임 나선구더기파리를 방사하여 방제에 효과를 거두었다. 2017년 3월, 미국 농무부의 동식물 검역소(Animal and Plant Health Inspection Service)는 불임 나선구더기파리를 1억5,000만 마리 이상 방사하여 다시금 그 지역에서 박멸하는 데에 성공했다고 발표했다.

또한 지금의 초파리 연구는 방사선 생물학과 의학 사이에 다리를 놓는다. 2012년 T. 수 연구진은 초파리를 방사선에 노출시킬 때 치사 효과를 더 높이는 작은 분자(화학물질)를 발견했다고 발표했다. 방사선을 쬔 뒤에 이 작은 분자를 먹이면, 안 먹인 초파리보다 더 빨리 죽거나, 더 적은 양의 방사선에도 죽었다. 불행한 초파리에게는 안 좋은 소식일 것이다. 그러나 방사선 요법을 받는 암환자에게는 희소식일 수 있다. 수 연구진은 암세포에 방사선을 쬔 뒤에 이 작은 분자를 투여했을 때 마찬가지로 암세포의 사망률이 높아지는 결과를 얻었다. 이는 처음에 초파리에게서 알아낸 것을 사람에게 적용하면 방사선 치료를 받는 암환자에게 유익한 약물을 개발할 수 있음을 시사한다(Gladstone et al. 2012; Stickel et al. 2015). 약물 개발을 초파리 연구에서부터 시작한다고 하면, 아주 긴 경로를 택하는 듯이 보일지도 모르겠다. 확실히 그렇기는 하지만, 그 긴 경로가 반드시 잘못된 경로인 것은 아니다. 그 길이 궁극적으로 우리 자신이 원하는 곳으로 데려가준다면 더욱 그렇다.

무작위 돌연변이에서 절묘한 통제로

X선이 돌연변이원 역할을 할 수 있다는 발견은 방사선 생물학을 넘어서 유전학 전체에 혁신을 일으켰다. 연구자들은 더 이상 우연에 기대지 않고서, 높은 비율로 돌연변이를 일으킬 수 있게 되었다. 그리하여 과거의 성공을 토대로 삼아 빠르게 새로운 유전학 실험을 할 수 있었다. 그러나 X선은 효과적이기는 하지만 완벽한 도구가 아니라는 문제가 있었다. 1928년 F. B. 핸슨은 멀러의 발견을 뒷받침하는 논문에서, X선을 써서 돌연변이를 유도하는 연구자들이 "오리 떼를 향해서 산탄총을 쏘는 사냥꾼과 비슷하다"라고 썼다. "어느 특정한 유전자를 겨냥하기란 불가능하다"(Hanson 1928). 더 나아가서 X선은 DNA의 이중 가닥을 양쪽 다 끊는 경향이 있어서, 염색체의 한 영역 전체에 결실이나 전위를 일으키는

등 DNA에 극적이면서, 때로 복잡하기까지 한 변화를 일으켰다. 그래서 멀러의 X선 연구 이후로 20년 동안 연구자들은 돌연변이원 역할을 할 수 있는 화학물질을 찾는 일에 몰두했다. 화학물질이라면 방사선을 쬐었을 때 일어나는 것보다 더 미묘한 변화를 일으키지 않을까라는 생각에서 비롯되었다(Auerbach, Robson, and Carr 1947).

다른 연구자들이 화학물질을 "대체로 무작위로" 선택하여 실험을 했던 반면, C. 아우어바흐는 합리적인 추론을 했다. 방사선에 노출되면 피부에 좀처럼 치료가 안 되는 "화상"이 생기곤 하는데, 그녀는 머스터드가스(mustard gas)에 노출된 세포에도 비슷한 손상이 일어난다는 것을 깨닫고 그 물질을 실험하기로 했다. 아우어바흐는 초파리를 실험 대상으로 삼았다. 그리고 남들이 실패를 거듭한 영역에서 성공을 거두었다. 1941년 4월 그녀는 머스터드가스를 초파리에게 분무하여 첫 실험을 했다. 그녀 자신의 표현을 빌리자면, "기대를 넘어서는 놀라운" 결과가 나왔다. 돌연변이율이 대폭 달라졌다. "이전에 X선이나 다른 고에너지 방사선을 쬐었을 때에만 관찰되었던 것과 비슷한 결과가 나타났다"(Auerbach, Robson, and Carr 1947). 그 실험 결과는 당시 사회와 연구자들에게 상당한 파장을 일으켰고, 정말로 돌연변이원이 될 수 있는 화학물질이 있다는 것을 보여줌으로써 새롭게 탐색 열기를 불러일으켰다. 이윽고 1960년대에 에틸 메틸설포네이트(Ethyl methanesulfonate, EMS)라는 화학물질 돌연변이원이 도입되면서, 초파리 연구는 한 단계 더 발전할 수 있었다. EMS는 실용성이라는 측면에서 한 가지 좋은 점이 있었다. 초파리가 먹는 설탕물에 첨가하기만 하면 되었다(Lewis and Bacher 1968; Alderson 1965). 덕분에 거의 모든 초파리 연구실은 비교적 안전하고 쉽게 대량으로 초파리에게 돌연변이를 일으킬 수 있었다. EMS는 편리하면서도 효과적이었기 때문에, 초파리 연구에 널리 쓰이게 되었고, 수십 년이 지난 지금도 여전히 이용되고 있다. 플라이베이스 데이터베이스에 X선으로 유도한 돌연변이는 약 1만 가지가 등록되어 있는 반면, EMS로 유도된 돌연변이는 약 2만 가지가 등록되어 있다.

연구자들이 "전이인자(transposable element)"를 조작하고 이용하는 방법을 개발하면서 1980년대에 또 한 가지 혁신이 일어났다. 전이인자는 유전체에서 이리저리 옮겨 다닐 수 있는 DNA 조각으로, 자연적으로 발생한다. B. 매클린톡이 옥수수에서 처음 발견했다. 초파리에서 전이인자는 몇 가지의 방법으로 유전자를 교란하는 데에 쓰일 수 있다 (Venken and Bellen 2012). 그 한 가지는 이동하도록 전이인자를 유도한 다음, 그 전이인자가 유전자에 삽입되어 교란이 일어난 돌연변이 개체를 찾아내는 것이다. 이 방법은 L. 쿨리와 A. 스프래들링이 개발했다 (Cooley, Kelley, and Spradling 1988). 어떤 전이인자가 특정한 유전자의 내부나 근처에 삽입된다는 것을 알아내면 그 인자를 다른 용도로도 쓸 수 있다. 어떤 전이인자는 다른 곳으로 옮겨갈 때, 원래 있던 부위의 서열을 일부 삭제하는 결실을 일으킨다. 따라서 연구하고자 하는 유전자에 그 전이인자를 끼워넣었다가 이동시키면 그 유전자에 결실을 일으킬 수 있다.

1982년 G. M. 루빈과 A. 스프래들링은 전이인자를 써서 초파리에 유전자나 DNA 조각을 새로 집어넣을 수 있다는 것도 보여주었다(Rubin and Spradling 1982). 구체적으로 그들은 야생형 로지(rosy) 유전자 서열을 돌연변이 초파리의 유전체에 삽입함으로써 정상적인 로지 유전자가 내는 눈 색깔을 복원할 수 있음을 보여주었다. 게다가 로지 서열을 지닌 전이인자가 로지 유전자가 있는 바로 그 위치가 아니라, 염색체의 어디에 끼워지든 상관없이 같은 효과가 나타났다. 비교적 짧은 DNA 조각을 삽입하는 것만으로도 복원이 이루어졌다. 유전자 요법 분야는 유전체의 아무 데에나 야생형 사본을 끼워넣어도 로지 유전자의 기능을 복구할 수 있다는 이 연구 결과를 "중요한 도약"이라고 여겼다(Holladay et al. 2012). 한편 초파리 연구자들에게 그 연구 결과는, 어떤 유전자든 DNA 서열이든 간에 초파리에게 집어넣어서 원하는 온갖 분자유전학적 변화를 일으키는 것이 가능해졌음을 의미했다. 사람의 유전자가 초파리 유전자의 기능을 대신할 수 있을까, 효모나 세균의 DNA 서열을 초파리에게 집어넣을 수 있을까, 초파리의 몇몇 세포들을 밝은 녹색이나 빨간색으로 빛나게 할 수 있을까와 같은 의문들을 규명할 수 있게 되었다.

특히 2000년에 초파리의 전장 유전체 서열이 밝혀진 이래로 연구자들은 돌연변이를 효과적으로 일으키는 한편, 원하는 유전자만을 골라서 그렇게 할 수 있는 신뢰할 만한 방법이 없을까라고 궁리해왔다. 운이 좋게도 그런 기술들이 출현했다. 1990년대 말에 초파리 연구자들은 유전자 자체를 공격하는 대신에 RNA를 분해함으로써 유전자 기능을 억제하는 RNA 간섭(RNA interference, RNAi)이라는 세포 자체에서 일어나는 활동을 이용하는 방법을 개발하기 시작했다(RNA 간섭은 예쁜꼬마선충에게서 처음 발견되었다)(Tuschl et al. 1999). 곧 RNA 간섭을 일으키는 분자를 인공 유전자 형태로 초파리에 집어넣을 수 있고, 그 유전자가 유전될 수도 있다는 사실이 밝혀졌다(Kennerdell and Carthew 2000). 그 최종 효과는 돌연변이가 일으키는 효과와 비슷했지만, 특정한 유전자를 표적으로 하는 RNAi 분자를 설계할 수 있으므로 훨씬 더 낫다. 이 접근법을 "역유전학(reverse genetics)"이라고 한다. 무작위로 일어나는 돌연변이가 아니라 특정한 유전자 서열을 출발점으로 삼기 때문이다. 초파리 유

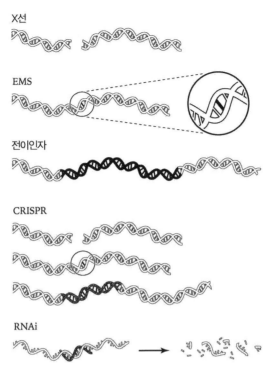

X선

EMS

전이인자

CRISPR

RNAi

초파리 연구에 쓰이는 돌연변이원들. X선은 아무 지점이나 이중 가닥을 끊어서 염색체에 결실, 역위, 재배치를 일으킨다. EMS는 DNA 염기쌍 하나를 바꿈으로써 좀더 미묘한 효과를 낳을 수 있다. 전이인자는 유전자에 삽입되었다가 빠져나올 때 결실을 일으킴으로써 돌연변이를 유발한다. 크리스퍼는 특정한 지점의 이중 가닥을 끊을 수 있다. 그래서 새 DNA를 끼워넣거나 일부 서열을 제거하는 데에 쓸 수 있다. RNAi 분자는 DNA에 변화를 일으키는 것이 아니라, 특정한 RNA 서열에 결합하여 그 분자를 파괴한다. 따라서 그 RNA는 단백질을 만드는 주형 역할을 못하게 된다.

전체 분야에 밀어닥친 그 다음 혁신의 물결은 유전자를 교란하고 조작하는 등의 일을 가능하게 하는 크리스퍼 기반 기술의 출현이었다. X선처럼 크리스퍼 기술도 DNA의 이중 가닥을 다 끊어낼 수 있다. 그러나 X선과 달리, 크리스퍼로는 한 유전자나 다른 영역에 있는 미리 정한 지점을 정확히 끊어낼 수 있다. 핸슨의 오리 사냥 비유를 이어가자면, 크리스퍼로는 특정한 오리의 특정한 깃털을 겨냥하여 쏠 수 있다. 그 깃털이나 오리를 우리 자신이 고안한 깃털이나 오리로 바꿀 수 있다.

실험적인 켜짐-꺼짐 스위치

A. 브랜드와 N. 페리먼이 개발한 Gal4-UAS 체계는 초파리 연구에 이용할 수 있는 유전적 수단을 하나 더 늘렸다. 이 체계는 효모에게서 차용한 유전자 활성법이다(Brand and Perrimon 1993). 가장 단순한 차원에서 보면, 이 체계는 두 부분으로 구성된다. Gal4라는 단백질과 이 단백질이 결합하는 특정한 DNA 서열이다. 이 서열이 바로 "상류 활성화 서열(upstream activation sequence, UAS)"이다. 브랜드와 페리먼은 초파리에게서 이 두 구성요소가 결합될 때, 즉 Gal4 단백질이 생산되어 UAS에 결합될 때 일어나는 특성을 이용했다. 그 결합이 일어나면, UAS 자리에 초파리의 정상적인 전사 기구가 들러붙는다. 그러면 Gal4가 결합한 UAS 서열 바로 뒤쪽에 있는 서열에서 많은 RNA들이 만들어진다. 어떤 세포에 있는 어떤 서열이든 상관없다. 초파리 유전체에 Gal4 유전자를 삽입할 때 그 유전자가 어떤 증폭자 옆에 끼워져서 특정한 세포 집합에서 Gal4가 대량으로 생산될 수도 있고, Gal4의 발현을 조절하도록 증폭자 서열을 조작하여 초파리 유전체에 집어넣을 수도 있다. 그런 다음에 Gal4가 모든 세포에서 모든 발달 단계에 걸쳐 발현되거나, 일부 세포에서 일부 발달 단계에만 발현되거나, 극소수의 세포에서 어느 한 단계에서만 발현되거나 하는 개체들을 골라낸다. 이제 이렇게 골라낸 Gal4 발현 계통들에서 원하는 유전자, RNAi 인자, 기타 서열의 앞쪽에 UAS를 집어넣을 수 있다. 그러면 그 뒤쪽 서열은 Gal4가 생산되는 특정한 세포와 발달 단계에서만 전사될 것이다.

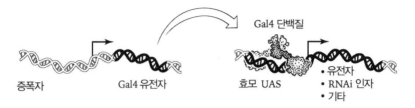

증폭자　　　　Gal4 유전자　　　　효모 UAS

Gal4 단백질

• 유전자
• RNAi 인자
• 기타

Gal4-UAS 체계 : 유전 실험을 위한 켜짐-꺼짐 스위치. Gal4 유전자는 무작위로 삽입할 수도 있고, 정해진 위치에 집어넣을 수도 있다. 후자의 경우에는 "증폭자"의 통제를 받아서 특정한 세포, 조직, 기관에서만 Gal4가 발현되도록 할 수 있다. 발현되는 세포에서 Gal4 단백질은, 상류 활성화 서열(UAS)에 결합되어 그 바로 뒤쪽 서열에 전사가 일어나도록 한다. 이 뒤쪽 서열은 유전자일수도 있고, RNAi 인자, 연구자가 변형한 서열일 수도 있다.

Gal4-UAS 체계에 통제되는 서열이 RNAi 인자라면, 어느 세포에서든 Gal4가 발현되면 RNAi 인자가 만들어져서 표적 유전자가 만드는 RNA를 파괴함으로써 그 유전자의 발현을 "차단한다." 즉 전사된 RNA가 파괴되어서 그 유전자가 만드는 단백질의 양도 줄어든다. 예를 들면, RNAi가 옐로 유전자를 표적으로 하면, 초파리 날개는 노란색을 띠게 된다. 반면에 몸의 나머지 큐티클은 정상적인 색깔을 띤다. Gal4-UAS 체계를 크리스퍼 기술과 결합할 수도 있다. 그러면 특정한 세포에서만 Gal4가 발현되도록 돌연변이를 일으킬 수도 있고(Port et al. 2014; Port and Bullock 2016), 특정한 유전자가 생활사의 특정한 단계에서 특정한 조직에서만 발현되도록 촉진할 수도 있다(Lin et al. 2015). Gal4-UAS 체계를 RNAi나 크리스퍼와 결합하면, 특정한 생활사 단계와 세포 유형에서는 유전자가 정상 기능을 하도록 하고, 연구하고 있는 생활사 단계나 세포 유형에서만 유전자 기능이 교란하도록 만들 수도 있다. 이런 방법을 쓰면, 배아 발달 단계에서는 정상적으로 발현되어야 하는 유전자를 성체 때 교란하면 어떤 일이 일어나는지, 또는 날개나 다른 구조에서는 정상적으로 발현되어야 하는 유전자를 눈의 세포에서 교란하면 어떤 일이 일어나는지도 알아볼 수 있다.

　　Gal4-UAS 기술은 시간이 흐르면서 한 가지 힘을 더 얻었다. 원래 체계의 유전자를 켜고 끄는 능력을 더욱 발전시키는 다양한 전략과 개량 방식이 나오면서였다. 한 예로, 이제는 온도를 이용하여 Gal4를 켜거나 끌 수 있다. 즉 며칠 간격으로 유전자를 활성화하거나 불활성화할 수 있다. 게다가 증폭자에 따라서 Gal4가 각기 다른 양상으로 발현되는 초파리 계통의 수가 급격히 늘어나면서, 연구실들이 협력하여 대규모 공동 연구를 하는 사례도 늘어났다. 블루밍턴 초파리 계통 센터는 5,000종류가 넘는 Gal4 초파리 계통을 배양하면서 필요한 연구자에게 나누어준다. Gal4가 특정한 세포 집합에서만 발현되는 계통들도 많다. 2012년 A. 제닛과 G. M. 루빈의 연구진은 뇌의 특정한 하위 영역에서 유전자나 다른 서열의 발현을 촉진하는 Gal4 초파리 계통을 수만 가지 체계적으로 수집했다(Jenett et al. 2012). 종합하자면, Gal4-UAS 방식을 이용하는 초파리 계통들은 독특하면서 정확한 실험 도구가 될 수 있다.

균형 잡기

초파리 생물학자의 연장통에 든 또 하나의 중요한 도구는 멀러의 X선 연구에서 파생된 것이다. 이른바 "밸런서(balancer)" 염색체라는 것이다. 멀러는 X선을 쬔 초파리들로부터 염색체에 있는 여러 유전자들의 순서가 한꺼번에 대규모로 재배치된 계통들을 분리할 수 있었다. 도시의 한 넓은 구역을 떼어내어 180도 회전시켜서 다시 끼워넣는다고 하자. 건물들은 원래 있던 길을 따라 죽 늘어서 있을 것이다. 그러나 거리의 다른 구역들과 비교하면 순서가 뒤집혀 있을 것이다. 이와 비슷하게 DNA가

두 지점 이상에서 끊기면, 다시 이어질 때 거꾸로 붙을 수 있다. 이런 염색체를 밸런서라고 한다. 이렇게 염색체 서열의 역위가 일어나면, 상동 염색체끼리 나란히 늘어서기가 어려워져서, 교차와 재조합이 억제된다(Muller 1928). 밸런서 염색체에 치사 돌연변이가 적어도 하나 들어 있도록 만들기도 한다. 밸런서 염색체를 쌍으로 지닌 초파리들이 그 계통을 "장악하지" 못하게 하기 위해서이다. 그와 동시에 밸런서 염색체를 쉽게 알아볼 수 있도록 금방 눈에 띄는 표현형(구부러진 날개 같은)을 생성하는 우성 돌연변이가 적어도 하나 있도록 한다. 따라서 초파리의 상동 염색체 중의 하나는 흥미로운 돌연변이를 가지고, 다른 하나가 뒤집힌 "밸런서" 염색체라면, 염색체에서 그 우성인 가시적인 돌연변이가 사라지면 금방 알아차릴 수 있다.

이런 특성들을 조합하면, 정상적인 상황에서는 시간이 흐르면서 사라질 치명적이거나 해로운 돌연변이를 가진 초파리 계통을 계속 보존하는 것이 가능해진다. 연구하고자 하는 치사 돌연변이를 쌍으로 지닌 개체는 죽을 것이므로, 상동 염색체 중 한쪽에만 치사 돌연변이가 있고 다른 염색체는 밸런서인 자손들만이 계속 살아남을 것이다. 연구자들은 죽음, 불임, 기타 해로운 영향을 미치는 돌연변이를 비롯하여 본래 시간이 흐르면 사라질 돌연변이들을 이 방법으로 보존해왔다. "균형 잡힌(balanced)" 초파리 계통이라는 형태로 돌연변이를 계속 배양하여 얻은 결과로, 이는 특수 서고에 모은 희귀한 책들과 비슷하다.

돌연변이원 검출기로서의 초파리

멀러와 아우어바흐는 둘 다 초파리를 실험 대상으로 삼아서 어떤 환경 요인이나 화학물질이 돌연변이원인지 여부를 보여줄 수 있었다. 그후로 초파리를 이런 용도의 지표종(指標種)으로 삼는 관습이 죽 이어졌다. 어떤 환경 요인이 돌연변이를 유도하는 능력이 있는지, 그 효과가 얼마나 강력한지를 평가하는 데에도 이용되었다(Kilbey et al. 1981). 1984년에 U. 그라프 연구진은 돌연변이원의 활성을 검출하는 대단히 예민한 방법을 찾아냈다(Graf et al. 1984). 이 방법은 원래 "체세포 돌연변이와 재조합 검사(somatic mutation and recombination test, SMART)"라고 불렀는데, 지금은 흔히 "날개 반점 검사(wing-spot test)"라고 한다. 초파리의 날개(편리하게 밖으로 드러난 조직)를 살아 있는 배양 접시로 삼는 방식인데, 눈에 보이는 특정한 돌연변이의 유무로 "체세포 재조합" 빈도를 알아내는 것이다. 체세포 재조합은 DNA가 끊기는 염색체 사건이 일어났음을 암시한다. 날개 반점 검사는 날개에 나는 미세한 털에 영향을 미치는 열성 돌연변이를 이용한다. 야생형에서는 날개털 1개가 자랄 지점에 끝이 갈라진 털이 한 무더기 자라는 멀티플 윙 헤어(multiple wing hairs, mwh) 유전자 돌연변이 같은 것들이다.

연관 분석 때 쓰이는 유형의 교차는 대개 정자나 난자를 만드는 생식 계통의 세포들이 형성될 때 일어난다. 그러나 DNA가 손상되면 체세포, 즉 생식계통 세포 이외의 세포에서도 이런 유형의 교차가 일어날 수 있다. 예를 들면, mwh 유전자의 한 돌연변이가 이형 접합인(즉 한 쌍의 유전자 중 한쪽에만 돌연변이가 있는) 초파리는 정상적인 상황에서는 야생형과 전혀 다를 바 없는 날개털을 가질 것이다. 발생할 때 이 초파리가 DNA 손상을 일으키는 돌연변이원에 노출된다면, 정상적인 세포 분열 때에도 체세포 재조합이 일어날 수 있다. 그러면 mwh 유전자의 야생형 없이 돌연변이를 쌍으로 지닌 딸세포가 생길 것이고, 그 딸세포가 분열하여 나온 세포 집단, 즉 "클론(clone)" 집단이 형성될 수 있다. 이 세포 집단이 있는 부위에서는 갈라진 날개털이 날 것이고, 이 표현형은 학생들이 쓰는 해부 현미경으로도 쉽게 관찰할 수 있을 것이다. 약한 돌연변이원은 체세포 재조합을 일으키는 비율이 낮을 것이므로, mwh 돌연변이 표현형이 나타나는 부위도 몇 군데에 불과할 것이다. 반면에 강력한 돌연변이원은 체세포 재조합을 일으키는 비율이 높을 것이고, 따라서 갈라진 날개털이 나는 부위, 즉 "반점"이 더 많을 것이다.

날개 반점 검사를 써서 연구자들은 독소, 기타 화학물질, 환경 요인이 동물의 몸 전체에 미치는 영향을 믿을 만한 수준에서 정량적으로 평가할 수 있다(Graf et al. 1984). 사실 적어도 2013년까지 초파리는 돌연변이원이나 암과 관련된 사건인 체세포 재조합을 검출할 수 있는 유일한 생체(in vivo) 체계였다(Marcos and Carmona 2013). 날개 반점 검사는 알려진 독물, 치료약, 식물 독소, 곰팡이 독소, 자기장, 더 최근에는 양자점(quantum dot)과 나노 입자에 이르기까지, 다양한 수백 가지 화합물 등의 돌연변이원 활성을 측정하는 데에 활용되고 있다(Vogel et al. 1999; Koana et al. 1997; Alaraby, Demir, et al. 2015; Chifiriuc et al. 2016; Carmona et al. 2015; Alaraby, Annangi, et al. 2015). 이 검사는 돌연변이 생성률을 낮추는 화학물질이나 천연물질을 파악하는 데에도 쓸 수 있다. 그럴 때에는 조사하려는 화학물질과 알고 있는 돌연변이원에 함께 노출시킨 다음, 그런 보호 가능성이 있는 화합물 없이 돌연변이원에만 노출시킨 대조군에 비해서 돌연변이 클론이 생성되는 수가 얼마나 줄었는지를 파악한다. 그러면 돌연변이원의 해로운 효과를 막는 보호 효과 수준이 얼마나 되는지를 측정할 수 있다(Graf et al. 1998).

"유전적 접근법"의 힘

새로운 돌연변이 계통이 생성되는 비율을 높일 수 있는 X선과 화학물질 돌연변이원을 이용하면서, 20세기 초에 유전 메커니즘을 연구하는 분야였던 유전학은 이 새롭게 이해한 염색체, 유전자, 돌연변이 생성에 관한 지식을 도구로 삼아서 다른 생물학 분야들을 연구하는 쪽으로 나아갔다. 그런 연구의 핵심을 이루는 것은 유전자의 기능을 밝히는 "유전적 접근법(genetic approach)"이다. 유전적 접근법은 돌연변이를 일으켜서 유전자의 기능을 약화시키거나 제거했을 때 세포나 생물에서 유전자 활성의 감소나 제거가 일어난다는 것을 관찰한다면, 어느 기능이 사라지는지를 알아낼 수 있다는 개념에 토대를 둔다. 이런 방법으로 우리는 그 유전자의 정상 기능이 무엇인지에 관한 합리적인 가설을 세울 수 있다. 자동차에서 시동 모터를 제거하면 시동이 걸리지 않는다. 그렇다면 시동 모터는 자동차의 시동을 거는 과정에 관여할 가능성이 높다. 타이어, 운전대, 차내등을 제거하면 전혀 다른 결과가 나온다. 그런 부품들은 다른 기능들에 관여한다. 마찬가지로 한 생물의 세포 수준에서 일어나는 활동이나 과정을 알아내려면, 그저 찾고자 하는 돌연변이 표현형이나 결함을 바꾸기만 하면 된다. 자동차가 생물학적 계라는 비유를 계속 이어가면, 자동차의 시동을 걸거나 엔진을 가동하는 데에 어떤 부품들이 필요한지에 관심이 있는 사람들도 있을 것이고, 편안한 좌석을 만들거나 바람막이 유리에 김이 서리지 않게 하기 위해서 무엇이 필요한지에 더욱 관심을 가진 사람들도 있다.

　연구자들은 연구하고자 하는 세포 과정에 따라서 어떤 검사를 할지, 즉 어떤 돌연변이 표현형을 찾을지를 정한다. 유전적 접근법에 통용되는 일반적인 경구(警句) 중의 하나는 질문이 구체적일수록, 관여할 것이라고 예상되는 부품(유전자)의 수도 더욱 적다는 것이다. 기중기와 정밀한 디지털 감지기를 갖춘 정비소는 고장 난 모터의 어디가 문제인지를 좀더 구체적으로 파악함으로써 교체할 필요가 있는 부품의 수를 더 줄여줄 수 있다. 유전적 접근법은 계(界) 전체를 보는 관점을 취할 수도 있으며, 그럴 때에는 유전자들을 기능 범주별로 분류할 수 있다. 검사나 실험이 더 구체적일수록, 범주도 더욱 좁아지고 구체적으로 된다. 유전자들의 집합은 돌연변이 계통들로 더욱 세분되어서 점점 더 구체적인 검사들을 받게 된다.

유전적 접근법을 대규모로 적용한 것을 "순행유전학적 선별 검사(forward genetic screen)"라고 한다. 순행유전학의 기본 개념은 단순하다. 첫째, 연구하려는 과정, 구조, 행동이 교란되었을 때 무엇이 잘못되었는지를 알려줄 돌연변이 표현형을 고른다. 이를 "선별 검사(screen assay)"라고 한다. 이어서 EMS로 처리하여 돌연변이를 일으키는 등의 방법을 써서 돌연변이 초파리들을 확보한 다음, 돌연변이 자손들 중 그 검사에서 "양성"을 띠는 것들을 고른다. 즉 해당 돌연변이 표현형을 가진 것들이다. 검사의 범위는 연구하는 주제, 연구진의 창의성, 대량의 초파리를 대상으로 검사를 수행할 수 있게 해줄 기술의 이용 가능성, 대량의 초파리를 조사하는 데에 드는 시간과 비용 같은 현실적인 고려 사항들에 따라서 제한될 뿐이다. 검사 전략, 돌연변이원, 선별 검사 등 초파리를 대상으로 이루어지는 유전 검사법들 중의 일부가 부록 C에 실려 있다. 그리고 특히 큰 영향을 미친 순행유전학적 선별 검사의 사례가 제3장에 나와 있다.

대부분의 유전자는 교란이 일어나도 이 검사 결과에 영향을 미치지 않는 반면, 연구하고 있는 돌연변이를 가진 초파리 집단은 양성으로 나올 것이다. 이 초파리들을 모아서 후속 연구를 위하여 증식시킨다. 선별 검사를 수행하려면 인내심이 필요할 때가 많다. 해당 표현형을 빚어내는 동형 접합 열성 돌연변이를 가진 개체들을 골라내려면, 먼저 이용하기 편리한 유전형을 가진 대량의 초파리 수컷들에게서 돌연변이를 일으켜야 한다. 이어서 돌연변이가 생긴 초파리들을 어떤 다른 유전형을 가진 초파리들과 일대일로 짝짓기를 시킨다(때로 한 쌍씩 각각 따로따로 병에 넣어서 수만 쌍을 짝지어야 할 때도 있다. 이를 부모 세대 교배, 즉 P_0 교배라고 한다). 이제 자식들끼리 교배를 하여 동형 접합 돌연변이체들을 얻는다(F_1 교배). 그렇게 나온 다음 세대(F_2)의 개체들을 선별 검사하여 원하는 돌연변이 표현형을 가진 소수의 개체들을 골라낸다.

왜 굳이 수만 또는 수십만 마리의 초파리를 배양하여 선별 검사를 하는 것일까? 원하는 돌연변이 표현형을 가지지 않은 개체가 대부분인데, 그런 노력을 쏟을 필요가 있을까? 답은 결과에 담겨 있다. 선별 검사에서 양성이라고 나온 소수의 초파리 계통들을 말한다. 유전학자와 순행 유전학적 선별 검사의 관계는 고고학자나 화석 사냥꾼과 유적 발굴지의 관계와 같다. 위치를 잘 고르고 충분히 신중하고 계획을 짜고 실행을 한다면, 새로운 정보를 수집하고, 새로운 표본을 발굴할 기회가 상당히 있다. 정확히 무엇이 발견될지는 먼지를 떨구어낼 때까지는 모르지만, 성공할 가능성이 높다. 그와 마찬가지로 연구자들은 어느 유전자가 관여할 것이라는 그 어떤 선입견도 가지지 않은 채, 유전학적 선별 검사를 통해서 양성이라는 공통점을 지닌 유전자 집합을 골라낸다. 유전체 서열이 부품 목록을 제공하는 것이라고 한다면, 대규모 유전학적 선별 검사를 포함한 유전적 접근법은 그 부품들에 "기능을 지정하는" 데에 도움을 주는 것이라고 생각할 수 있다. 각 부품들이 실제로 무슨 일을 하는지를 이해할 수 있도록 말이다.

이해의 충격

1949년 H. J. 멀러는 자신이 창간에 기여한 「미국인류유전학회지(*American Journal of Human Genetics*)」 창간호에 실은 선언문에서 선견지명을 담은 예측을 두 가지 했다. 모델 생물 연구가 우리 자신을 이해하는 일에 적용될 수 있는 발견들을 해낼 수 있는 힘을 내포하고 있음을 예견하면서 그는 이렇게 썼다. "[인간의] 발달과 생리를 유전적으로 분석하는 일의 상당 부분은 시험 연구를 통해서 하는 편이 가장 유리하다." 그는 다른 척추동물 연구에서 나온 "많은 결과들이 나중에 동형 접합인 사람들에게서도 나타나는 것과 비슷하다"고 생각했다. 이 말은 멀러가 예측한 대로 척추동물에게만이 아니라, 초파리를 비롯한 무척추동물들에게도 들어맞는다는 것이 입증되었다. 그 선언문에서 멀러는 현재의 유전체 이후 시대와 관련이 있는 예측도 내놓았다. "한편, 그 어떤 동물보다 훨씬 더 많은 사람들이 집중적으로 조사될 것이며, 인간 자체를 시험 연구의 대상으로 삼아 나온 발견들이 나중에는 더욱 통제된 방식으로 동물에게서도 발견될 수 있다"(Muller 1949).

인류를 향한 이 "집중 조사"를 통해서 현재 집단에서 유전체 서열이 분석되는 사람들의 비율이 높아지고 있다. 그 결과 우리는 인류 유전병(그중 상당수의 병은 아이에게 고통을 안겨준다)의 진단 및 치료 측면에서, 또 여러 암들, 신경퇴행 질환, 당뇨병, 비만, 염증 질환 등 유전자의 영향을 받기는 하지만 엄밀하게 말해서 유전되지 않는 질병들에서 유전자가 어떤 역할을 하는지를 이해한다는 측면에서도 중요한 시기에 와 있다. 차세대 서열 분석 기술을 갖추고 연구 대상자 역할을 하는 사람들의 수가 점점 늘어남에 따라서, 의학유전학 분야의 전문가들은 질병과 그 유전적인 원인 또는 기여를 연관짓고, 질병 감수성 또는 내성에 영향을 미치는 새로운 유전자를 찾아내기 위해서 무척 노력하고 있다. 현재의 기술로는 유전자의 단백질 암호 영역이나 사람 염색체의 다른 영역에 있는 DNA 서열의 차이, 즉 "변이"를 비교적 쉽게 검출할 수 있다. 한 가지 문제는 어떤 의미에서는 변이를 찾기가 너무 쉽다는 것이다. 누구의 유전체를 조사하든 간에, 어떤 참조 유전체, 아니 심지어 부모나 형제자매의 유전체와 비교해도 수백 개 이상의 변이가 드러날 것이다. 어쨌거나 우리는 저마다 독특하다. 그리고 또 한 가지 문제는 이런 식으로 유전자들을 파악해도, 각 유전자의 기능을 충분히 알고 있지 못할 때가 많다는 것이다. 그래서 유전자 정보를 써서 치료 전략을 개발하려는 노력이 방해를 받곤 한다.

그 결과 각 환자의 진단과 치료에 유전체 서열 자료를 이용하거나 질병의 유전적 위험 요인을 파악하고자 할 때, 개인의 유전체나 집단 수준의 연구에서 드러난 여러 차이들 중 어느 것이 해당 건강 문제와 관련이 있으며, 그 유전자의 기능이 질병과 어떤 식으로 관련이 있는지를 알아내는 것이 핵심 과제가 된다. 초파리 연구는 적어도 두 가지 중요한 방식으로 이런 노력에 기여한다. 첫째, 연구자들은 초파리를 인간의 유전자들에서 진정으로 질병을 일으키는 차이를 질병과 무관한 차이들과 구별하기 위한 발판으로 삼고 있다(Ramoni et al. 2017; Bellen and Yamamoto 2015)(제9장 참조). 둘째, 초파리를 대상으로 한 기초 연구들을 통해서 이미 밝혀낸 방대한 지식들, 그리고 새로운 연구들을 통해서 매일 같이 밝혀지고 있는 새로운 지식들은 질병과 "어떻게" 연관되는가라는 질문에 답함으로써 인간 유전자의 기능을 이해하는 데에 기여한다. 초파리 연구—초창기에 찾아낸 돌연변이를 이용한 것들도 있다—는 어느 유전자와 해당 질병과 관련이 있는지를 예측하고, 유전자가 어떻게 정상적으로 기능을 하고 그 기능이 교란될 때 어떻게 질병으로 이어지는지 의미 있는 가설을 세우고, 효과적인 치료약과 치료법을 개발하는 데에 이바지해왔다.

초파리를 비롯한 다른 모델 생물들에서 유전자에 기능을 할당하는, 즉 유전자가 어떤 일을 하는지 알아내는 이런 연구는 멀러가 처음으로 했던 돌연변이를 효율적으로 생성하고, 그 결과로 나온 표현형을 연구하는 방식으로 불가피하게 다시 돌아가게 된다. 순행유전학적 선별 검사를 포함한 유전적 접근법만큼 유전자의 기능 이해에 큰 기여를 한 접근법은 없다. J. L. 린은 2013년에 이렇게 말했다. "수학이 물리학의 토대이듯이, 유전적 접근법은 생물학의 토대이다"(Doolittle et al. 2013).

제3장

의사소통

다세포 생물의 세포는 공동체의 일원이며, 공동체가 다 그렇듯이 한 공동체의 세포들도 서로 의사소통을 해야 한다. 상태 변화를 알리고, 방향을 묻고, 더 나아가서 이따금 논쟁도 벌여야 한다. 세포 사이의 의사소통은 하나의 수정란에서 성체가 되기까지의 과정인 발생(發生, development) 때 특히 중요하다. 초파리든 개구리든 사람이든 간에, 발생하는 배아는 단순히 세포 분열과 성장만을 하는 것이 아니고 각기 다른 종류의 세포들도 만들어야 한다. 세포 유형마다 정해진 특성이 있으며, 몸에 놓인 위치에 걸맞은 특수한 활동들을 한다. 이런 일들이 제대로 이루어지려면, 즉 세포 유형들이 제대로 만들어지고 각자 제 위치에 정착하려면, 세포들 사이에 의사소통이 제대로 이루어져야 한다. 세포들은 의사소통을 할 필요가 있지만, 의사소통을 막는 장벽도 가지고 있다. 바로 그것이 세포막이다. 세포막은 세포를 감싸고 있는 기름진 피부라고 할 수 있으며, 세포 밖과 세포 안의 경계가 된다. 세포 안에는 세포질, 세포핵, 기타 세포소기관들이 있다. 세포가 정보를 받아서 해석하고 반응하려면, 그 정보는 어떻게든 세포막을 통과하여 전달되어야 한다. 세포막을 통과할 수 있는 분자들도 있기는 하다. 그러나 단백질 같은 커다란 분자들이라면 대개 통과할 수 없다. 그래서 한 세포가 옆 세포로 단백질이나 화학물질이라는 형태로 메시지를 보내려면, 알맞은 시간에 알맞은 메시지가 알맞은 세포에게로 가야 할 뿐 아니라, "신호 전달(signal transduction)"이라는 과정이 일어나야 한다. 신호 전달은 세포 표면, 즉 세포막의 바깥쪽에 닿은 정보가 세포 안으로 중계되어 들어와서 반응을 이끌어내는 과정을 말한다.

세포 의사소통 분야에서 새로운 발견들이 끼친 영향을 생각할 때면, 많은 질문들이 나올 수 있다. 발생 때 전달되는 신호들, 즉 세포의 성장과 분열과 이동을 유도하는 신호들이 잘못된 시간에, 또는 잘못된 조직으로 보내진다면 어떻게 될까? 신호가 엉키거나, 오해를 일으키거나, 무시된다면? 의사소통이 끊길 때 으레 그렇듯이, 그런 교란은 혼란을 야기하고 이는 혼돈, 방향 오인, 전반적인 불화로 이어질 수 있다. 세포는 발생 과정에서 획득한 정체성을 잃는다. 새로운 정보에 반응을 안 하거나 부적절하게 반응하고, 보내지 말아야 할 메시지를 보낼 수도 있다. 그런 세포간 의사소통과 세포 내 신호 전달의 붕괴, 그리고 그런 붕괴에 따른 세포 정체성 상실이 일어나면, 무엇보다도 세포들이 부적절하게 마구 성장하고 불어날 수 있다. 멈추라고 말하는 신호가 없을 때, 세포는 성장과 분열을 계속한다. 자신이 본래 있던 조직 내에서 불어나기도 하고, 때로는 다른 곳으로 옮겨가서 증식하기도 한다.

이 말이 익숙하게 들릴 것이다. 당연하다. 세포들이 부적절하게 성장하고 증식한 이 결과를 우리는 다른 이름으로도 부르기 때문이다. 바로 암이다. 따라서 발생 때 세포들이 의사소통을 하는 메커니즘을 연구할 때, 우리는 암과 관련된 유전자와 세포 활동, 그리고 그것들이 교란될 때 암이 어떻게 생기는지를 연구하는 것이기도 하다. 우리가 의사소통에 관해서 알아낸 지식 중의 상당수는 초파리 연구에서 나왔으며, 사실 어떤 한 유전학적 선별 검사와 그 후속 연구에서부터 초파리 배양에서 임상 응용에 이르는 먼 지적 여정을 연결하는 길이 열린 것이라고 할 수 있다.

일의 순서

알에서 초파리 애벌레가 부화하는 과정은 주된 통과 의례 중의 하나이다. 그 단계에 도달하려면, 하나의 세포(수정란)는 분열하고, 재구성되고, 새로운 도구를 갖추고, 특수한 조직들을 형성해야 한다. 게다가 알에 본래 들어 있던 내용물과 새로 형성된 배수 유전체(절반은 엄마, 절반은 아빠에게서 온)만을 가지고서 이 모든 일을 시작해야 한다. 발생학자들이 관심을 가진 의문 중의 하나는 다세포 생물이 몸이 주요 축을 어떻게 설정하느냐는 것이었다. 예를 들면, 한쪽 끝은 머리가 되고 반대쪽 끝은 꽁무니가 되고, 그 사이에 모든 것들이 적절이 배치되는 일이 어떻게 가능한 것일까? 그런 일이 어떻게 일어나는지를 이해하는 데에 도움을 주는 증거들이 다양한 연구들을 통해서 쌓여왔다. 예를 들면, 발생 중인 배아(이를테면 개구리)의 일부 조직을 떼어서 다른 배아에 이식한 후 결과를 지켜보는 실험을 하면서, 연구자들은 배아에서 벌어지고 있는 다양한 활동들이 축을 결정한다는 것을 확신하게 되었다. 그중 배아 전체로 확산되면서 앞뒤축이나 등배축을 결정하도록 도와주는 메시지를 보내는 특수한 분자인 "형태형성인자(morphogen)"의 활동이 대표적이었다. 연구자들은 형태형성인자의 농도에 따라서 세포들에게 내려지는 지시가 달라진다고 가정했다. 농도가 높은 곳에서는 이런 구조를 만들라고 하고, 중간인 곳에서는 다른 구조들, 가장 낮거나 그 물질이 아예 없는 곳에서는 또다른 구조를 만들도록 한다는 것이었다. 그럼으로써 축이 결정된다고 보았다.

그러나 형태형성인자가 있다거나 이런저런 활동이 일어난다고 제시하는 것과 어떤 유전자가 그런 활동에 관여하고 분자 수준에서 어떤 식으로 일이 진행되는지를 알아내는 것은 전혀 다른 문제였다. 형태형성인자의 활성 기울기는 어떻게 형성되며, 형태형성인자는 어떻게 세포에 정보를 보내며, 그 정보는 어떻게 세포 안으로 전달되고 해석되어 적절한 결과를 빚어낼까? 많은 사례들을 보면, 연구자들이 순행유전학적 선별 검사를 비롯한 유전적 접근법을 취하고 나서야 비로소 어떤 과정이 어떻게 진행되는가라는 질문의 답이 나오곤 했었다. 물론 어떤 주제를 연구할 도구인 유전적 접근법을 적용하려면, 먼저 돌연변이 표현형을 찾아내고 검사를 해야만 한다. 찾고자 하는 어떤 과정이 교란되었음을 암시하는 무엇인가가 있어야 한다. 발생학 연구자들은 형태형성인자가 없거나 변형되었음을, 또는 형태형성인자가 보내는 메시지가 수신되지 않음을 시사하는 무엇인가를 찾아야 한다.

애벌레 큐티클 표현형

파리목의 몇몇 애벌레는 스노클(snorkel) 같은 부속지가 달린 모습으로 알에서 나온다. 수생 파리류의 애벌레들이 특히 그렇다. 또 쇠파리류처럼 짙은 색의 강모가 난 상태로 나오는 애벌레도 있다. 반면에 초파리 애벌레는 아무것도 나 있지 않은 매끄러운 일반형이다. 상표가 붙어 있지 않은 수프 캔에 비유할 수 있다. 하지만 연구자들이 앞뒤축과 등배축의 어느 쪽인지를 알아보는 데에 도움을 주는, 밋밋하지만 구별할 수 있는 특징 몇 가지를 가지고 있다.

한 예로, 애벌레에 화학물질을 처리하여 부드러운 부위를 싹 녹여서 제거하고 뱀의 허물처럼 단단한 큐티클 껍데기만 남긴다고 해도, 구기(口器)와 항문을 관찰하여 앞뒤를 쉽게 알아볼 수 있다. 또 큐티클의 앞뒤축을 따라서 각 "몸마디(체절)"를 알아볼 수 있다. 3개의 가슴마디(T1-T3)와 8개의 배마디(A1-A8)가 보인다. 등배축을 따라서도 차이가 나타난다. 애벌레 큐티클의 배 부분에는 몸마디마다 미세한 털 같은 돌기(denticle)들이 "띠"처럼 나 있다. 반면에 등 부분은 "벌거벗은" 모습이다. 깨끗하고 아무런 특징도 없이 매끈하다.

털로 된 띠, 머리와 꼬리 쪽의 구조는 애벌레 몸의 주요 축을 정의하는 특징들이다. 그리고 털로 된 띠의 모양과 크기가 몸마디마다 다르기 때문에, 연구자는 그것들을 보고서 몸마디들을 구별할 수 있다.

초파리 연구자들은 이 축들을 이정표로 삼아서, 예외적인 사례들을 찾아낼 수 있었다. 몸의 주요 축의 형성을 교란하는 돌연변이들은 애벌레 큐티클 패턴에 일어난 교란을 통해서 알아볼 수 있었다. 어떤 몸마디가 빠져 있거나 중복되어 나타나는 사례가 그러했다. 바이코덜(bicaudal)은 그런 돌연변이 중 최초로 파악된 것에 속한다. 이 돌연변이 애벌레의 큐티클은 앞쪽이 없고 양끝이 다 꽁무니이다(Nüsslein-Volhard 1977). 바이코덜 돌연변이 큐티클에서 앞쪽 몸마디들이 누락되어 있으므로, 유전적 접근법을 적용하면 바이코덜 유전자 산물의 정상적인 역할이 발생하는 애벌레의 앞쪽 구조를 만드는 것이라고 결론내릴 수 있다. 그러나 바이코덜은 평범한 유전자가 아니다. 다세포 생물에서 배아를 여러 영역으로 나누고 각 영역에 맞는 세포를 만드는 일을 하는 유전자보다 근본적인 역할을 하는 유전자는 없을 것이다. 그러나 축, 몸의 각 영역, 몸마디, 기타 구조들을 갖춘 애벌레 같은 것을 만들려면 다른 유전자들—상호 연결된 유전자 망들의 집합 전체—이 있어야 한다는 것도 분명하다. 그리고 애벌레에서 번데기가 형성되고, 이어서 성체가 형성될 때에도 마찬가지일 것이다. 따라서 우리는 이렇게 물을 수 있다. 얼마나 많은 유전자들이 관여할까? 어떤 유전자들일까? 그 유전자들은 몸의 축과 하위 영역들을 어떻게 설정하는 것일까?

수정란에서 완전한 형태를 갖춘 성체가 어떻게 자라는지를 연구하는 발생학자들은 이런 의문들의 답을 알아내고자 애썼다. 이런 유전자들을 찾으려는 노력, 그리고 매우 매끄럽거나 거친 질감의 눈 형성 등 알에서 성체로 발달할 때 생기는 다른 흥미로운 표현형들의 연구는 또다른 발견들로 이어졌다. 세포들이 어떻게 서로 정보를 주고받는가, 그리고 정보를 받는 세포가 그 메시지를 어떻게 안으로 전달하여 해석하고 반응하는가라는 마찬가지로 중요한 의문을 풀어줄, 놀라울 만치 많은 근본적인 사실들이 드러났다.

가장 유명한 유전학적 선별 검사

가장 유명한 순행유전학적 선별 검사는 1970년대 말에 C. 뉘슬라인폴하르트와 E. 비샤우스가 한 것으로, 애벌레 큐티클의 정상적인 체계를 교란하는 돌연변이들을 찾아내는 검사였다(Nüsslein-Volhard and Wieschaus 1980). 그 검사법은 하이델베르크 선별 검사(Heidelberg screen)라고 불리게 되었고, 그들은 그 업적으로 노벨 생리의학상을 받았다(St Johnston

2002; Wieschaus and Nüsslein-Volhard 2016). 그들은 그 방법을 설계할 때, 유전학자들이 효모나 바이러스 같은 더 단순한 모델 체계를 대상으로 성공을 거둔 적이 있었던 방법을 초파리에게 적용하고자 했다. 즉 그들은 "포화(saturating)" 유전학적 선별 검사를 시도했다. 해당 돌연변이 표현형을 빚어낼 수 있는 유전자들을 일부가 아니라 전부 다 찾아내려고 했다. 이 사례에서는 애벌레 큐티클의 전형적인 패턴을 형성하는 유전자를 교란시키는 모든 유전자 돌연변이였다. 포화 유전학적 선별 검사는 이미 덜 복잡한 생물에 적용되어 유용하다는 것이 입증된 상태였다. "박테리오파지"(세균을 감염시키는 바이러스)를 감싸는 "외피"를 만드는 데에 필요한 모든 유전자들을 파악한 사례가 대표적이었다(Calendar 1970). 이런 선별 검사를 통해서 연구자들은 이윽고 박테리오파지 유전자들의 목록을 작성할 수 있었을 뿐만 아니라, 유전자들의 기능이 연결되는 양상을 보여주는 최초의 "유전자 망"도 구축할 수 있었다. 원료에서 최종 산물을 만들기까지 쓰이는 모든 기계 장비들을 작동 순서대로 죽 연결한 것과 비슷하다.

뉘슬라인폴하르트와 비샤우스는 박테리오파지에 비하면 초파리 애벌레가 훨씬 복잡하기는 하지만, 정상적인 체제를 갖춘 애벌레를 만드는 데에 필요한 유전자들의 목록과 그 유전자들의 상호작용 경로까지도 동일한 접근법을 써서 알아낼 수 있을 것이라고 추론했다. 훨씬 더 복잡한 과정—다세포 생물의 잘 짜인 체제를 구축하는—을 포화 선별 검사한다는 생각은 당시로서는 좀 과격하게 보였다. 그러나 바이코덜 돌연변이가 초파리 등 그들이 찾으려고 하는 돌연변이 표현형의 유형들을 찾을 수 있을 것임을 암시하는 증거들이 이미 어느 정도는 나와 있었다(Nüsslein-Volhard 1977; Nüsslein-Volhard and Wieschaus 1980). 뉘슬라인폴하르트와 비

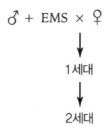

♂ + EMS × ♀

⬇

1세대

⬇

2세대

하이델베르크 선별 검사. EMS로 처리한 초파리 수컷을 암컷과 교배시킨다. 자손 1세대의 형제자매끼리 서로 교배시킨다. 그 자식들 중 4분의 1은 어떤 열성 돌연변이에 동형 접합 상태일 것이고, 돌연변이 중에는 애벌레 체제에 결함을 일으키는 것도 있을 것이다. 큐티클을 조사하여 그런 돌연변이를 찾아낸다.

샤우스는 선별 검사를 시작하자마자, 애벌레 큐티클의 규칙적인 양상을 교란하는 돌연변이 표현형들을 찾아내었고, 도설(dorsal)은 그 방법으로 가장 먼저 발견한 돌연변이에 속했다. 이 돌연변이가 일어나면, 배쪽의 털 띠가 전혀 없이, 전체가 등처럼 매끄러운 큐티클만으로 이루어진다 (Wieschaus and Nüsslein-Volhard 2016). 선별 검사를 끝냈을 때, 연구자들은 몇 가지 범주로 나눌 수 있는 돌연변이들을 찾아낼 수 있었다. "각 몸마디의 패턴 중복", "하나 건너씩 몸마디의 패턴 결실", "인접 몸마디 집단의 결실" 같은 범주들이었다. 연구진은 이 범주들을 몸마디 극성 (segment polarity), 쌍지배(pair-rule), 간극(gap) 돌연변이라고 불렀다 (Nüsslein-Volhard and Wieschaus 1980).

하이델베르크 선별 검사의 목표는, 이미 상당히 연구가 된 초파리에 게서 발생의 유전적 토대를 규명함으로써, 단세포 배아가 체계와 몸마디와 패턴을 지닌 형태로 전환될 때의 심오한 변화들을 일으키는 데에 필요한 많은 유전자들과 그 산물들(RNA와 단백질)의 특성을 더 포괄적으로 파악한다는 것이었다. 뉘슬라인폴하르트와 비샤우스는 1980년에 발표한 이 선별 검사 논문에 이전에 파악된 적이 있었던 유전자 5개와 새로운 10개 유전자의 돌연변이를 찾아냈다고 썼다(Nüsslein-Volhard and Wieschaus 1980). 이전에 밝혀진 유전자는 쿠비투스 인테룹투스(cubitus interruptus), 윙리스(wingless), 퓨즈드(fused), 엥그레일드(engrailed), 크뤼펠(Krüppel)이었다.

새로 파악된 유전자 중 두 가지는 "구즈베리(gooseberry)"와 "페어드(paired)"이다. 그것들은 나중에 PAX 유전자군("PAX"는 짝을 이룬 상자라는 뜻인 "페어드 박스[paired box]"의 약어)이라고 불리게 되는 유전자 집합의 초기 사례이다. 나중에 사람의 유전체에서도 동류인 유전자들, 즉 "병렬 상동(ortholog)" 유전자들이 발견되었다. 다른 하나는 이븐스킵드(even-skipped)로서, 사람은 이의 병렬 상동 유전자를 2개 가지는데, 초파리 유전자 이름을 따서 EVX1와 EVX2라고 불린다. 오드스킵드(odd-skipped)도 있다. 사람에게 있는 병렬 상동 유전자는 OSR1과 OSR2라고 하며, "오드스킵드의 친척(odd-skipped related)"이라는 뜻이다. 또하나는 배럴(barrel)로서, 인간에게 있는 HES 유전자군의 친척이다. 런트(runt) 유전자는 "렁스(Runx)" 유전자군에 속하며, 사람에게는 RUNX1, RUNX2, RUNX3라는 병렬 상동 유전자가 있다. 그리고 너프스(knirps)와 헌치백(hunchback) 유전자가 있는데, 사람 유전체에는 그것들과 가까운 동류 유전자가 없다. 마지막으로 헤지호그(hedgehog, hh) 유전자가 있다.

1만 편의 헤지호그

미국 국립생물학정보센터의 펍메드(PubMed) 생물학 및 생명의학 논문 데이터베이스에서 "헤지호그(hedgehog)"라는 단어로 검색하면, 1만 편이 넘는 연구 및 리뷰 논문이 나온다. 아주 다양한 학술지들에 발표된 논문들이다. 아주 극소수를 제외하고, 이 논문들은 고슴도치(hedgehog)라는 동물(고슴도치아과)과는 전혀 관계가 없다. 대신에 하이델베르크 선별 검사에서 찾아낸 hh 돌연변이와 관련이 있다. 이 유전자에 헤지호그라는 이름이 붙은 이유는, hh 돌연변이 애벌레 큐티클에 털 띠 사이의 털 없는 매끈한 부위가 사라져서, 큐티클 전체가 야생형보다 더 짧고 더 빽빽한 털로 뒤덮인 모습이 꼭 고슴도치와 같기 때문이었다. 각 몸마디에서 절반을 차지하는 매끈한 부위가 사라지고 없는, 이 hh 돌연변이 애벌레 큐티클에서 관찰되는 교란을 첫 번째 단서로 삼아서, 과학자들은 이윽고 Hh 신호 전달 경로(Hh 경로) 의사소통 체계를 발견하게 된다. Hh 경로의 구성요소들은 세포가 메시지나 신호를 보내고(Hh 단백질을 통해서 한 세포로부터 방출되어 다른 세포의 표면에 가 닿는다), 세포 표면에서 Hh 신호를 받고, 그 신호를 세포 안으로 전달하는 방법을 제공한다. 중요한 점은 이 정보가 세포막이라는 장벽 너머 세포 안으로 전달되면, 그 신호가 일련의 반응을 이끌어낼 수 있다는 것이다. 세포의 모양이나 움직임이 달라지거나, 신호를 받는 세포의 특정한 유전자 집합이 켜지거나 꺼지는, 또는 양쪽 모두에서 일어나는 변화 같은 것들이다.

초파리 유전 연구 결과들, 그리고 다른 모델 체계들에서 나온 초파리에서 알아낸 것들을 보완하거나 지지하는 연구 결과들을 토대로, 연구자들은 Hh 신호 전달 경로가 무엇이고, 한 단백질의 활성이 다른 어떤 단백질의 활성에 의존하는지 등 그 경로가 어떤 순서로 작동하는지를 알아낼 수 있었다. Hh 단백질은 초파리의 세포 표면에 끼워져 있는 패치드(patched, ptc) 유전자가 만든 단백질 수용체에 결합한다. Hh가 Ptc 단백질에 결합하면, Ptc와 세포막에 흩어져 있는 다른 단백질 사이의 상호작용이 변한다(흔히 유전자 이름은 영어로 소문자로 시작하고, 그 유전자가 만드는 단백질 이름은 대문자로 시작한다. 물론 그렇지 않은 사례도 많다/역주). 후자는 스무던드(smoothened, smo)라는 유전자가 만든다. 그리고 이 변화는 쿠비투스 인테룹투스(ci) 유전자의 산물인 Ci 단백질의 안정 상태를 바꾼다. Ci 단백질은 "전사인자(transcription factor)"이다. 즉 DNA의 특정한 영역(대개 유전자의 단백질 암호 영역 바로 앞쪽에 있는)에 결합하여, 그 인접한 유전자의 활성을 켜거나 끔으로써 세포 내에 다른 변화들을 일으킬 수 있는 단백질이다. 이 Hh, Ptc, Smo, Ci 단백질들은 Hh 신호 전달 경로의 핵심 구성요소가 된다. 한 줄로 서서 차례로 서신을 전달하여 세포 안으로 들여보내는 일을 한다. 세포 표면에서 신호를 받아서(Ptc가 Hh를 받음으로써), 신호 전달 과정을 통해서 세포 안으로 보내고(Hh가 결합되면서 Ptc와 Smo의 상호작용이 변하고, 그 결과 Ci의 안정성이 변함으로써), 그리하여 반응을 이끌어낸다(Ci 전사인자가 유전자들을 켜거나 끔으로써).

이윽고 연구자들은 Hh 경로가 배아발생 때만이 아니라, 초파리 생활사의 다른 단계들에서도 의사소통 수단으로 쓰인다는 것을 알아차렸다. 다른 단계와 조직에서도 비슷하게 재활용됨으로써 비슷한 문제를 푸는 일을 돕는다는 것이다. Hh 경로를 통한 신호 전달은 배아, 애벌레, 번데기, 성체라는 초파리 생활사의 모든 단계들에서―눈, 날개, 더듬이, 기타 구조들의 형성에, 암수의 생식기관에, 뇌와 기타 신경 조직에, 이동하는 세포가 표적에 다다르는 등―필요하다. 게다가 유전자와 유전체 서열의 일부를, 그후에는 전체를 이용할 수 있게 되면서, 연구자들은 Hh 경로의 구성요소들이 초파리 내에서 같은 문제를 다양한 맥락에서 푸는 데에 재활용될 뿐만 아니라, 진화 과정에서 새로운 추가적인 문제들을 풀기 위해서 의사소통이 필요할 때도 이용되어 왔다는 것을 깨달았다. 사실 Hh 경로의 구성요소들과 그 요소들이 협력하는 방식은 다른 생물들에서도 보존되어왔다. 우리 인간도 포함하여 다른 많은 동물들도 Hh 경로의 구성요소와 유사한 단백질들을 가지고 있으며, 더 나아가 그 구성요소들의 배치―그것들이 작용하는 순서와 방향 및 서로 상호작용하는 양상―도 유사하다.

사람의 유전체에서 찾아낸 헤지호그와 관련 있는 유전자 3개는 비슷하게 결합하는 역할을 하는 단백질을 만든다는 것이 드러났다. 그래서 선구자인 초파리 유전자에 경의를 표하는 이름이 붙여지게 되었다. 소닉 헤지호그(Sonic hedgehog, SHH), 인디언 헤지호그(Indian hedgehog, IHH), 데저트 헤지호그(desert hedgehog, DHH)이다.

패치드(Patched) 단백질처럼, 사람에게 있는 그 병렬 상동 단백질 PTCH1와 PTCH2(Johnson et al. 1996; Carpenter et al. 1998) 역시 사람의 Hh 관련 단백질에 결합하는 수용체이다. 스모(Smo) 단백질의 인간판 병렬 상동 단백질 SMO(Sublett et al. 1998)는 인간판 PTCH 단백질과 상호작용한다. 그리고 Ci 단백질의 인간판 병렬 상동 단백질인 GLI1, GLI2, GLI3(Ruppert et al. 1990; Tanimura, Dan, and Yoshida 1998; Ruppert et al. 1988)는 전사인자로서, Hh 경로 신호를 받으면 유전자를 켜고 끈다. 종합하자면, 초파리와 인간은 기나긴 진화 시간 동안에 서로 멀리 갈라졌고, 발생 때 초파리 애벌레가 형성되는 띠와 우리 자신의 발생 때 형성되는 구조 사이에 뚜렷한 차이가 있음에도 불구하고, Hh 경로를 지니고 있던 공통 조상에서 유래했으며, Hh 경로를 의사소통 수단으로 삼는다는 공통점이 있다.

닮음과 다름

한 초파리 유전자에 상응하는 유전자가 인간 유전체에도 하나 이상이 있다는 것은 어떻게 알아낼까? 양쪽 유전자에 암호로 담긴 아미노산 서열을 비교하는 것이 가장 쉬우면서도 가장 흔히 쓰이는 방법이다. 아미노산 서열이 비슷한 단백질들은 생화학 물질과 세포 수준에서 동일하거나 관련된 기능을 가지고 있다는 것이 종종 밝혀지곤 한다. 그러나 아미노산 동일성을 비롯한 병렬 상동 관계의 여러 지표들은 비슷한 두 단백질이 동일한 기능을 가지는지 여부를 알고자 할 때에는 불완전한 예측 지표이다. 초파리에게서 반딧불이의 루시페라아제(luciferase) 단백질과 아미노산 서열이 40퍼센트가 동일한 단백질을 발견했을 때 연구자들은 무척 흥분했다. 루시페라아제는 밤에 반딧불이의 빛을 내는 일을 한다. 하지만 반딧불이의 루시페라아제가 빛을 낼 때 쓰는 성분들을 그 초파리 단백질로 시험했을 때, 초파리 단백질이 빛을 내는 기능을 한다는 증거를 전혀 찾을 수 없었다(Oba, Ojika, and Inouye 2004).

반대로 아미노산 수준에서는 유사성이 더 적지만, 동일한 기능을 한다고 알려진 것도 있다. 한 생물 체계에 있는 단백질을 다른 생물의 단백질로 대체해도 제 기능을 하는 것이다. 한 예로, 사람 유전자 TP53("p53"이라고 더 잘 알려져 있는)의 초파리 병렬 상동 유전자는 사람 단백질과 아미노산이 겨우 23퍼센트만 같지만, 기능은 거의 동일하다(Jin et al. 2000). 초파리와 사람 사이에 공유되는 비슷한 단백질들이 있느냐는 물음(본질적으로 두 언어에 비슷한 단어들이 있느냐는 질문이다) 외에 우리는 두 종이 공통 조상에게서 유래한 유전자를 지니고 있는지(즉 양쪽 언어의 단어가 유래한 공통의 어근이 있는가?), 또는 두 단백질의 3차원

구조가 비슷한지 물어볼 수가 있다. 두 유전자나 단백질 사이의 유연관계를 파악할 결정적인 실험 검사법은 일종의 교환을 하는 것이다. 사람의 단백질을 만드는 유전자가 초파리 유전자의 기능을 대신할 수 있는지, 혹은 그 반대도 가능한지 알아보는 것이다.

신호 전달 구성요소들과 그 요소들 사이의 기능적 관계가 보존되는 양상은, 유전체 이후 시대에 특히 더 되풀이하여 드러나고 있다. 사람의 세포는 세포끼리 의사소통을 할 때, 본질적으로 초파리와 동일한 유전자에 의존한다. 선충, 어류, 기타 동물들, 심지어 식물과 곰팡이도 마찬가지이다. 게다가 우리가 전화, 문자 메시지, 쪽지 등 다양한 방식으로 의사소통을 하듯이, 세포도 다양한 신호 전달 경로를 이용해서 다양한 방식으로 의사소통을 한다. 한다. 초파리 연구는 이 경로들의 기본 구성요소들과 추가 요소들을 파악하는 데에 기여함으로써, 동물이 어떻게 발달하는지를 "일반적인 관점"에서 바라볼 수 있도록 도왔다(Shilo 2016). 초파리와 사람 양쪽 종에서 핵심 구성요소와 그들 사이의 관계가 동일하거나 비슷한 경로들은 다음과 같다. 하루 주기 리듬 경로, Dpp/TGF-베타 경로, EGFR과 PVF 경로, FGF/FGFR 경로, Hh 경로(이 장에서 설명한), 히포 경로(제4장 참조), Imd 경로, 인슐린 경로, JAK/STAT 경로, 평판 세포 극성 경로(제5장 참조), 노치 경로(제5장 참조), 핵호르몬 수용체(nuclear hormone receptor) 경로, Slit-Robo 경로(그리고 기타 세포 유도 경로들), TNF-알파 경로, Toll/TLR 경로(제7장 참조), Wnt 경로이다. 이 경로들의 이름은 그 경로의 핵심 요소를 드러나게 해준 초파리 돌연변이에서 유래한 경우가 많다. Wnt 경로는 초파리 유전자 윙리스(wingless)와 생쥐 유전자 int1의 이름을 합친 것이다. 노치(Notch) 경로는 초파리 유전자 노치(Notch)에서 비롯되었다. Hh 경로는 hh 유전자에서 유래했다. 이런 사례는 더 많다. 더욱 중요한 점은 초파리 연구가 신호 전달 경로의 개별 구성요소, 경로 내에서 그들이 작용하는 순서, 그들이 빚어내는 결과를 이해하는 데에 지대한 영향을 미쳤다는 사실이다. 이런 정보들은 연구자들이 사람이나 다른 생물 종에게 있는 비슷한 유전자들을 살펴볼 때 도움이 된다. 즉 연구자들은 사람의 세포와 기관에 있는 병렬 상동 유전자들의 기능에 관한 합리적인 추측을 할 수 있다. 그래서 좀더 집중적이고 효율적으로 조사를 함으로써, 세포 사이의 의사소통에 관한 새로운 사실을 밝혀낼 수 있다.

글러브와 미트, 작용과 반작용

신호 전달은 스포츠에 비유할 수 있다. 스포츠에서는 선수들이 한 팀이 되어서 공통의 목표를 이루기 위해서 협력한다. 그리고 예측이 가능하지만 확실하지는 않기 때문에, 각각의 입력에 얼마간 유연하게 반응할 필요가 있다. 상대팀의 투수가 공을 던지는 상황을 예로 들어보자. 수용체에 결합하여 세포 내에 어떤 반응을 유도하는 단백질은 미트로 공을 잡는 소프트볼 선수에, 잡은 공을 다른 선수에게로 던지는 행위는 분자 변형을 통해서 정보를 전달하는 것에 비유할 수 있다. 그런 과정이 이어져서 이윽고 어떤 결과가 도출된다. 경기장에서 각기 다른 자리에 있는 선수들에게 할당되는 역할들처럼, 어떤 종류의 단백질이 세포 내의 어느 위치에 있느냐에 따라서 받은 신호에 그 단백질이 어떻게 반응하는지가 결정된다. 팀이 앞서거나 뒤처질 때 선수들이 같은 신호에 다르게 반응할 수 있는 것처럼, 신호에 따른 세포의 반응도 생물의 발달 단계, 세포가 속한 조직과 맥락, 세포에 있는 다른 단백질들과의 관계 등에

```
ASGPLEGVIRRDSPKFKDLVPNYNRDILFRDEEGTGADRLMSKRCKEKLNVLAYSVMNEW
ASGRYEGKIARSSERFKELTPNYNPDIIFKDEENTGADRLMTQRCKDRLNSLAISVMNQW
ASGPAEGRVARGSERFRDLVPNYNPDIIFKDEENSGADRLMTERCKERVNALAIAVMNMW
ASGRYEGKISRNSERFKELTPNYNPDIIFKDEENTGADRLMTQRCKDKLNALAISVMNQW
***   ** : *.* .*.:*.**** **:*.***.:******::***:..:* ** :*** *

PGIRLLVTESWDEDYHHGQESLHYEGRAVTIATSDRDQSKYGMLARLAVEAGFDWVSYVS
PGVKLRVTEGWDEDGHHSEESLHYEGRAVDITTSDRDRNKYGLLARLAVEAGFDWVYYES
PGVRLRVTEGWDEDGHHAQDSLHYEGRALDITTSDRDRNKYGLLARLAVEAGFDWVYYES
PGVKLRVTEGWDEDGHHSEESLHYEGRAVDITTSDRDRSKYGMLARLAVEAGFDWVYYES
**:.* ***.**** **.::*********: *:*****..***:************** * *

RRHIYCSVKSDSSISSHVHGCFTPESTALLESGVRKPLGELSIGDRVLSMTANGQAVYSE
KAHVHCSVKSEHSAAAKTGGCFPAGAQVRLESGARVALSAVRPGDRVLAMGEDGSPTFSD
RNHVHVSVKADNSLAVRAGGCFPGNATVRLWSGERKGLRELHRGDWVLAADASGRVVPTP
KAHIHCSVKAENSVAAKSGGCFPGSATVHLEQGGTKLVKDLSPGDRVLAADDQGRLLYSD
. *:: ***:: * : . ***. :. *. *       : : **.**: .*    :
```

초파리 Hh 단백질과 사람의 병렬 상동 단백질 IHH, DHH, SHH의 비교. 맨 윗줄은 초파리 Hh 단백질의 서열 중의 일부이다. 그 다음의 세 줄을 각각 사람의 병렬 상동 단백질들의 상응하는 서열이다. 각 문자는 아미노산을 표준 표기법에 따라서 적은 것이다. 맨 아랫줄의 *는 네 단백질에서 아미노산이 같은 지점을 나타낸다. :는 아미노산들이 화학적으로 유사한 지점, .는 화학적으로 관련이 있는 지점을 가리킨다.

따라서 달라진다. 또한 심판과 규정집에 비유할 수 있는 것들도 있다. 안전을 확보하고 규칙을 제대로 지키도록 하기 위해서 이따금 경기를 중단시키곤 하는 것처럼, 많은 신호 전달망에는 계를 면밀하게 억제하는 요소들도 포함되어 있다.

일단 이런 식으로 상황을 상상한 다음, 생각을 더 끌고 나가서 세포가 한 경기장에서 동시에 여러 경기를 펼친다고 생각하자. 동시에 많은 신호들을 받아서 안으로 전달한다. 몇 가지의 신호 전달 경로가 동시에 활성을 띤다는 것은 한 경기장에서 소프트볼 경기가 벌어지는 동안 하키나 축구 경기도 진행되고 있다는 뜻이다. 일들이 원활하게 순서대로 진행되려면 조정이 필요하다. 경기장을 몇 개의 구획으로 나누거나, 한 경기에서 일어나는 일을 다른 경기의 코치들이 지켜보고 있어야 할지도 모른다. 연구자들은 이 개념에 부합되는 현상들을 발견해왔는데, 신호 전달에 관여하는 단백질 중의 일부는 세포의 각 하위 영역에 국한되어 있는 반면에 어떤 단백질은 둘 이상의 신호가 모이는 통합 지점 역할을 하고 있었다.

배아 발생의 전편(前篇) 쓰기

앞에서 말했듯이, 하이델베르크 선별 검사의 목표는 "포화시키는" 것으로, 교란하는 돌연변이가 일어났을 때 조사하고 있는 표현형을 낳을 수 있는 유전자를 모조리 찾아내는 것이다. 이 목표가 달성되었다는 것을 알려주는 한 가지 지표는, 이 검사를 통해서 돌연변이 표현형을 낳는다고 드러난 유전자들 중 대부분이 돌연변이 대립 유전자를 둘 이상 가지고 있었다는 점이다(Nüsslein-Volhard and Wieschaus 1980). 그렇기는 해도, 찾아낸 돌연변이의 개수에 문제가 있는 듯했다. 제대로 체제를 갖춘 애벌레를 만드는 일이 매우 복잡할 것이 분명한데도, 1980년에 발표된 바에 따르면 "15개 유전자좌(15개 유전자)의 돌연변이"로서 매우 적었다(St Johnston 2002; Nüsslein-Volhard and Wieschaus 1980).

더 많은 유전자들이 관여할 것이 틀림없었다.

그러나 그것들을 찾아내려면 다른 전략이 있어야 했다.

전체적으로 보면, 염색체는 수정란에서 미미한 비율을 차지한다. 수정란의 나머지 부분에는 모체가 제공한 분자들이 들어 있다. 초파리의 수정란은 초기에 그 분자들에 의지하여 살아간다. 지방, 단백질, RNA 분자 등이다. 초파리 연구자들이 더 많은 유전자들을 찾아내는 데에 성공한 전략이 하나 더 있다. 그 전략은 모체가 알에 채워넣은 RNA와 단백질 중에는 그저 기본 구성단위인 것들도 있지만, 애벌레의 신체 축을

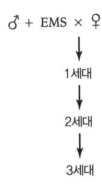

♂ + EMS × ♀

↓

1세대

↓

2세대

↓

3세대

모계 효과 선별 검사 전략. 이 전략은 원래의 하이델베르크 선별 검사 전략을 한 세대 더 연장한 것이다. 동형 접합인 2세대 암컷들을 골라서 야생형 수컷들과 교배한다. 그런 다음 3세대 애벌레의 큐티클을 조사하여 체제에 결함이 있는 것들을 골라낸다.

정의하는 데에 필요해서 미리 집어넣은 정보 분자 역할을 하는 것들이 있을지도 모른다는 기본 가정을 토대로 만들어졌다. 이 정보 분자들은 배아에서 새로 만들어진 것이 아니라 모체가 제공하는 것이므로, 그것 들을 알에 전부 다 갖추어 놓으려면 알을 만드는 암컷이 이 유전자 산물 들을 만드는 유전자들이 야생형이어야 한다고 추론할 수 있다. 모체에 있는 이 유전자들 중의 하나가 돌연변이라면, 그 결과로 나온 배아에는 초기 발생 때 모체가 정상적으로 제공하는 RNA나 단백질이 없을 것이 고, 따라서 배아 자체는 정상적인 유전자 사본을 가진다고 해도 정상적 으로 발달할 수 없을 것이다.

그런 "모계 효과(maternal-effect)" 인자들이 존재한다는 것을 암시하는 다양한 계통의 증거들은 이미 있었다. 이 가정을 검증하고 관련된 유전 자들을 찾아내기 위해서, T. 쉽바흐와 E. 비샤우스는 "모계 효과 선별 검사"를 했다. 돌연변이 동형 접합인 초파리 어미들을 배양한 다음, 그 애벌레들에게서 큐티클 패턴에 결함이 있는지를 살펴보았다(Schüpbach and Wieschaus 1989; 1991). 이 방법을 쓴 연구자들은 예상한 대로, 제대로 체제를 갖춘 애벌레를 만드는 데에 필요한 유전자들을 몇 가지 찾아냈다. 그것은 등배축을 정의하는 데에 필요한 추가 구성요소들이었다. (B. 와키모토 연구진이 보여주었듯이, 애벌레의 큐티클 패턴에 관여하지 않는 모계 효과 유전자들이 많이 있을 뿐만 아니라, "부계 효과[paternal-effect]" 유전자도 일부 있다. 알이 정자에 수정될 때처럼 아주 초기 사건이 시작되려면 초파리 아비에게 있는 이 유전자들도 야생형이어야 한다 [Fitch et al. 1998].) 또다른 접근법에서 연구자들은 이 추론을 확장하고 가정을 하나 추가했는데, 그 내용은 모계인자를 만드는 데에 필요한 유전자들 중에는 교란이 일어나면 치명적인 것도 있기 때문에 그 돌연변이를 쌍으로 지닌 동형 접합 암컷은 생존하지 못할 것이며, 따라서 표준 모계 효과 선별 검사로는 살펴보기가 불가능하다는 것이었다. 이 문제를 우회하기 위해서, N. 페리먼 연구진은 초파리 몸의 다른 부위는 야생형을 유지하고 생식세포(분화하여 알이 될)에만 돌연변이를 일으키는 방법을 개발했다. 그것은 "우성 암컷 불임(dominant female sterile)"이라는 기법인데, 암컷의 생식세포에 "모자이크 클론(mosaic clone)"(제4장 참조)을 만들면 암컷은 연구자들이 조사하려는 동형 접합 돌연변이 알 이외의 다른 알은 만들 수가 없게 된다(Perrimon, Engstrom, and Mahowald 1984; 1989; Perrimon et al. 1996). 이 두 유형의 모계 효과 선별 검사를 조합함으로써, 연구자들은 머리쪽 끝에 머리가 있고, 꽁무니쪽 끝에 꽁무니가 있고, 그 사이에 몸마디들이 제 순서로 놓여 있는 정상적인 애벌레를 만드는 데에 필요한 유전자들의 목록을 파악할 수 있었다. 하이델베르크 선별 검사에서 찾아낸 유전자들도 그랬지만, 이 유전자들도 DNA 서열을 살펴보니, 사람의 단백질들과 놀라운 유사성을 보였다.

잡아서 운반하기

Hh 단백질은 한 세포 집합에서 분비되어서 거리를 어느 정도 이동한 후, 그곳에 있는 세포들에게 받아들여지고 그 세포들에게 일련의 변화를 유도한다. Hh의 이런 특성들은 발생학자들이 형태형성인자가 가질 것이라고 예측된 특성들과 공통점이 많다. 활성의 기울기를 생성하는 능력도 그중의 하나이다. 형태형성인자의 원천에 가까이 있는 세포들은 더 강한 활성을 일으키기 때문에(더 많은 수용체에 더 많은 Hh가 결합함으로써 세포 내 신호 전달자들의 활성이 강화되므로) 활성의 원천에서 멀리 떨어져 있는 세포들과는 다른 결과가 나온다. 그러나 세포 바깥(extracellular) 공간은 외계처럼 드넓은 진공이 아니다. Hh는 어떻게 여행할까? 자유롭게 확산될까? 아니면 통제되고 제한된 방식으로 이동할까?

기울기를 설정하려면, Hh를 비롯한 신호 전달 리간드(ligand)들이 자유롭게 확산되어 우연히 수용체와 만나는 식이어서는 안 된다. Hh 같은 형태형성인자 기울기를 형성하는 리간드는 원천에서부터 더 통제된 방식으로 이동한다. 군중이 뛰어내린 록 스타를 파도타기를 하듯이 떠받치면서 가야 할 곳으로 운반하는 것과 비슷하다. 모계 효과 선별 검사로 찾아낸 유전자 중의 하나가 세포 표면에 있는 수용체와 리간드에 어떤 일이 일어나는지 알려주었는데, 페리먼이 찾아낸 그 유전자에는 투 벨리(tout velu)라는 이름이 붙었다. 프랑스어로 "온통 털"이라는 뜻이다. 암컷 생식세포가 투 벨리에 돌연변이가 있다면 애벌레의 큐티클이 hh 돌연변이 표현형과 비슷하게, 거의 털 띠로 수북하게 덮인 모습이 되기 때문이다(Bellaiche, The, and Perrimon 1998). 페리먼 연구진은 그 유전자의 서열을 분석했고, 투 벨리가 "프로테오글리칸(proteoglycan)" 군에 속하는 단백질을 만든다는 것을 깨달았다. 이 단백질은 당의를 입힌 예쁜 케이크처럼, 당 분자들이 달라붙어서 길게 가지처럼 뻗어 있는 종류를 가리킨다. 초파리에게서 투 벨리가 발견되기 몇 년 전에, 유연관계가 있는 인간 단백질 EXT1의 교란이 유전다발뼈돌출증(hereditary multiple exostosis) 이라는, 뼈가 과다 증식하여 발달하는 암과 관련이 있음이 알려진 바 있었다(Hecht et al. 1995). 초파리 연구 자료는 EXT1과 Hh 신호 전달 사이에 관계가 있음을 깨닫게 함으로써, 새로운 다리를 놓는 데에 기여했다.

이 발견은 배양된 포유동물 세포에서 헤파란황산염 프로테오글리칸 (heparan sulfate proteoglycans)이 FGF 신호 전달 리간드와 상호작용함을 시사하는 1991년의 연구 논문에서 시작된 "패러다임 전환"(Turnbull 1999)에 토대를 두고 있다(Yayon et al. 1991). 포유동물 세포와 초파리의 신호 전달에 프로테오글리칸이 관련되어 있다는 사실은 이 당으로 장식된 단백질, 그리고 마찬가지로 당 사슬을 만들고 붙이는 일을 하는 단백질들이 그저 세포 표면의 구조를 이루는 재료인 것만이 아님을 뜻했다. "프로테오글리칸의 기능에 관한 이 새롭고 흥분되는 많은 정보가……유전적 접근법을 적용함으로써 밝혀짐으로써"(Turnbull 1999), 프로테오글리칸은 보존된 신호 전달 체계의 중요한 구성요소임이 드러났다. 사실 정확한 메커니즘은 다를지라도, 이 당으로 장식된 단백질들은 다양한 신호 전달 리간드와 수용체가 생성하는 반응 기울기의 형태에 영향을 미친다는 공통점이 있다(Yan and Lin 2009).

올바른 것이 잘못되었을 때

Hh 경로와 다른 신호 전달 경로들의 구성요소들이 어떤 분자들인지가

♂ + EMS × ♀ (돌연변이체)

↓

1세대

우성 변형인자 선별 검사 전략. 돌연변이원에 노출시킨 수컷을 우성 돌연변이를 지닌 암컷과 교배시킨다. 자손 1세대를 조사하여 우성 돌연변이 표현형이 추가 돌연변이가 있을 때에 더 악화되었는지, 완화되었는지를 파악한다.

밝혀지면서, 연구자들은 다른 생물들에서도 신호 전달 구성요소들이 놀라울 만큼 잘 보존되어 있다는 것을 깨닫기 시작했다. 즉 이 생물들은 비슷한 유전자들을 가지고 있을 뿐만 아니라, 정해진 순서로 단백질들이 작용하도록 신호 전달망이 배선되는 방식에도 공통점이 있었다. 이와 관련하여, 이 유전자들의 분자 서열을 살펴보니 인간 유전체에 병렬 상동 유전자를 지닌 것들이 많았으며, 이 인간 유전자 중의 일부는 암이나 다른 증식성 질병과 관련이 있다는 것도 드러났다. 초파리를 비롯한 다른 모델 생물들에게서 발견된 신호 전달 경로 단백질들의 다양한 인간판 병렬 상동 단백질들은 일부 암에서 높은 수준으로 발현되거나 강한 활성을 띤다는 것이 드러났다. 또한 암 발병률을 높이는 유전병이나 세포 과다 증식을 일으키는 장애가 있는 환자들에게서는 아미노산 서열이 변형되어 있었다.

서로 다른 생물들에게서 얻은 지식이 수렴되고 있었다. 정상적인 발달에 중요한 신호 전달 유전자들은 교란될 때 암을 일으키는 유전자들과 관련이 있었다. 1991년 M. 사이먼과 G. M. 루빈 연구진은 신호 전달 경로의 돌연변이를 이용한 "우성 변형인자(dominant modifier)" 선별 검사를 통해서 "증폭자"나 "억제자"를 찾아냈다. 유전자 교란에 따른 돌연변이 표현형을 더 악화시키거나 완화시키는 인자들이다. 연구진이 찾아낸 유전자 중에는 인간의 암과 관련된 RAS 유전자의 초파리 병렬 상동 유전자도 있었다(Simon et al. 1991). 1990년대에 초파리의 신호 전달 경로에 관여한다고 새로 밝혀진 유전자들 중에 선 오브 세븐리스(Son of sevenless, Sos)와 코크스크루(corkscrew)(Pierre, Bats, and Coumoul 2011; Perkins et al. 1996; Perkins, Larsen, and Perrimon 1992)가 있는데, 이 유전자들의 인간 상동 병렬 유전자들도 암과 관련이 있음이 드러났다. 이 연관성이 밝혀지자, 그것을 토대로 또다른 발견들이 이루어졌다. 연구자들은 사람의 암 유전자를 출발점으로 삼아서 신호 전달 및 발생에 관여하는 초파리 유전자들을 더 찾아내기 시작했다. 예를 들면, 1980-1990년대에 여러 연구진들은 RAF(Kolch et al. 2002; Mark et al. 1987), SRC(Simon, Kornberg, and Bishop 1983; Hoffman-Falk et al. 1983), ABL(Hoffman-Falk et al. 1983) 등 이미 알려져 있는 사람 암 유전자들의 병렬 상동 유전자들이 초파리 유전체에도 있음을 밝혀냈다.

암 치료제 표적으로서의 신호 전달 단백질

아마 가장 중요한 점은 세포 수준에서 암의 토대를 새롭게 이해하고—의사소통 교란이 암의 핵심 요인이라는 것— 어떤 단백질이 관여하는지를 새롭게 파악함으로써, 암의 범주를 더 세분하고 그에 맞는 치료제를 개발하는 데에 도움이 될 새로운 깨달음을 얻었다는 것이 아닐까 싶다. 적절한 "약물 표적"을 찾아내려면, 한 경로에 있는 단백질들의 기능을 이해할 필요가 있다. 그래야 그 기능을 불활성화할 약물을 찾을 수 있다. 해당 신호 전달 경로의 양성 조절자—즉 그 신호를 통과시키는— 역할을 하는 단백질을 불활성화하는 약물은 음성 조절자 역할을 하는 단백질을 불활성화할 때와 전혀 다른 결과를 빚어낼 것이다. 앞에서 말한 smo 유전자는 돌연변이 애벌레의 큐티클에 배쪽 구조가 없기 때문에 그런 이름이 붙었다. 털이 수북한 hh 돌연변이가 일으키는 효과와 정반대인 표현형이다. 이는 Hh 경로 신호 전달에서 smo와 hh가 상반되는 역할을 함을 반영한다. 따라서 Hh 관련 단백질을 불활성화하는 약물을 투여하면, SMO 단백질을 불활성화하는 약물을 투여할 때와는 다른 효과가 나올 것이라고 추론할 수 있다. 그후로 SMO을 표적으로 삼는 것이 몇몇 암의 치료에 효과적인 전략임이 밝혀졌다.

그래서 SMO의 몇몇 억제제들은 특정한 암의 화학요법 치료제로 승인을 받았다(Takebe et al. 2015). 그중 비스모데깁(vismodegib)이 2012년 1월에 최초로 미국 식품의약청의 승인을 받았다(Nix, Burdine, and Walker 2014). 이 약은 기저세포암종의 치료에 "탁월한 효과"를 보인다고 설명되어 있다(Atwood, Whitson, and Oro 2014). 글라스데깁(glasdegib) 또는 PF-04449913라는, 또다른 SMO 억제제도 골수세포 장애와 몇몇 유형의 암을 치료할 가능성이 있는지를 놓고 임상 시험 중이다(Martinelli et al. 2015). 흥미롭게도 몇몇 SMO 억제제는 식물의 천연 산물을 연구하는 과정에서 발견되었는데, 사이클로파민(cyclopamine)이 대표적이다(Hovhannisyan, Matz, and Gebhardt 2009). 사이클로파민은 베라트룸 칼리포르니쿰(*Veratrum californicum*)이라는 식물이 자라는 들판에서 풀을 뜯어먹은 동물들이 발달 장애가 있는 새끼를 낳는 것을 알아차리면서 처음 알려졌다. 이 화합물의 이름이 시사하듯이, 이 장애들 중에서 가장 극적인 축에 드는 현상은 이 식물을 먹은 양이 외눈증(cyclopia) 새끼를 낳는 것이다. 이런 발달 교란을 보고서 연구자들은 그 식물이 만드는 화합물이 Hh 경로의 신호 전달에 영향을 미친다고 추론했고, 이윽고 그 식물 화합물을 추출하여 암 치료제로 쓸 수 있을 가능성을 탐색했다(Hovhannisyan, Matz, and Gebhardt 2009). 암은 종류마다 다른 접근법을 취하는 것이 적절할 수 있다. 그래서 Hh 리간드를 표적으로 한 로보트니키닌(robotnikinin)(Stanton et al. 2009), Hh 신호 전달 경로의 하류에 있으면서 초파리의 Ci 단백질과 관련이 있는 GLI 단백질을 표적으로 한 전략도 연구되고 있다(Lauth et al. 2007).

초파리의 발생이라는 맥락에서 연구된 다른 신호 전달 경로들도 새로운 약물 표적을 식별하고 그런 경로의 교란과 관련된 암을 치료하는 데에 기여한다. 초파리에게서 메토트렉세이트(methotrexate) 약물이 JAK/STAT 신호 전달 경로의 억제제 역할을 한다는 것이 밝혀지자, 이 비교적 저렴한 약을 혈액과 골수의 암인 골수섬유증(myelofibrosis)을 치료하는 데에 쓸 수 있을 가능성이 열렸다(Thomas et al. 2015). 초파리는 인간의 신호 전달 수용체 RET의 돌연변이와 관련된 갑상샘암의 새 치료제를 개발하는 연구(Das and Cagan 2010; Vidal et al. 2005)와 초파리와 사람 양쪽에 있는 또다른 신호 전달 경로의 구성요소 교란과 관련 있는 결절경화증(tuberous sclerosis complex)이라는 증식성 질환 연구에도 쓰인다(Housden et al. 2015). 히포 신호 전달 경로를 표적으로 한 연구도 또 하나의 사례이다(제4장 참조).

선형 경로에서 복잡한 망으로

Hh 경로 같은 신호 전달 경로의 구성요소들은 한 단백질이 다음 경로에 긍정적이거나 부정적으로 작용한다는 식으로, 대개 선형으로 묘사되곤 한다. 또한 마치 세포가 단 하나의 신호 전달 리간드에만 노출되는 양

그 경로에서 일어나는 활동을 개괄적으로 분리하여 기술하곤 한다. 이 모델은 어떤 연결망의 기본 배선 양상을 파악하는 데에는 유용하다. 특정한 신호의 전달 과정을 한 도미노가 다음 도미노를 밀어서 쓰러뜨리는 식으로 묘사하기 때문이다. 그러나 그런 모델은 우리의 세포에서 실제로 일어나는 일을 지나치게 단순화한 것이기도 하다. 신호 전달 경로의 일부 구성요소는 신호나 그 신호의 중단에 반응하여, 한 세포소기관에서 다른 소기관으로 이동한다. 그런 이동은 그 단백질의 활성 상태를 변화시키거나, 그 자체가 변화의 결과일 수도 있다. 또 단백질은 신호에 반응하여 여럿이 모여 단백질 복합체를 형성했다가 해체하곤 한다. 신호가 오면 특정한 기능을 수행하는 기계를 조립하고, 신호가 줄어들거나 바뀌면 기계를 해체하는 식이다.

일부 단백질은 신호에 반응하여 서로를 변형시킨다. 키나아제(kinase)라는 단백질은 다른 단백질을 "인산화"한다. 다른 단백질에 인산 분자를 붙인다. 일종의 꽃 장식을 달아주는 것이다. 반면에 포스파타아제(phosphatase)라는 단백질은 "탈인산화", 즉 인산 분자를 떼어내는 일을 한다. 신호 전달이 일어나면, 전사인자의 활성이 바뀌는 사례도 많다. 그러나 전사인자와 그 인자가 활성을 조절하는 유전자 사이의 관계는 단순하지 않다. 한 유전자 앞쪽에 둘 이상의 전사인자가 결합하는 자리가 있는 사례도 많다. 어느 전사인자가 얼마나 많이 결합하느냐에 따라서 그 유전자의 전사에 미치는 효과가 다를 수 있다.

통상적인 생물학 세계 너머에서 들여온 새로운 개념들도 신호 전달 체계의 복잡성을 이해하고 시각화하고 탐사하는 일에 기여해왔다. 연결망과 사회적 상호작용 연구가 그렇다(Barzel and Barabasi 2013). 지금은 신호 전달 경로에서 단백질들 사이의 상호작용—받은 메시지를 중계하거나 증폭하거나 약화시키는 세포 내 활동들도 포함—이 개인들이 친구, 적 등으로 분류될 수 있는 사회적 연결망과 유사성을 가진다고 보는 사람들이 많다. 더 나아가서 유전자와 단백질 망을 더 깊이 이해할수록, 우리는 그것들을 시각화할 새로운 방법을 찾아내야 한다. 언젠가는 세포 내의 신호 전달 과정을 컴퓨터에 모사할 수 있을지도 모른다. 그러면 질병이 일어날 때 그렇듯이, 어느 한 구성요소를 제거하거나 다른 구성요소와 연결 지을 때 상호 연결된 전체 계(界)가 어떻게 교란되는지를 가상으로 살펴볼 수 있을 것이다.

비교적 단순한 초파리 유전체와 20세기 말에 연구를 통해서 쌓인 심오한 지식을 토대로 삼아서, 우리는 세포 안에서 작동하는 풍부하면서도 통합된 신호 전달망을 파악하고 탐사하고 있다. 우리는 세포 안에 있는 켜짐 스위치, 꺼짐 스위치, 가감저항기, 그것들이 이끌어내는 반응, 이전에 보내진 신호를 증폭하거나 약화시키는 사후 효과 등을 목록으로 작성하고 있다. 우리가 매번 복잡성의 새로운 차원, 새로운 연결을 밝혀낼 때마다 더 많은 질문들이 쏟아지고, 그러면 목록을 작성하고 추가로 실험을 해야 할 것들이 더욱 늘어난다. 복잡성은 먼저 줄여서 살펴본 뒤, 유전학적, 세포학적, 생화학적 자료가 쌓이면서 다시 재구성되며, 그럴수록 세포들이 서로 신호를 보내고 반응할 때 어떤 일이 일어나는지를 모사한 컴퓨터 모델과 시각 모델도 계속 개선되어 간다. 우리는 발달 단계별로, 또한 조직과 기관별로 어떤 차이점과 공통점이 있는지를 알아내고, 진화 과정에서 달라진 점들과 공통적으로 보존된 점들을 찾아내고 있다. 하이델베르크 선별 검사에서 나온 자료들을 기존의 엄청난 양의 문헌들 및 그 이후에 나온 연구 결과들과 통합함으로써, 우리는 암의 신호 전달을 차단하여 치료할 수 있을 만큼 세포의 신호 생성과 신호 전달 과정을 파악해오고 있다. 이 확고한 토대 위에서 새로운 도구, 새로운 실험을 통해서 우리는 더욱 멀리까지 나아갈 수 있을 것이다.

제4장

크기

작음이 곧 귀여움을 뜻한다면, 지구에서 가장 귀여운 초파리는 다양한 미닛(Minute) 돌연변이 초파리 계통들일 것이다. 이 계통이 최초로 알려진 것은 1920년대 초였다(Bridges and Morgan 1923). 미닛 돌연변이 계통은 약 50종류가 알려져 있는데, 그중 상당수는 리보솜의 한 구성요소를 만드는 유전자의 정상 사본과 비정상 사본을 하나씩 가지고 있다(Kongsuwan et al. 1985). 리보솜은 세포의 단백질 공장으로서, 여러 유전자에서 만들어지는 RNA와 단백질로 이루어져 있다. 리보솜은 RNA 분자를 따라가면서 염기 3개로 이루어진 유전암호를 차례로 읽어서 그 암호에 맞는 아미노산을 차례로 붙여서 단백질을 조립한다. 아미노산은 단백질의 구성단위로서 열차를 이루는 각 차량에 해당한다. 어느 리보솜 유전자 한 쌍 중 한쪽만이 정상일 때, 그 리보솜 유전자는 리보솜에 조립되어 들어가야 할 부품을 그만큼 덜 만들게 되므로, 결국 단백질 공장인 리보솜의 수가 더 적어진다. 그 결과 전체적으로 단백질 생산 속도가 떨어져서 몸집이 작은 미닛 돌연변이 초파리가 된다.

작은 초파리는 리보솜 기능 장애로만 생기는 것은 아니다. 예를 들면,

수컷은 본래 암컷보다 작으며, 환경 요인도 나름의 역할을 한다(Mirth and Shingleton 2012). 연구자들은 일찍이 1920년대에 초파리를 고온에서 기르면 몸집이 더 작아지는 경향이 나타나고(Alpatov and Pearl 1929), 애벌레에게 먹이를 적게 주면 성체의 몸집이 더 작아진다는 것을 알아냈다. 진화하면서 서로 다른 크기의 몸집이 선택되기도 한다. 가장 큰 초파리는 에티오피아 고지대에서 사는 종류이다. 인근의 잠비아 저지대에 사는 종류는 그보다 상당히 더 작다(Lack, Yassin, et al. 2016). 유전자 돌연변이, 온도 차이, 국지적 집단의 자연선택 등 몸집의 차이가 어디에서 기원하든 간에, 이런 유달리 작거나 큰 초파리들에게 거의 예외 없이 나타나는 공통점은 초파리에게 본래 정상적으로 있는 모든 구조들(날개, 눈, 다리 등)이 다 있을 뿐만 아니라, 그 구조들 사이의 상대적인 비율도 정상적인 초파리와 같다는 것이다. 각 조직, 기관, 부속지가 같은 규모로 크기가 커지거나 줄어든 형태이다. 즉 이 초파리들은 날개가 유달리 좁거나 머리가 유달리 크지도, 유달리 땅딸막하지도 다리가 길쭉하지도 않다. 그저 정상 초파리보다 좀더 크거나 작을 뿐이다.

1915년 모건은 정상적인 비율이라는 이 규칙을 깨는 초파리를 발견했다고 발표했다(Morgan 1915). 이 초파리는 몸의 절반은 앞다리에 "성즐"이 있는 것을 비롯하여 수컷의 속성을 지니고 있었다(제6장 참조). 대조적으로 다른 쪽 절반은 날개가 뚜렷이 더 큰 것을 비롯하여 암컷의 속성을 지니고 있었다. 이런 초파리를 "암수모자이크(gynandromorph)"라고 한다. 수컷의 정체성을 지닌 세포들과 암컷의 정체성을 지닌 세포들이 뒤섞인 형태이다. 발생 때 염색체 분리가 제대로 이루어지지 않아서 생길 수 있다. 이런 초파리는 한 가지 중요한 점을 알려준다. 날개의 크기는 적어도 몸 전체에서 일어나는 일과 어느 정도 독립된 방식으로 조절된다는 것이다. 양쪽 날개는 자라다가 멈추는 시점이 서로 달라짐으로써 서로 다른 크기가 될 수 있다. 초파리 한 마리를 구성하는 모든 세포들이 동일한 환경 조건에 있고 영양소도 동일하게 접함에도 그렇다.

복잡한 다세포 동물의 최종 크기와 각 구성 부위들의 상대적인 비율이 어떻게 조절되는가라는 문제는 여전히 해결되지 않은 난제이며, 21세기 초인 지금도 연구자들은 여러 주된 의문들에 답을 하지 못하고 있다. 2000년대의 첫 10년 무렵에 우리는 올바른 신호가 전달되면 세포들이 더 크게 자라고 증식하거나(분열), 거꾸로 성장을 멈추고 때로는 죽기도 한다는 사실을 알고 있었다. 또 초파리에게서는 호르몬이 성숙을 촉발할 때, 즉 애벌레가 번데기로 전환하는 시점에서 성장이 멈춘다는 것도 알고 있었다. 그러나 성장이라는 활동이 어떻게 조절되어 크기를 정하는지, 즉 각 부속지와 기관의 상대적인 비율을 유지하면서 크기를 결정하는지는 거의 모르고 있었다. 초파리 연구는 크기 조절에 관여하는 새로운 신호 전달 경로가 있음을 밝혀냄으로써 답을 하나 제공했다. 이전 연구들에서 찾아내지 못했던 새로운 경기장에서 새로운 경기를 하는 새로운 선수들을 발견한 것이다. 이 새로운 정보를 토대로, 연구자들은 2012년에 이렇게 말할 수 있게 되었다. "크기 조절이라는 분야는 생물이 어떻게 성체의 최종 크기와 신체 비례를 달성하는가라는 수세기 동안 이어진 질문을 마침내 풀 수 있는 행운을 누리게 되었다"(Mirth and Shingleton 2012).

초파리에게 어떤 특별한 점이 있기에, 오랫동안 풀리지 않았던 생물학적 문제에 해답을 제공하는 실험이 이루어질 수 있었던 것일까?

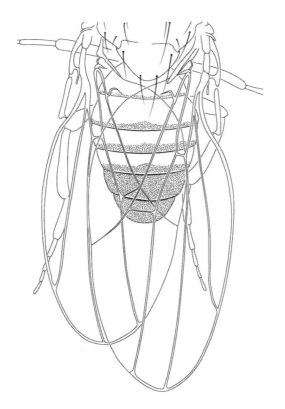

1915년에 발견된 일부는 암컷이고 일부는 수컷인 "암수모자이크." 몸의 왼쪽 절반은 날개가 작은 수컷의 특징을 지니며, 오른쪽 절반은 암컷의 특성을 지닌다. 이 그림은 모건의 그림을 좀 수정한 것이다. T. H. Morgan (1915), "The infertility of rudimentary winged females of Drosophila ampelophila," *American Naturalist* 49 (580): 240−250, Figure 2.

초파리 애벌레의 성장

초파리 성체는 겉뼈대로 꽉 감싸여 있어서, 성장할 공간이 거의 또는 전혀 없다. 그래서 아주 작은 배아에서 온전한 크기의 성체로 자랄 때, 애벌레 단계에서 체중을 급격하게 늘리는 수밖에 없다. 애벌레는 아주 빨리 자라기 때문에 초파리 애벌레는 두 차례 이상 "허물"을 벗어야 한다. 즉 몸이 자라면서 너무 꽉 끼게 된 큐티클을 벗고, 더 헐거운 새

큐티클을 만들어야 한다. 애벌레가 세 번째이자 마지막 허물을 벗고 나면, 호르몬이 다른 반응을 촉발한다. 이제 애벌레는 먹이 더미에서 기어 나와 높은 곳으로 올라간다. 애벌레는 이 "방랑하는" 단계를 거친 뒤, 번데기를 만든다. 애벌레의 세포들은 두 유형으로 나눌 수 있다. 대부분의 세포는 번데기 때 "용해될(histolyzed)" 것이다. 즉 분해되어서 성체(성충, imago)를 형성하는 데에 필요한 영양소를 공급하는 일종의 영양가 있는 수프가 된다.

그러나 배아에는 따로 특수한 "성충세포(imaginal cell)"도 들어 있다. 성충세포는 애벌레의 몸에 포도주를 담는 가죽 부대 모양의 "성충 원반(imaginal disc)", 즉 좀더 느슨하게 모인 성충세포 덩어리 형태로 쌍쌍이 들어 있다. 이 세포들은 애벌레 단계에서는 천천히 불어나고, 번데기 단계에서는 온전히 보존되어 있다가, 번데기 안에서 탈바꿈이 일어날 때 성체의 구조들을 만든다(Beira and Paro 2016). 애벌레에는 성충 원반이 9쌍 들어 있고, 각각은 한 쌍의 눈, 다리, 날개 등을 형성한다. 또 생식기를 만드는 원반도 하나 들어 있다.

수십 년을 연구한 끝에, 우리는 호르몬이 곤충의 어디에서 생산되고, 어떤 호르몬이 있고, 세포 내에서 어떻게 언제 작용하는지를 꽤 자세히 알아냈다(부록 B). 이런 연구에는 아주 미세한 수술을 한 뒤에 그 효과를 살펴보는 일이 포함된다. 곤충생리학자들은 호르몬이 어디에서 생산되는지 알아내기 위해서 애벌레의 특정 부위를 동여매었다. 또 곤충의 다양한 발생 단계에서 호르몬을 생성하는 샘이나 뇌를 떼어낸 다음, 성장에 어떤 영향이 미치는지도 살펴보았다. 그리고 한 성장 단계에 있는 곤충의 조직을 떼어서 다른 성장 단계에 있는 곤충의 몸에 이식한 뒤, 숙주의 호르몬이 이식된 조직에 어떤 영향을 미치는지도 조사했다. V.

B. 위글워스는 침노린재의 일종인 로디누스속(*Rhodnius*) 곤충의 애벌레나 성충의 목을 자른 뒤, 두 마리를 이어붙이고서 호르몬이 미치는 영향을 조사하기도 했다(Wigglesworth 1965). 연구자들은 성장 양상도 조사했다. 특히 초파리 분야에서는 성충세포의 증식 양상을 정량적으로 파악하기 위해서 몹시 손이 많이 가는 연구도 했다. 각기 다른 발달 단계에 있는 배아와 애벌레에게서 날개 성충 원반을 떼어낸 뒤, 현미경으로 들여다보면서 손으로 해체하면서 그 안에 든 세포를 하나하나 셌다. 발달 단계에 따라서는 애벌레에 그런 세포가 10,000마리를 넘기도 했다(Bryant and Simpson 1984). 이 빠른 성장은 번데기 단계에서 성숙이 시작되면서 멈춘다. 우리 인간의 성숙 과정과 정반대이다. 우리는 어른으로 성숙할 무렵에 성장이 급격히 이루어진다(Boulan, Milan, and Leopold 2015). 초파리 연구자들은 미세수술과 이식 실험을 통해서, 성충 원반이 재생 능력도 가지고 있음을 알아냈다. 원반 조직을 일부 떼어내어도 세포들은 불어나서 정상 크기로 복원된다(Bryant 1971; Schubiger 1971).

그러나 앞에서도 말했듯이, 성장과 크기는 전혀 다른 문제이다. 발달하는 곤충의 몸속을 순환하는 스테로이드 호르몬도 암수모자이크의 양쪽 날개의 크기 차이를 이해하는 데에는 별 도움이 되지 않는다. 이 초파리의 두 날개는 같은 시기에 같은 농도의 같은 호르몬들에 노출되는 데에도, 최종 크기가 다르다. 최종 크기를 결정하는 데에는 어떤 내재적인 —세포 내에서 작용하는—무엇인가도 관여하는 것이 분명하다. 20세기에 성장과 크기의 여러 측면들을 밝히는 데에 유전학이 기여할 수 있다는 단서들은 있었다. 다양한 미닛 돌연변이 초파리 계통들이 알려져 있었고, 1937년에는 치사 (2) 거대 애벌레(lethal [2] giant larva)라는 돌연변이 계통도 발견되었다(Hadorn 1937). 몸집이 더 크거나 작은 돌연변이 계통틀을 통해서 성장과 관련된 여러 유전자들도 발견되었다. 인슐린 신호가 교란된(뒤에서 논의할) 치코(chico) 돌연변이 초파리의 사례가 그렇다. 그러나 크기 문제는 특수한 사례이며, 다루려면 또다른 유전학 도구가 추가로 필요했다.

차이의 섬

암수모자이크는 크기가 어떤 식으로든 유전적으로 통제된다는 것을 말해준다. 그런데 말해주는 것이 한 가지 더 있다. 우리(아니, 여기서는 자연적인 사건)가 "유전적 모자이크"를 생성할 수 있다는 것이다. 둘 이상의 유전형을 지닌 동물 말이다. 연구자들은 서로 다른 유전형을 지닌 세포들이 혼합된 형태를 실험 도구로 이용할 수 있음을 오래 전부터 알고 있었다. 그런 조합을 만드는 한 가지 방법은 한 개체의 조직을 다른 개체에 이식하는 것이다. 고전적인 발생학 연구 중에는 한 배아의 조직을 다른 배아에 이식하여 머리가 둘 달린 개구리를 얻거나, 조류 두 종의 세포를 혼합한 뒤 최종적으로 형성된 다양한 기관들에서 이식된 세포가 어떤 기여를 하는지를 추적한 사례도 있다. 그러나 이런 접근법에는 한 가지 문제가 있는데, 미세수술을 해야 한다는 것이다. 즉 그렇지 않아도 아주 작은 배아의 어느 한 부위를 세심하게 떼어낸 다음, 다른 배아에 이식해야 한다. 물론 그만큼 얻는 것이 많기는 했지만, 엄청난 시간과 자원을 쏟아부어야 했다. 게다가 그런 실험은 유전학적 선별 검사처럼 현실적으로 더 큰 규모로 할 수가 없었다.

암수모자이크를 비롯한 자연적으로 출현하는 유전적 모자이크 동물들은 유전형의 혼합이 기여자에서 수용자에게로 세포의 물리적 이식을

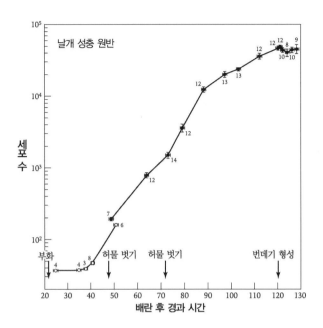

초파리 날개 원반의 성장 곡선. 날개 성충 원반 1개의 평균 세포 수를 로그 단위로 나타낸 성장 곡선이다. P. J. Bryant and P. Simpson (1984), "Intrinsic and extrinsic control of growth in developing organs," *Quarterly Review of Biology* 59 (4): 387-415, Figure 3.

통해서만이 아니라, 한 생물 내에서 이루어지는 유전적 조작을 통해서도 일어날 수 있음을 보여준다. 모자이크 동물을 만들기에 알맞은 이상적인 유전적 체계라면 세심한 통제도 가능할 것이다. 이를테면, 정상적인 세포들의 한가운데에 돌연변이 세포 덩어리를 만들거나, 정상적인 초파리의 어느 특정한 조직이나 기관에 있는 세포들만을 다 변형시킬 수 있을 것이다. 연구자들은 비전형적인 염색체 사건들을 연구함으로써, 제2장에서 말한 교차와 비슷한 체세포 재조합(somatic recombination)이 유전적 모자이크를 생성할 수 있을 알아차렸다. 그러면 다른 측면들에서는 이형 접합인 동물에게서 한 돌연변이에 동형 접합인 세포 집단이 생성된다. 그런 돌연변이 세포들의 섬을 흔히 돌연변이 세포들의 모자이크 "클론(clone)"이라고 하며, 이 접근법을 이용한 연구를 "모자이크 분석(mosaic analysis)" 또는 "클론 분석(clonal analysis)"이라고 한다.

이전의 초파리 연구에서, X선은 모자이크 클론을 만드는 데에 쓰였다. X선이 DNA 이중 가닥을 끊음으로써 체세포 재조합이 일어날 수 있기 때문이다. 이 접근법은 효과적이기는 하지만 효율적이지는 않았다. X선 처리를 해도, 모자이크 클론은 드물게 나왔기 때문이다. 1989년 K. 골릭과 S. 린퀴스트는 효모의 체계에 토대를 둔, 더 쉽고 더 통제할 수 있고 더 효율적인 접근법을 내놓았다. 효모의 FLP이라는 단백질은 FRT 라는 특정한 DNA 서열에 체세포 재조합을 효율적으로 일으킨다. 전이 인자를 이용하면 이 체계를 초파리에 집어넣을 수 있다(Golic and Lindquist 1989). Gal4-UAS 체계(제2장 참조; Brand and Perrimon 1993)도 또다른 수단을 제공했다. 이 체계를 이용하면 FLP를 특정한 조직에 집어넣을 수 있으므로, 연구자들은 원하는 세포에서 모자이크 클론을 생성할 수 있었다. 그리고 여기에 RNAi와 크리스퍼 기술을 결합하면, Gal4 발현 조직의 유전자 기능을 변형하는 것이 가능해졌다. 그러면 모자이크 클론을 만드는 것과 비슷한 효과가 나타났다. 이렇게 도구들이 늘어날수록, 새로운 유형의 실험도 뒤따랐다.

1995년 두 연구진은 워츠(warts) 유전자에 돌연변이를 일으키면 초파리 눈에서 세포 클론들이 과다 증식한다는 것을 보여주었다(Justice et al. 1995; Xu et al. 1995). 그리고 2002년에는 살바도르(salvador) 유전자에 돌연변이를 일으키면 비슷한 결과가 나온다는 연구 논문이 두 편 나왔다(Kango-Singh et al. 2002; Tapon et al. 2002). 이듬해 I. K. 하리하란과 D. 판 연구진은 비슷한 돌연변이 표현형을 생성하는 또다른 유전자인 히포(hippo)를 발견했다(Harvey, Pfleger, and Hariharan 2003; Wu et al. 2003). 워츠,

살바도르, 히포 돌연변이 클론에서 나온 돌연변이 표현형과 이런 클론들에서의 세포 분열 및 세포 죽음 양상을 토대로, 연구자들은 이 유전자들의 정상적인 기능이 크기를 제한할 것이라고 추론했다. 사실 이 연구들을 토대로 새로운 신호 전달 경로가 발견되었다. 그것은 바로 히포 경로(Hippo pathway)였다. 이 경로는 워츠, 살바도르, 히포를 비롯한 유전자들로 구성되며, 세포 성장, 증식, 죽음을 조절한다(Pfleger 2017). 눈 같은 조직에서 히포 유전자가 기능을 잃으면, 조직이 과다 증식한다. 정상적일 때 크기의 균형을 잡는 일을 하는 세포 성장 억제와 선택적인 세포 죽음이 이루어지지 않기 때문이다. 분자 수준에서 보면, 히포 단백질은 본래 세포 밀도의 변화에 반응하여 활성을 띠거나 잃는데, 다른 단백질들을 통해서 요키(Yorkie)라는 전사인자의 활성에 영향을 미치는 작용을 한다. 요키는 관련된 유전자들의 켜짐-꺼짐 상태를 조절한다. 히포 경로와 다른 경로들은 상호작용하면서 크기에 더욱 복잡한 영향을 미친다. 크기를 제어하는 체계라고 할 때 예상했겠지만, 히포의 통제는 성장 호르몬 신호를 통한 통제와 다르다. 몸 전체에 영향을 미치는 요인에 반응하는 것이 아니라, 히포 신호는 국지적인 세포 접촉에 의존한다. 그래서 히포 경로는 몸의 다른 부위에서 일어나는 일과 무관하게, 한 기관이나 조직의 크기에만 영향을 미칠 수 있다.

2000년대 초에는 유전체 서열을 이용할 수 있게 되면서, hh 같은 유전자가 처음 발견되었던 시대보다 다양한 생물들에서 비슷한 유전자를 훨씬 더 쉽고 빠르게 찾을 수 있었다. 그래서 워츠, 살바도르, 히포 유전자의 서열이 밝혀지자마자, 연구자들은 컴퓨터로 검색하여 사람의 유전체에도 병렬 상동 유전자들이 있음을 알아냈다. 또 지금은 그리 놀랄 일도 아니지만, 연구자들은 포유동물 유전체에서 이 비슷한 유전자들이 서로 비슷한 방식으로 배열되어 있고, 초파리에서처럼 다른 생물들에서도 히포 경로가 비슷하게 세포 증식과 세포 죽음의 균형을, 따라서 크기를 조절한다는 것도 금방 깨달았다. 초파리와 우리 같은 포유동물의 히포 단백질들이 매우 높은 수준의 유사성을 띤다는 사실을 잘 보여주는 연구 결과가 2003년에 나왔다. 사람의 STK3 유전자(MST2라고도 한다)가 히포 유전자를 대신할 수 있다는 것이었다. 그 유전자를 히포 돌연변이 초파리에 집어넣자 정상적인 세포 균형이 복원되었다(Wu et al. 2003). 알려진 히포 경로 단백질들을 미끼로 삼아서 그 경로에 있는 다른 구성요소들을 찾아내는 식(Kwon et al. 2013)의 다른 방면의 초파리 연구들은, 다른 경로들 및 세포 기능들과의 상호작용 등 히포 신호 전달에 관한 지식을 점점 더 확장해나가고 있다.

히포 경로의 초파리 유전자들을 사람 유전자들과 비교하자, 질병과의 관련성도 드러났다. 그 경로가 크기를 억제하는 역할을 한다는 사실에 걸맞게, 초파리 히포 경로 구성요소들의 인간 병렬 상동 유전자들 중 몇몇에 일어나는 돌연변이는 암과 관련이 있다. 요키의 병렬 상동인 인간 유전자 YAP1의 활성 또는 사본 수 증가는 다양한 유형의 암과 관련이 있다(Moroishi, Hansen, and Guan 2015). 히포와 크럼즈(crumbs)의 병렬 상동인 인간 유전자들은 "종양 억제 유전자"이다. 즉 그 유전자들이 제 기능을 하면 아무런 문제가 생기지 않지만, 돌연변이나 결실 등을 통해서 기능이 교란되면 돌연변이 세포가 증식한다. 팻(fat) 유전자의 병렬 상동인 인간 유전자에 일어난 돌연변이는 쓸개관암종(cholangiocar-cinoma) 및 특정한 유형의 백혈병과 관련이 있다. 포 조인티드 박스 1(four jointed box 1), 즉 FJX1의 병렬 상동인 인간 유전자에 일어난 돌연변이는 잘록곧창자암종과 관련이 있다. 또 망막암, 전립샘암, 유방암,

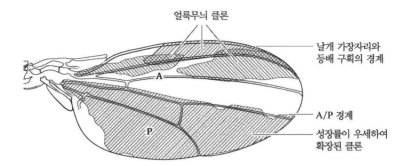

얼룩무늬 클론

날개 가장자리와
등배 구획의 경계

A

A/P 경계

성장률이 우세하여
확장된 클론

P

X선으로 유도한 재조합을 통해서 나온 모자이크 클론. 부화한 지 이틀째인 초파리 애벌레의
날개 원반에 X선으로 유도한 체세포 재조합에서 나온 날개 무늬이다. A는 날개의 앞쪽, P는
뒤쪽이다. 서로 다른 개체에서 나온 클론들의 윤곽을 겹쳐 그린 것이다. 가장 큰 클론은 원반
의 나머지 부위들보다 성장률이 더 빠른 세포들로 이루어진다. P. J. Bryant and P. Simpson
(1984), "Intrinsic and extrinsic control of growth in developing organs," *Quarterly Review of
Biology* 59 (4): 387–415, Figure 4.

난소암, 자궁암의 특정한 유형들에서는 히포 경로의 다른 유전자들에
돌연변이가 일어났음이 밝혀졌다(Ye and Eisinger-Mathason 2016). 이런 유
전자들 중의 일부는 기존 생명의학 자료에서 이미 암과 관련이 있음이
암시되어 있었다. 연구자들은 그 자료들을 히포 경로와 대조함으로써,
양쪽이 어떻게 관련이 있고, 어떤 방식으로 치료제를 개발할 수 있을지
새로운 깨달음을 얻었다(Johnson and Halder 2014).

승자 독식

모자이크 클론은 다른 방식으로도 크기에 관해서 여러 가지를 알려주었
다. 연구자들은 모자이크 클론을 생성하는 실험을 할 때, 유전적 기법을
써서 두 세포 집단을 만든다. 한쪽은 돌연변이를 가진 집단이고, 다른
한쪽은 야생형인 "쌍둥이" 집단이다. 돌연변이가 세포 성장에 아무런 효

과도 미치지 않는다면, 돌연변이 클론과 그 쌍둥이 세포는 똑같이 분열하면서 성장할 것이므로, 두 세포 집단은 크기가 서로 거의 같을 것이다. 그러나 연구자들은 오래 전부터 모든 돌연변이 클론들이 쌍둥이 세포들과 동일한 크기에 도달하는 것이 아님을, 즉 주위의 세포들과 똑같은 능력을 가지고 있지 않음을 관찰해왔다. 예를 들면, 미닛 세포의 클론은 쌍둥이 세포 집단과 최종적으로 차지하는 공간이 다르다. 그리 놀랄 일은 아니다. 미닛 돌연변이 세포 클론은 단백질 합성에 영향을 미친다. 그래서 미닛 클론에 속한 세포들은 성장 속도가 느리다. 그러나 더 놀라운 점이 있는데, 때로 미닛 클론이 완전히 사라지곤 한다는 것이다. 또는 미닛과 정상 세포의 상대적인 분열 속도를 토대로 예측한 것보다 크기가 더 작게 자란다(Morata and Ripoll 1975). 초파리에서 이런 현상들을 조사하던 연구자들은 "세포 경쟁"의 증거를 최초로 발견했다. 이웃 세포들에 비해서 상대적으로 건강한 세포는 생존하는 반면, 덜 건강한 세포는 죽는 현상이다(Morata and Ripoll 1975; Moreno, Basler, and Morata 2002; Simpson 1979). 이 현상은 미닛 돌연변이 클론뿐 아니라, 디미뉴티브(diminutive)라고도 하는 Myc 유전자의 돌연변이 세포 클론에서도 관찰되었다(Johnston et al. 1999).

2012년 S. 드베코, M. 지오시, L. A. 존스턴은 "지난 몇 년 사이에 세포 경쟁 분야에서 연구가 폭발적으로 증가해왔다"라고 썼다(de Beco, Ziosi, and Johnston 2012). 이 분야의 기초 연구는 대부분 초파리 날개 성충원반과 FRT-FLP 체계 같은 모자이크 기법을 이용해서 이루어졌다. 현재 우리는 세포 경쟁이 맥락 의존성을 띤다는 것을 안다. 모든 세포들이 똑같이 건강이 나쁠 때가 아니라, 이웃 세포들 사이에 건강한 정도에 차이가 있을 때에만 일어난다. 이 과정은 또 "승자"가 될 세포와 "패자"

가 될 세포가 직접 접하고 있어야 한다(Simpson and Morata 1981). 초파리의 세포 경쟁은 적어도 일부 세포 유형이나 맥락에서는 플라워(flower)라는 유전자에 의존한다(Casas-Tinto, Torres, and Moreno 2011). 대부분의 세포에서는 플라워의 동위체(판본) 중의 하나가 발현되지만, 더 약한 세포(죽을 운명인)에서는 패자 동위체라는 다른 유형의 동위체가 발현된다. 그러면 세포 내에서 다른 유형의 하향 신호가 활성화한다(Casas-Tinto, Torres, and Moreno 2011). 또한 우리는 세포 경쟁이 정상적인 발달에도 필요하다는 것을 안다. 패자 세포를 제거하는 데에 필요한 아조트(azot)라는 유전자에 돌연변이가 일어나면, 날개에 물집이나 홈 같은 형태적 결함이 있는 초파리가 나온다(Merino et al. 2015).

초파리에게서 처음 발견된 이래로, 연구자들은 포유동물들의 세포에서도 세포 경쟁이 일어난다는 증거를 찾아냈다(Penzo-Méndez and Stanger 2014). 초파리에서와 마찬가지로 포유동물 세포에서도 이 활동은 세포 대 세포 접촉과 패자의 세포 자멸 유도를 통해서 이루어진다(Penzo-Méndez et al. 2015; Penzo-Méndez and Stanger 2014). 세포에서 왜 그런 메커니즘이 진화한 것일까? 경쟁이라는 "사회적 세포 현상(social cellular phenomenon)"(de Beco, Ziosi, and Johnston 2012)이 일어나는 이유는 운동 팀에서 더 약한 선수를 자르거나 배제시키는 것에 비유할 수 있을 듯하다. 더 재능 있는 선수에게 자원을 집중시키는 편이 팀이 이길 기회가 더 높아질 것이라고 보기 때문이다. 정상 조직에서는 그렇게 함으로써 생물이 건강한 크기에 도달하여 살아남는 데에 도움이 될 것이다. 그렇다면 세포 경쟁은 잘 조직된 자기희생 체계라고 볼 수 있다. 또 M. 아모엘과 E. 바흐는 세포 경쟁이 단세포 생물이 다세포성에 적응한 흔적일 수 있다고도 추정했다(Amoyel and Bach 2014). 게다가 초파리와 포유동물 양쪽에서 세포 경쟁에 관여하는 유전자들은 성장과 재생의 조절을 돕는다(Gogna, Shee, and Moreno 2015; Penzo-Méndez and Stanger 2014).

발생, 성장, 크기와 관련된 다른 활동들이 그렇듯이, 세포 경쟁의 조절에 문제가 생기면 암으로 이어질 수 있다. 사실 암은 세포 경쟁을 조절하는 세포 메커니즘들을, 정상 세포를 희생시키면서까지 더 공격적인 (따라서 더 위험한) 방식으로 이용한다. 히포 유전자에 돌연변이가 생기는 식으로, 정상적으로 성장을 억제하던 히포 신호 전달 경로의 어떤 구성요소가 불활성화하면, 세포 경쟁이 촉진되는 듯하다. 그런 히포 돌연변이 세포는 성장 속도 면에서 이웃 세포들을 능가할 뿐만 아니라, 그 세포들을 아예 없애는 상황까지 벌어지게 할 수 있다(Saucedo and Edgar 2007). MYC 유전자가 고농도로 생산되는 초파리나 포유동물 세포의 모자이크 클론에서도 비슷한 효과가 관찰된다(de la Cova et al. 2004; Claveria et al. 2013). 생물들 사이에 보존되어온 또다른 유전자인 SPARC도 세포 경쟁에서 어떤 역할을 한다는 것이 드러났으며, 그 유전자의 돌연변이들은 몇몇 유형의 암과 관련이 있다(Gogna, Shee, and Moreno 2015). 2014년에 L. 바용과 K. 바슬러는 "발달 프로그램들은 암세포가 자신의 악성을 유지하고 강화하는 데에 이용하는 연장통이다"라고 했다. 더 나아가 그들은 "세포 경쟁의 조절 이상이 이 과정에서 선택되는 도구이며", 세포 경쟁을 더 깊이 밝혀내려면 초파리를 이용하는 편이 "가장 나을" 것이라고 설명했다(Baillon and Basler 2014). 세포 경쟁이 암만이 아니라, 면역계, 심장, 신경질환과도 관련이 있다는 점을 생각하면, 그 연구가 얼마나 중요한지 알 수 있다(Gogna, Shee, and Moreno 2015).

인슐린, 당뇨병, 크기

미닛 유전자의 돌연변이 외에도 유전적 조작을 통해서 작은 초파리를 만드는 방법들이 더 있다. 그중의 하나는 인슐린을 통한 호르몬 신호 전달에 관여하는 유전자들을 교란하는 것이다. 초파리의 치코 돌연변이 가 한 예이다. 이 돌연변이를 가진 초파리는 야생형에 비해 몸집이 절반 도 되지 않는다(Bohni et al. 1999). 인슐린은 펩티드(peptide), 즉 유전자가 만드는 짧은 단백질이다. 사람의 인슐린은 췌장의 섬세포(islet cell)라는 특수한 세포에서 분비된다. 인슐린 호르몬의 기본 기능은 세포의 당 흡 수량을 조절하는 것이다. 건강한 사람에게서 인슐린 농도가 높아지면, 세포가 자극을 받아서 당을 더 많이 흡수하며, 그 결과 혈액의 당 농도는 떨어진다. 미국을 비롯한 세계 각국에서 제2형 당뇨병 진단을 받은 사람 들이 늘어나고 있는 현실을 감안하여, 초파리 연구자들은 초파리를 대 상으로 인슐린과 그것이 전반적으로 미치는 영향에 새롭게 초점을 맞추 어서 연구를 해왔다. 생물, 조직, 세포 수준 등에서이다. 비록 인슐린 신호 전달 과정의 많은 부분들이 포유동물 연구를 통해서 이미 밝혀졌 지만, 초파리 연구는 그 분야에 몇 가지 새로운 관점을 제공했다. 이 연 구들 중에는 인슐린 신호 전달 자체에 초점을 맞춘 것들도 있다. 제2형 당뇨병 위험을 증가시키는 비만 연구에 초점을 맞춘 연구도 있다.

초파리 인슐린 유사 펩티드(Dilp)는 초파리 뇌에 있는 인슐린 생산 세 포(IPC)라는 특수한 세포 집단에서 만들어진다. 사람의 인슐린처럼, Dilp도 유전자를 통해서 생산되어 초파리의 성장과 에너지 균형을 조절 하는 일을 한다. 형광 표지를 써서 Dilp을 생산하는 IPC를 빛나게 하면, 현미경 사진에서 검은 배경으로 떠 있는 풍선 집합이 보이며, 그 둥근 세포체 아래로 실이 길게 늘어져 있는 듯하다. 하지만 그 "실"은 수동적인 대상이라기보다는 촉수에 좀더 가깝다. 세포체로부터 구불구불 뻗으면서 군데군데 의도적으로 연결을 맺는다. 초파리에게 당분 함량이 높은 먹이를 주면 IPC에서 Dilp의 발현과 농도가 달라지고, 궁극적으로 당뇨병과 뚜렷하게 유사한 표현형이 나타난다.

500개가 넘는 단백질들로 이루어진 광범위한 초파리 인슐린 신호망을 파악하는 실험(Vinayagam et al. 2016)을 비롯한 방대한 규모의 연구를 통해서, 연구자들은 초파리의 인슐린 신호와 양분 반응에 관해서 많은 것들을 파악했다. 그리하여 후속 연구를 위한 중요한 토대가 마련되었고, 인간의 더 복잡한 인슐린 조절과 영양 반응 체계와도 비교할 수 있게 되었다. 또 인슐린 신호 전달의 차이가 초파리 암수의 몸집 차이에 관여함을 시사하는 연구도 있고(Rideout, Narsaiya, and Grewal 2015), X 염색체에 있는 유전자들도 통제력을 발휘한다는 연구도 있다(Mathews, Cavegn, and Zwicky 2017).

초파리의 인슐린 관련 연구 분야는 당뇨병이나 비만과 관련된 유전자에 초점을 맞춤으로써 생명의학에 기여할 수 있다. 하나 또는 몇 개의 유전자에 일어난 교란 때문에 생기는 유전질환도 많지만, 연구자들은 그와 달리 비만 성향은 약 250-350개의 인간 유전자—전체 유전자 중 약 1퍼센트—중 어느 것에든 일어나는 차이 때문에 나타날 수 있다고 추정한다(Yoneyama et al. 2014; Speliotes et al. 2010). 인간 유전학 전문가들은 다양한 접근법을 써서, 비만이나 당뇨병과 관련이 있을 법한 후보 유전자 수십 개를 파악해왔다. 그러나 후보를 찾는 일과 관여하는 것이 명백한 유전자를 확실히 알아내는 일은 전혀 다른 문제이다. 게다가 인과관계가 있는 유전자를 찾아낸다고 해도, 그 관계가 정확히 어떤 형태인지가 불분명할 수도 있다. 예를 들면, 몇몇 비만 관련 유전자들의 산물은 우리의 세포 대사에 영향을 미침으로써, 몸의 모든 세포, 또는 일부 세포 집단이 다소 더 열량을 소비하도록 할 수 있다. 한편 우리의 뇌에 영향을 미쳐서, 허기나 포만감을 촉발하는 유전자들도 있다.

앞으로 계속 발전을 이루려면 어느 유전자가 어느 과정에 어떻게 영향을 미치는지를 알아내는 것이 중요하다. 다른 분야들에서처럼, 이 분야에서도 우리는 초파리를 신속한 유전 분석을 위한 토대로 삼을 수 있다. R. L. 캐건, F. S. 콜린스, T. J. 배런스키 연구진의 연구가 그 예이다. 그들은 제2형 당뇨병에 초점을 맞춘 전장 유전체 연관 분석으로 파악한 인간 유전자 HHEX의 병렬 상동인 초파리 유전자에 일어난 돌연변이가 그 돌연변이 초파리의 인슐린 신호와 당 농도에 변화를 일으킨다는 것을 발견했다. 그럼으로써 이 후보 유전자가 사람에게서도 비슷한 과정들에 관여한다는 강력한 증거를 제공했다(Pendse et al. 2013). 또 초파리 연구는 비만과 인간 유전자 NUDT3의 기능 사이의 관계를 파악하는 데에도 도움을 주었다. 이 유전자는 인슐린 신호의 조절에 관여하는 듯하다(Williams et al. 2015). J. 펜세 연구진은 자신들의 연구를 이렇게 요약했다. "대사 형질의 인간유전학적 연구를 통해서 파악한 후보 유전자들에 단순한 초파리 접근법을 쓰면 집중적으로 조사하여 기능을 파악할 수 있고", 이런 유형의 연구에 초파리를 이용할 때의 "가장 중요한 이점은 편향되지 않은 방식으로 모든 후보자들을 평가하여 놀라울 만큼 정확하게 표적을 찾아내고 복잡한 양상을 풀어낼 수 있다는 것이다"(Pendse et al. 2013). 인간유전학 연구에서 착안했든지, 히포 사례처럼 초파리 연구에서 시작되었든 간에, 자그마한 초파리는 생물학의 근본 개념을 이해하는 데에 지대한 영향을 미칠 잠재력을 가지고 있다.

제5장
방향

매사추세츠 보스턴에 있는 공연장인 파라다이스 록 클럽의 실내 구조는 단순하다. 한쪽에 판매대와 무대가 있고, 한가운데에 텅 빈 공간이 있다. 나머지 3면은 발코니로 에워싸여 있다. 파라다이스의 모든 공연은 누구나 볼 수 있다. 의자가 아예 없기 때문에 지정 좌석이 있을 수 없다. 밴드가 무대에 오르기 전에 발코니에서 내려다보면, 어떤 질서가 있다는 인상이 전혀 들지 않는다. 여기저기에 몇 명의 팬들이 모여서 서 있고, 판매대나 대개 그 반대쪽에 놓여 있는 탁자로 걸어가는 사람도 있다. 탁자 쪽에서는 공연자 측에서 스크린 인쇄를 한 티셔츠와 음반을 팔기도 한다. 그러나 밴드가 무대에 오르면 모든 것이 달라진다. 팬들은 무대를 향해서 몸을 돌리고 촘촘히 모여든다. 이윽고 모두가 음악에 맞추어 움직이는 한 덩어리가 된다. 개인은 조화로운 전체의 일부가 된다. 밴드가 군중이 좋아하는 곡을 연주하거나 가창력을 뽐내는 독창을 시작하면, 모두가 극도로 집중하여 바라본다. 모두가 몸을 앞으로 기울인 채 음악을 온몸으로 받아들인다. 누군가는 스마트폰을 손에 쥐고서 무대를 향해서 팔을 뻗어서 사진이나 동영상을 찍을 것이다. 군중은 바닥에 발을 붙이고 있지만, 박자에 맞추어서 몸을 흔들어댄다. 공연 시간이 다 끝나고 밴드가 마지막 앙코르의 마지막 곡을 부르고 나면 머리 위에서 갑자기 밝은 조명이 쏟아진다. 그럼 무대를 향해서 있던 팬들은 출구를 향해서 몸을 돌린다. 그들은 마지막으로 조화로운 집단으로 행동하면서 출구를 통해서 널찍한 커먼웰스 가의 인도로 쏟아져나온다. 그런 다음 각자 소규모 무리나 개인으로 나누어져서 흩어진다. 일부는 그린라인 트롤리를 타기 위해서 도로를 건넌다. 자기 차를 향해서 걸어가거나, 차가 오기를 기다리는 사람도 있다. 몇 분 전까지 한눈에 들어오던 한 방향을 향한 질서 있는 모습은 전혀 남아 있지 않다.

작은 공연장에서 밴드가 무대에 오를 때 열정적인 팬들이 모두 그쪽을 향할 때 일어나는 일과 우리의 귀 안에서 미세한 감각모들이 소리를 검출하여 음파의 기계적 힘을 우리가 지각하는 음악, 음성, 새소리, 젖은 도로를 달리는 타이어 소리, 포효하는 파도 소리로 전환할 때 일어나는 일 사이에는 놀라운 유사성이 있다. 속귀의 소리를 감지하는 영역에는 "상피", 즉 세포로 이루어진 판이 들어 있다. 상피에는 소리를 검출하는 일을 하는 특수한 "감각세포"가 있고, 그 감각세포를 "지지세포"가 에워싸고 있다. 사진을 찍으러 밴드를 향해서 스마트폰을 내미는 많은 팬들처럼, 감각세포들은 "운동섬모(kinocilium)" 또는 "부동섬모(stereocilium)"라는 미세한 전파 수신탑을 위로 뻗고 있다. 이 섬모들은 소리에 자극을 받아 움직이며, 음파 정보를 뉴런을 통해서 뇌로 보낸다.

세포판에서 일부 세포들이 어떤 축에 상대적인 방향으로 특수한 구조를 지닌 특수한 돌기를 내밀고 있는 이 체계는 척추동물의 속귀에만 있는 것이 아니다. 우리의 아래팔에 난 털들의 질서 있는 방향, 허파, 척수, 심장, 콩팥의 상피에 있는 털 같은 섬모들의 배치에서도 동일한 현상을

볼 수 있다. 이런 신체기관에 있는 섬모들은 죽 모두 같은 방향으로 율동
적인 움직임을 일으키면서 점액(허파에서), 뇌척수액(척수에서) 등을 한
방향으로 흐르게 한다.

여기서 의문이 생길지도 모른다. 속귀에 든 감각세포들의 편제와 거
기에 달린 운동섬모들의 방향이 초파리와 무슨 관계가 있다는 것일까?
상피의 세포들을 방향성을 띠도록 조직하는 메커니즘이 초파리에게도
있다는 것이 바로 그 답이다. 생물학자들은 무대를 향해서 서는 팬들의
세포 판본이라고 할 이 현상을 "평판 세포 극성(planar cell polarity,
PCP)"이라고 한다. 우리는 PCP가 어떻게 작동하는지를 세포와 분자 수
준에서 꽤 많이 알고 있다. 만일 연구자들이 초파리에게서 비슷한 현상
이 나타나는지 호기심이 생겨서 알아보지 않았다면, 우리는 지금도 이
현상의 기본 원리를 알아내고자 애쓰고 있을 것이다. 초파리 연구자들
이 살펴본 것은 초파리 날개에 있는 털 같은 감각모의 평판 패턴이었다.
1990년대에 이루어진 연구를 통해서, PCP의 분자 메커니즘이 드러났다.
그런데 당시 연구자들은 그 연구를 "대개 무시했다"(Carroll and Yu 2012).
그러나 궁극적으로 이 연구자들은 나중에 초파리에게서만이 아니라, 우
리의 속귀를 포함한 세포들에서 PCP가 확립되는 과정의 기본 토대를
설명하는 "명확하고, 상세하고, 포괄적인" 메커니즘 집합을 밝혀내는 데
에 성공했다(Eddison, Le Roux, and Lewis 2000).

PCP의 이모저모

연구자들이 초파리의 PCP에 관심을 가지게 된 것은 적어도 1950-1960
년대에 긴노린재류(Lawrence 1966)를 비롯한 곤충들에게서 어느 정도 이

현상이 연구된 적이 있었기 때문이다(Wehrli and Tomlinson 1995). 곤충의 PCP는 큐티클 바깥에 난 강모들이 언제나 앞쪽을 향해서 휘어져 있는 모습과 눈의 구성단위인 낱눈이 앞뒤축과 등배축을 따라 규칙적으로 배열되어 있다는 것에서 쉽게 알아볼 수 있다. 앞에서 말했듯이, PCP는 곤충의 날개에서도 쉽게 알아볼 수 있다. 날개의 투명한 덮개 같은 얇은 큐티클 아래로 미세한 텐트 폴대처럼 튀어나와 있는 이 털들은 모두 끝이 휘어져 있다. 이 현상을 이해하려면, 발생 시계를 거꾸로 돌릴 필요가 있다. 날개 형성 초기에, 상피에 일정한 간격으로 놓여 있는 세포들은 날개털이 된다(이 장의 뒤쪽에서 자세히 다룰 것이다). 날개털세포가 된다는 운명을 받아들이는 세포들은 상피의 평면을 따라 자신이 어디에 놓여 있는지를 알아야 한다. 위와 아래를 구분하는 것은 쉽다. "기저", 즉 바닥 표면은 세포판에 있는 세포들이 박혀 있는 어떤 표면을 가리키며, 대개 상피의 아래쪽에 있는 세포들이 분비하여 만들어지는 "세포 외 기질"이 그런 표면이 된다. 대조적으로 평판 축 위에서의 방위는 자명하지가 않다. 세포들은 날개의 앞뒤축을 따라 자신이 어디에 놓여 있는지를 어떻게 알까? 이 흥미로운 수수께끼는 초파리 생물학자들의 관심을 자극했다. 그들은 유전적 접근법을 사용하면 그 현상을 이해할 수 있을 것이라고 생각했다.

초파리가 PCP 연구에 유달리 가치가 있었던 한 가지 이유는 다른 모든 면에서는 야생형인 초파리에게서 돌연변이 세포 모자이크 클론을 생성하기가 비교적 쉽기 때문이다(제4장 참조). PCP 연구에 중요한 또 한 가지는 연구자들이 모자이크 분석을 통해서 두 종류의 유전자 활성을 구별할 수 있다는 것이다. 세포 자율 활성(cell-autonomous activity)이란 유전자가 켜지는 바로 그 세포 내에서 유전자 활성이 일어나기만 하면

된다는 요구 조건이 충족될 때를 말한다. 세포 안의 세포질에서 일하는 효소나 만들어지는 그 세포 안에서 작용하는 신호 전달 물질의 암호를 지닌 유전자가 대표적이다. 반면에 비세포 자율 활성(non-cell autonomous activity)이란 유전자가 발현되는 세포가 아닌 다른 세포들의 유전자 산물이 필요한 상황을 말한다. 어떤 세포가 단백질을 만들어서 세포 밖으로 분비하고, 그 분비 산물에 노출된 이웃 세포에서 어떤 새로운 활성이 유도되는 상황이 대개 그렇다. 신호 리간드가 대표적이지만, 다른 단백질들에서도 볼 수 있다.

변형된 모자이크 클론에서, 세포 자율 기능을 하는 유전자는 돌연변이 클론에 속한 세포들에서만 돌연변이 표현형을 드러낼 것이고, 그 주변의 야생형 세포들은 정상으로 보일 것이다. 반면에 비세포 자율 기능을 지닌 단백질을 만드는 유전자는 돌연변이 클론 주변의 야생형 세포들까지 돌연변이 표현형을 띠게 할 것이다. 게다가 비세포 자율 기능이 영향을 끼칠 수 있는 거리 역시 그 유전자 산물의 특성에 관해서 알려주는 것이 있다. 이웃들에게만 영향을 미치는 단거리 신호처럼, 인접한 세포들에만 영향을 미치는 단백질이라면, 비세포 자율 효과가 모자이크 클론 가까이에 있는 세포들에서만 관찰될 것이다. 대조적으로 장거리 효과를 미치는 단백질은 영향 반경이 더 클 것이다.

아름다운 방향 오류

1980년대부터 연구자들은 초파리 날개에 모자이크 분석을 이용해서 나중에 보존된 PCP 경로—비전형 Wnt 경로(noncanonical Wnt pathway)라고도 하는—의 구성요소임이 드러나게 될 유전자들의 돌연변이가 PCP

에 미치는 효과를 살펴보고 있었다. D. 구브와 A. 가르시아-벨리도는 모자이크 분석을 써서 성체 큐티클과 날개털에 난 강모의 극성(polarity)에 관여하는 프리즐드(frizzled, Fz)라는 유전자에 돌연변이가 미치는 효과를 조사했다(Gubb and Garcia-Bellido 1982). 무엇보다도 그들의 연구 결과는 PCP의 메커니즘을 새로운 차원에서 이해하게 해주었다. 그 자료는 날개털들의 방향이 단순히 날개 가장자리나 날개 맥 같은 주변 구조의 짜임새나 존재를 반영하는 것이 아니라, 지역 특이적 단서들을 반영함을 시사했다(Gubb and Garcia-Bellido 1982). 즉 날개털세포는 날개의 전체 구조뿐만 아니라 국지적 단서에도 반응할 수 있다.

1990년대 말에, 초파리의 PCP에 관여하는 다른 몇몇 유전자들이 발견되고 특징들이 밝혀지면서, 분자와 세포 수준에서 일이 어떻게 진행되는지를 더 명확하게 알게 되었다. 1998년 J. 테일러와 P. N. 애들러 연구진은 반 고흐(Van Gogh, Vang)라고 명명한 새 유전자를 찾아냈다고 발표했다. 연구진은 날개의 반 고흐 돌연변이 클론이 화가 반 고흐의 그림에서 으레 볼 수 있는 전형적인 소용돌이무늬를 생각나게 하는, 소용돌이 방향의 날개털을 만든다는 것을 알아냈다(Taylor et al. 1998). 1999년에 PCP 분자 경로의 또다른 핵심 구성요소가 발견되었다. 두 연구진이 동시에 한 유전자를 찾아냈는데, 한쪽 연구진은 플라밍고(flamingo, fmi)(Usui et al. 1999), 다른 연구진은 스타리나잇(starry night, stan)이라고 이름을 붙였다(Chae et al. 1999). 후자의 명칭은 fmi/stan 모자이크 돌연변이 날개에서 관찰되는 날개털들의 소용돌이 방향과 고흐의 화법 사이의 유사성을 염두에 두고 만들어졌다.

연구자들은 이 새로 찾아낸 돌연변이와 관련된 날개털 표현형이 고흐의 그림뿐 아니라, 프리즐드 유전자의 돌연변이나 이전에 발견된 프리클(prickle)이라는 다른 유전자의 돌연변이로 일어나는 교란과 놀라울 만큼 흡사하다는 것도 알아차렸다. 예상했겠지만, 이 돌연변이 초파리 계통들 사이의 유전적 상호작용을 조사했더니, 프리즐드, 프리클, Vang, fmi/stan이 기능적으로 서로 관계가 있음이 밝혀졌다. 즉 이 유전자들은 하나의 공통 경로에 속해 있었다. 게다가 테일러와 애들러 연구진이 Vang의 돌연변이 클론을 둘러싼 세포들의 행동을 관찰했을 때, 세포 비자율성이 일종의 "횡포"를 부린다는 것을 알아차렸다. 돌연변이 클론 내의 극성이 주변 세포의 날개털의 극성에 지나치게 영향을 미치는 듯했다. 연구진은 유전 분석을 이용해서, 프리즐드 돌연변이 클론에서 관찰된 것과 비교하여 극성에 정반대 효과를 미치는 이 횡포를 부리는 비자율 표현형을 더 분석했다. 그 결과, Vang이 프리즐드의 기능에 필요하다는 것이 드러났고 유전자들 사이의 관계가 좀더 세밀하게 파악되었다(Taylor et al. 1998). 연구자들은, 날개에서 Wnt 신호를 통해서 정의되는 더 장거리에 걸친 몸 안팎축이 온전해도, 세포 클론에 있는 PCP 구성요소의 교란이 그 신호를 국지적으로 재편하거나 잘못 해석함으로써 그 돌연변이 세포들뿐만 아니라 돌연변이 모자이크 클론의 가장자리에 있는 정상 세포들까지 본질적으로 새 축을 따라 재편된다는 것을 관찰했다. 이로 인해서 PCP 체계의 구성요소를 만드는 유전자가 교란되면, 그 유전자를 가진 세포 집단과 주변 세포들의 날개털이 무작위가 아니라 소용돌이 형태로 잘못 배열되는 결과가 발생한다(Eaton 1997; Strutt and Strutt 2005).

이런 연구들을 통해서 연구자들은 PCP가 유전자, 단백질 산물, 세포 수준에서 어떻게 일하는지를 파악할 수 있었다. Wnt, 포 조인티드(Fj), 댁서스(Dachsous, Ds)는 더 장거리에 걸친 몸 안팎축을 설정하고, 다른

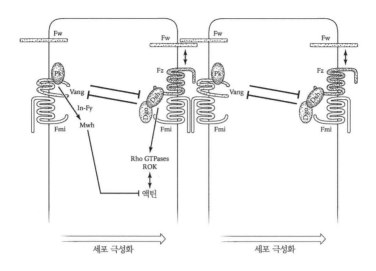

초파리의 두 세포의 경계에 걸쳐 있는 PCP 구성요소들의 상호작용. Fw, 퓨로드(Furrowed) 단백질; Fmi, 플라밍고; Pk, 프리클; Fz, 프리즐드; Vang, 반 고흐; Mwh, 멀티플 윙 헤어 (Multiple wing hair); In, 인턴드(Inturned); Dgo, 디에고(Diego); Dsh, 디셰벌드(Disheveled); Fy, 퍼지(Fuzzy). Y. Yang and M. Mlodzik (2015), "Wnt-Frizzled / planar cell polarity signaling: cellular orientation by facing the wind (Wnt)," *Annual Reviews of Cell and Developmental Biology* 31: 623-646, Figure 1. Copyright ⓒ 2015 by *Annual Reviews*, www.annual reviews.org.

요인들은 국소적으로 세포들 내의 비대칭을 정의하는 일을 한다 (Devenport 2016; Strutt and Strutt 2005; Fanto and McNeill 2004; Simons and Mlodzik 2008). 유전학 연구를 세포 내 단백질들의 분포 검출 같은 다른 유형의 분석들과 결합함으로써, 현재 우리는 초파리 날개와 몇몇 다른 유형의 세포에서 PCP가 어떻게 작용하는지를 꽤 많이 알아내게 되었다. 게다가 전장 유전체 서열을 활용하는 것을 포함하는 DNA 서열 분석이 등장한 뒤로, 초파리 연구자들을 비롯한 사람들은 초파리 유전자와 서열을 비교하여 사람과 생쥐 유전체에 상응하는 유전자가 있는지 찾아볼 수 있었다. 그들은 실제로 찾아냈다. 그리고 이 유전자들이 생물학적 또는 생화학적 수준에서 비슷한 기능을 지니는지, 그리고 이 병렬 상동 유전자들의 산물들이 세포 내에서 비슷한 구역에 한정되어 존재하는지도 살펴보았다. 다른 많은 과정들이 그렇듯이, PCP에서도 폭넓게 유사성이 나타났다. 한때는 초파리에서 연구된 모호한 현상에 불과했던 것이, 이제는 많은 종들에게 공통되어 있는 현상이자 다양한 구조와 기능에 관여한다는 것으로 드러났다.

  단백질들이 세포 안 어디에 있는지를 알아내면, 그 기능을 이해하는데에 도움이 된다. Vang 단백질은 세포막에 끼워져 있으며, 한쪽 부위는 세포 바깥쪽, 다른 쪽 부위는 안쪽을 향하고 있다. 프리즐드 단백질(Fz)도 세포막에 걸쳐 있는 Wnt 리간드 수용체이다. Fz와 함께 Vang은 세포 바깥 신호에 반응하여 형태가 변함으로써, 세포 안팎에 걸쳐 기울기를 형성한다. 서로 맞서는 활동을 하면서 Vang과 Fz는 서로를 억제한다. Vang이 세포의 한쪽에 몰려 있으면, Fz는 반대쪽에 몰려 있는 식이다. 이 비대칭은 상호작용하는 단백질들을 따라 "하류"로 계속 흘러간다. 프리클과 퓨로드가 한쪽에 있고, 디셰벌드와 디에고가 반대쪽에 있는 식이다. Fmi 단백질은 세포의 양쪽에 다 있으면서 인접한 세포들을 결합시키는 듯하다. 양쪽 세포에 있는 Fmi 단백질의 바깥 표면을 향한 부위들끼리 상호작용을 함으로써이다(Struhl, Casal, and Lawrence 2012; Lawrence, Casal, and Struhl 2004; Casal, Lawrence, and Struhl 2006). PCP 구성요소들인 Vang, Fz, Dsh 등이 조성한 이런 비대칭적인 편성은 세포 내에서 일종의 주형 또는 나침반으로 쓰일 수 있다. 즉 세포 내의 역학과 공학 수준에서 변화의 방향을 정하는 역할을 한다. 여기에는 다른 단백질들을 변형시키는 로 GTP아제(Rho GTPase)와 로 연관 키나아제(Rho-associated kinase, ROK)라는 단백질들의 활동 같은 것들을 통한 세포뼈대(cyto-skeleton)의 변화도 포함된다. 그 결과 궁극적으로 섬모, 강모, 털의 조성, 운동, 유지가 세포의 반대쪽이 아닌 어느 한쪽에 적절히 자리를 잡아서—원래의 평판 축에 맞추어서—일어나게 된다.

특히 이 경로의 한 구성요소인 Mwh 단백질은 세포뼈대의 구성단위인 액틴(actin)에 직접 영향을 미치는 듯하다. 개별 액틴 단백질이 서로 연결되어 섬유를 형성하지 못하게 막는다(Strutt and Warrington 2008; Yan et al. 2008). 한편 세포 내의 반대편 영역에는 Mwh가 없으므로, 그 영역에서는 액틴 섬유가 형성될 수 있다. 그 결과 세포의 한쪽 영역에서는 구조들이 형성되고, 반대쪽 영역에서는 만들어지지 않는다. 이렇게 하여 세포가 평판 축을 처음에 어떻게 감지하는지(Wnt 리간드 신호를 통해서)부터 그 정보를 어떻게 이용하여 세포 내에 비대칭을 형성하는지(Vang과 Fz의 길항적인 활동을 통해서), 그리고 이 정보 비대칭이 어떻게 액틴이나 튜불린(tubulin)의 중합화 양상에 변화를 일으켜서 물리적 구조들을 비대칭적으로 배치하는지에 이르기까지, 모든 것들이 하나로 연결된다(Eaton 1997; Simons and Mlodzik 2008; Devenport 2016).

초파리의 PCP 경로에서 작동하는 대부분의 구성요소들과 밀접한 관련이 있는 단백질들을 만드는 유전자들도 포유동물 유전체들에서 발견되었다. 그리고 지금까지 밝혀진 바에 따르면, 포유동물의 속귀에서 하는 역할을 포함하여, 그 유전자들 중 상당수는 초파리 날개에서의 PCP 통제와 비교할 때 서로 비슷한 역할과 관계를 가지는 것 같다. 2003년에는 "루프테일(looptail)" 돌연변이 생쥐에게서 속귀의 PCP가 교란되어 있다는 연구 결과가 나왔다. 그 생쥐에게서는 초파리 Vang의 병렬 상동인 생쥐 유전자 Vangl2에 돌연변이가 일어나 있었다. 또 "스핀사이클(spin cycle)"과 "크래시(crash)" 돌연변이 생쥐에게서는 fmi의 병렬 상동 유전자에 돌연변이가 있었다(Montcouquiol et al. 2003; Curtin et al. 2003). 계속되는 후속 연구들을 통해서 초파리와 척추동물의 PCP 구성요소들 사이의 유사점과 차이점이 점점 더 상세하게 드러나고 있다(Wallingford 2012). 덜 복잡한 생물들과 인간 사이에 많은 유전자들이 보존되어 있다는 것은 맞지만, 몇몇 PCP 유전자에서는 어느 한 초파리 유전자와 관련이 있는 인간 유전자가 서너 개나 있을 때도 있다. 아마추어의 연장통에는 망치가 1개 있는 반면, 직업 목수의 연장통에는 서너 개가 들어 있는 것과 비슷하다. 그런 유전자들을 처음에 어떻게 발견되었는지를 강조하기 위해서, 초파리 PCP 유전자의 병렬 상동인 인간 유전자 중에는 해당 초파리 유전자의 이름을 따서 붙인 것이 많다. 프리즐드의 병렬 상동인 인간 유전자들은 FZD1에서 FZD10까지 이름이 붙어 있다. 디셰벌드에 상응하는 인간 유전자에는 DVL1, DVL2, DVL3, DVL1P1, 프리클에 상응하는 인간 유전자에는 PRICKLE1, PRICKLE2, PRICKLE3, PRICKLE4이라는 이름이 붙었다. 이 목록은 앞으로도 계속 이어질 것이다(Simons and Mlodzik 2008).

움직이는 PCP

우리는 분자 수준에서 PCP를 파악해왔으며, 어떤 조직과 과정이 PCP를 필요로 하는지도 알아냈다. 그중 두 과정이 세포 운동에 관여하는데, 세포 내 관(tube) 형성과 상처 치유 과정이다. 생쥐 같은 척추동물에게 관 형성은 뇌와 척수의 형성과도 관련이 있다. 발생 때 뇌와 척수는 신경관 닫힘(neural tube closure)이라는 초기 사건이 일어나야 제대로 형성될 수 있다. 신경관 닫힘이란 신경 조직이 될 세포들로 이루어진 판이 종이를 말아서 원통을 만드는 것과 비슷하게 둥글게 말린 뒤에, 융합되어서 신경관을 형성하는 과정이다. Z. 키바 연구진은 Vang을 포함하여 PCP 유전자들의 생쥐나 인간 판본들에 일어난 돌연변이들이 신경관의 형성 결함과 관련이 있음을 밝혀냈다. 이 과정에서 PCP가 어떤 역할을 한다는 의미였다(Kibar et al. 2011; Kibar et al. 2007; Kibar et al. 2001). PCP 유전자들은 포유동물의 심장이 형성될 때에도 필요하다. 그때에도 관 구조의 형성이 수반되기 때문이다(Henderson and Chaudhry 2011). 생쥐 프리클1 (Prickle1) 유전자의 돌연변이가 선천성 심장 결손과 관련이 있다는 것이 구체적인 사례이다. 또 귀의 달팽이관과 다른 조직들에 생기는 결함들과도 관련이 있다(Gibbs et al. 2016). 상처 치유도 이와 비슷하게 세포판에서 방향성을 띤 단서들이 생기면서 이루어진다. 세포들이 상처 부위에 상대적으로 스스로 방향을 잡은 뒤, 상처를 향해서 이동하여 상처를 덮는다. B. C. 깁스와 C. W. 로 연구진은 심장과 달팽이관 결손을 일으키는 프리클1 돌연변이 생쥐의 세포들이 상처를 덮는 데에 필요한 방향 전환과 이동의 결함도 드러낸다는 것을 보여주었다(Gibbs et al. 2016).

이런 발견들은 초파리의 신경세포 이동에 fmi가 관여한다는 발견 (Organisti et al. 2015)과 세포의 방향성을 띤 이동에 초파리 PCP 유전자들이 역할을 한다는 발견과 들어맞는다(Munoz-Soriano, Belacortu, and Paricio 2012). 현재 공통의 관심사를 가진 연구자들 사이의 직접적인 의사소통과 협력 또는 발표된 문헌들을 통해서 이루어지는 대화에 힘입어서 초파리와 포유동물 양쪽에서 PCP 연구가 활발히 진행되고 있다. 각 체계에서 얻은 결과들을 비교하고 대조함으로써 연구자들은 체계에 관계없이, PCP를 일반적으로 이해하는 일이 가능해질 것이다. 또한 동일한 핵심 PCP 구성요소들이 세포 특이적 요인들 및 생물 자체와 어떻게 연결되어서 각기 다른 구조를 만들고 각기 다른 활동들을 조율함으로써 각기 다른 결과를 낳는지를 규명하는 데에도 도움이 될 것이다.

세포학과 유전학

PCP 이야기를 할 때는 세포판에 걸쳐서 또 세포 내에서 비대칭을 조성하는 신호 전달 단백질과 비대칭을 반영하는 물리적 구조를 만드는 공학적 일을 하는 세포뼈대 단백질 사이에 긴밀한 관계가 있다는 내용도 빼놓을 수가 없다. 정보 분자와 구조 분자 사이의 관계는 유전 분석을 통해서 얼마간 밝혀졌다. 세포뼈대의 구성요소를 만드는 유전자들이 PCP 경로나 그 결과에 수정을 가하기도 한다는 것이 드러났다. 세포뼈대 유전자들의 돌연변이 클론이 PCP 경로의 돌연변이 때와 비슷한 돌연변이 날개 표현형을 만들곤 하는 식이다. 정보와 구조의 구분이 절대적인 것은 아니다. Fmi는 극성 측면에서 정보와 구조 양쪽으로 "연결 다리"를 형성한다고 여겨진다(Struhl, Casal, and Lawrence 2012). 초파리 연구는 다른 방향으로도 세포뼈대 구성요소, 세포 외 기질, 그밖의 구조 단백질 그리고 그것들과 신호 전달 경로, 세포 활성, 발생 과정 사이의 관계를 규명하는 데에 기여하고 있다. 예를 들면, 초파리의 기관계(氣管系), 즉 산소를 체내 조직으로 전달하는 점점 세분되면서 갈라지는 관들로 이루어진 체계는 세포 바깥 단백질들이 관의 형성에 필요하다는 사실을 밝혀내는 데에 도움을 주었다(Dong and Hayashi 2015). 또 스펙트라플라킨(spectraplakin)이라는 커다란 단백질 집단에 속한 한 단백질을 만드는 쇼트 스탑(short stop)이라는 초파리 유전자는 그 단백질군이 세포 내에서 어떤 역할을 하는지 규명하는 데에 기여하고 있다(Hahn et al. 2016). PCP로 돌아가자면, 구조 단백질들의 조직 양상이 PCP을 반영하는 것인지, 아니면 PCP를 지시하는 것인지, 또는 양쪽인지는 아직 불분명하다(Lawrence and Casal 2013).

초파리의 PCP에서 더 폭넓은 이해로

Hh나 히포 등의 경로들에서처럼, PCP에서도 초파리의 유전 분석을 통해서 나온 발견들이 자극제가 되어서 척추동물에게까지 연구가 확장되었다. 현재 우리는 초파리 날개와 포유동물의 상피가 전혀 다른 조직이기는 해도, 양쪽에 생긴 결함에 유사한 점이 있다는 사실을 알고 있다. 1990년대 말에 유전자의 분자 클로닝을 통해서 초파리와 사람의 유전체에 있는 유전자들이 얼마나 보존되어 있는지가 드러나기 시작했다. 척추동물의 PCP 연구가 시작된 것도 이 무렵이었다. 연구자들은 우리 몸의 각 조직에서 PCP가 어떻게 작용하는지를 이해하기 위해서, 초파리의 유전자, 경로, 더 폭넓은 연결망, PCP의 동역학 연구로부터 나온 결과들을 활용했다. PCP를 연구하여 얻은 지식은 사람에게 나타나는 다양한 장애와 질병을 이해하는 데에도 이바지했다. 청력 상실(Lu and Sipe 2016), 심장 질환(Henderson and Chaudhry 2011), 콩팥(Carroll and Yu 2012; Fedeles and Gallagher 2013), 허파(Yates and Dean 2011) 등에서 그렇다. 사람의 Fz 연관 유전자들은 자연이 단지 재활용만 하는 것이 아니라, 전용도 한다는 것을 보여주는 사례이기도 하다. 잘록창자에 감염하여 설사를 일으키고 미국에서만 연간 수만 명의 목숨을 앗아가는 병원균인 클로스트리듐 디피실리(*Clostridium difficile*)는 사람 세포의 Fz 연관 수용체(FZD)를 이용하여 세포로 들어온다(Tao et al. 2016; Lessa et al. 2015). 따라서 초파리 날개의 털들은 왜 같은 방향으로 휘어져 있을까라는 단순한 호기심에서 출발한 연구는 매우 다양한 생물학적 과정들을 이해하는 데에 기여했으며, PCP 유전자들과 질병의 관계를 알려주는 단서도 제공했다.

이웃들에게 전하는 말

PCP는 조직이 어떻게 축을 설정하고, 그 축을 따라 세포 구조들이 비대 칭적으로 배열되도록 할 수 있는지를 설명한다. 이제 한 걸음 뒤로 물러 나서, 이런 질문을 해보자. 애초에 왜 상피에서 일정한 간격으로 떨어진 세포들만 감각세포로 분화하고, 나머지 세포들은 지지하는 역할을 하게 되는 것일까? 감각세포가 어떤 방향성을 띤 무엇인가를 하려면, 먼저 자신의 정체성을 자각해야 한다. 상피판에 속한 세포들은, 먼저 털, 강 모, 섬모 같은 멋진 장식이 달린 감각세포가 될 운 좋은 소수의 세포들과 지지세포라는 좀더 수수한 역할을 맡을 다수의 세포들로 나누어져야 한 다. 달리 표현하면, 상피 내의 각 세포는 나름의 운명을 받아들여야 하며 초파리 날개 상피라면 감각세포와 지지세포가 누비이불 같은 독특하게 규칙적인 양상으로 배치되어야 한다.

몇몇 종류의 상피세포에서는 PCP에 앞서 일어나는 이 사건이 노치 경로(Notch pathway) 라는 신호 전달 경로의 통제를 받는다. 이 이름은 연구자들이 보존된 다른 유전자 집합을 조사하다가 발견한 초파리의 끝 이 패인 날개(notched-wing) 표현형의 이름을 땄다(Eddison, Le Roux, and Lewis 2000). 날개 끝의 조직이 누락되어 패인 모양을 한 돌연변이 초파리 는 1914년에 처음 발견되었다. 그 직후에 패인 날개 돌연변이 초파리의 배양이 실험실에서 성공적으로 이루어졌고, 이어서 그 유전자가 X 염색 체에 있다는 것도 밝혀냈다. 헤지호그와 PCP 유전자처럼, 노치 유전자 도 신호 전달에 중요하며, 사실 다른 잘 보존된 신호 전달 경로의 일원이 다. 연구자들은 다른 경로들을 찾아내고 상세히 연구하는 한편으로, 비 슷한 표현형을 가지거나 알려진 경로 구성요소와 유전적으로 상호작용함을 보여주는 돌연변이 초파리를 찾아내면서, 노치 신호 전달 경로의 구성요소들도 추가로 찾아냈다. 날개에 영향을 미치는 돌연변이를 연구하여 초창기에 찾아낸 유전자들 중에서 노치 신호 전달 경로에서 작용한다고 드러난 것은 세레이트(Serrate)로(1939년에 처음 발견되었다), 돌연변이가 생길 때 "날개 끝을 불규칙한 톱니처럼 패이게 하는" 유전자이다. 그리고 돌연변이가 일어나면 날개의 맥이 굵어지는 델타(Delta)(1923년)와 델텍스(deltex)(1931년)라는 두 유전자도 있다(Bridges and Brehme 1944).

Hh 같은 신호 전달 경로에서는 한 세포가 Hh 리간드를 분비함으로써 메시지를 보낸다. Hh는 세포 몇 개나 그보다 더 많은 세포들에 해당되는 거리만큼 나아간 뒤, 다른 세포에 닿음으로써 검출된다. 반면에 노치 신호 전달 경로에서는 더 불연속적인 방식으로 메시지가 중계되어 전달될 수 있다. 노치 경로에서 메시지를 가진 리간드인 델타는 신호를 보내는 세포에서 세포 바깥 공간으로 분비되는 것이 아니다. 생성된 델타는 그 세포의 막에 그냥 박힌 상태가 된다. 따라서 노치 경로 신호는 델타를 만드는 세포가 노치 수용체를 만드는 세포와 붙어 있을 때에만 전달된다. 즉 두 사람이 울타리를 사이에 두고 서로 악수를 하듯이, 리간드와 수용체가 서로 접하고 있는 세포막에서 만날 때 신호가 전달된다. 이 거리 제한 신호는 달팽이관의 상피나 초파리 날개에서 감각세포가 지지세포들에 둘러싸여서 규칙적인 양상으로 배열되는 데에 필요한 바로 그 "측면 억제"를 일으키는 완벽한 수단이 된다. 델타를 만드는 세포와 노치를 만드는 세포는 서로 다른 운명에 놓일 것이며, 수용체를 만드는 세포에서만 노치 신호 전달이 이루어지면서 각자의 역할에 더욱 치중하게 만든다. 노치 신호는 한 세포가 주변 세포들에 주목받으려 하지 말고

지지하는 역할을 맡으라고 말하는 방법을 제공함으로써, 상피에서 지지 세포들 사이에 감각세포가 규칙적으로 점점이 흩어져 있는 양상을 빚어 낸다(Eddison, Le Roux, and Lewis 2000).

수십 년 동안 노치 경로는 다양한 주제 및 종과 관련지어서 집중적으로 연구되어왔다. 밝혀진 사실들만 다 적어도 책 몇 권은 나올 정도이다. 다양한 생물들에서 세포들은 노치가 제공하는 국지적인 의사소통 방식을 써서 다양한 문제들을 해결한다. 예를 들면, 초파리에게서는 노치 유전자가 "신경발생"에 관여한다는 것, 즉 신경 조직을 유도하는 역할을 한다는 것이 일찍부터 알려졌다. 나중에 노치 신호 전달 경로가 사람의 뇌 발달에도 필요하다는 사실이 밝혀졌다(Alberi et al. 2013). 또 점점 더 많은 질병들이 노치 신호와 관련이 있음이 밝혀지고 있다. 알츠하이머병, 알라질 증후군(Alagille syndrome) 같은 유전 장애, 팔로네 징후(tetralogy of Fallot)라는 심장 질환(Grochowski, Loomes, and Spinner 2016), 허파, 가슴, 콩팥, 난소, 간, 피부, 뇌의 암, 몇몇 유형의 백혈병과 림프종도 그렇다(Ntziachristos et al. 2014). 노치 신호와 암의 관계는 복잡하다. 이를테면, 어떤 조직에서는 노치 신호의 차단이 암과 관련이 있는 반면, 어떤 조직에서는 노치 신호의 불활성이 아니라 과다 활성이 질병으로 이어지는 듯하다. 노치와 관련된 암에서는 암세포에서 노치 신호가 어떤 양상을 띠는지—활성 또는 불활성, 켜짐 또는 꺼짐—를 알아낸다면, 의사가 암의 진행 양상을 예측하고 적절한 치료법을 선택하는 데에 도움을 줄 수 있을 것이다. 노치 신호 전달 경로의 상태는 특정한 단백질, RNA, 돌연변이를 지표로 삼아서 알아낼 수 있다(Takebe et al. 2015).

주제와 변주

각기 다른 종류의 상피에서 PCP를 조사하는 식으로 공통의 세포 현상이라는 관점에서 문제에 접근하는 방법 외에, 개별 기관의 관점에서 문제에 접근하는 방법을 쓸 수 있다(부록 B). 이를테면, 이렇게 질문할 수도 있다. 초파리의 청각은? 초파리는 소리를 내고 들을 수 있다. 전형적인 짝짓기 행동을 할 때, 초파리 수컷은 날개를 떨어서 암컷에게 구애의 노래를 부른다(Murthy 2010). 이는 청각이 초파리 종의 존속에 중요한 역할을 한다는 의미이다. 곤충은 더듬이에 있는 존스턴 기관(Johnston's organ, JO)을 통해서 소리를 검출하는데, 이 기관은 신경을 통해서 뇌와 연결되어 있다(Eberl and Boekhoff-Falk 2007). 소리가 어떻게 뇌로 전달되는 신호를 일으키고, 초파리 뇌의 뉴런이 그 신호를 어떻게 해석하는지에 대해서는 꽤 많은 연구들이 이루어진 상태이다. 여기서 TRP 통로 단백질들이 중요한 역할을 한다(제8장 참조). 게다가 초파리 JO와 포유동물의 달팽이관의 발달을 담당하는 유전자의 활동에는 비슷한 점들이 많으며, 초파리와 사람의 뇌에서 음성 신호가 뉴런을 통해서 전달되는 양상에도 비슷한 점들이 많다(Albert and Gopfert 2015; Boekhoff-Falk 2005; Ishikawa and Kamikouchi 2015).

한 연구에서는 JO와 관련된 유전자를 300개 가까이 찾아냈는데, 그중 20퍼센트는 사람에게서 청각 장애와 관련이 있다고 하는 유전자들과 유연관계가 있었다(Senthilan et al. 2012). 초파리와 사람의 청각 기관이 분자 수준과 기능 수준에서 유사성이 있음을 밝혀낸 연구도 있었는데, 특히 유전성 난청과 관련이 있는 미오신(myosin)이라는 단백질의 역할이 그랬다(Li, Giagtzoglou, et al. 2016). 또한 초파리는 소음성 난청 연구에도 쓰인다(말미잘이라는 더욱 의외의 동물도 이 연구에 쓰인다)(Christie and Eberl 2014; Christie et al. 2013). 초파리를 큰 소음에 노출시켰을 때 세포 수준에서 손상이 일어나는 양상은 사람에게서 소음으로 생긴 난청과 비슷한 점이 많다. 따라서 유전적 접근법을 쓰면 관련된 공통의 유전자들을 파악할 수 있을 것이다.

PCP의 사례에서 보듯이, 공통의 유전자와 세포 메커니즘을 통해서 접근하든지 아니면 초파리의 청각 연구처럼 전반적인 기능의 공통점을 통해서 접근하든지 간에, 초파리에게서 알아낸 지식은 인간의 질병을 이해하는 등 새로우면서도 그만큼 보상을 안겨주는 방향으로 이용 가능하다. C. 스턴은 1954년에 이렇게 주장한 적이 있다. 그 자체로는 애매모호한 듯한 주제인 초파리의 몇몇 특수한 강모가 "왜 그리고 어디에서 자라는지에 관해서 얼마간 알아낸다면, 강모 두세 개만이 아니라 그 문제 전체를 조명할 수도 있을 것이다"(Stern 1954). PCP와 노치 경로의 구성요소들이라는 사례에서는 유전자들의 다면 발현적(pleiotropic) 특성뿐만 아니라, 공통 조상에서 오래 전에 갈라졌음에도 여전히 종들 사이에 유전자들이 보존되어 있다는 사실이 그 점을 역설한다. 마찬가지로 초파리 연구에 쓰이는 실험방식들—유전적 접근, 모자이크 분석 등—은 관련된 연구 과제들에 다양한 맥락에서 되풀이하여 적용될 수 있다. 우리는 동일한 실험 기법들을 다양한 주제들에 적용시킬 수 있고, 그렇게 나온 결과들은 더욱 흥분되는 새로운 방향으로 이어질 것이다.

제6장
차이

초파리 연구 초창기에 찾아낸 돌연변이 계통들 중에는 너무나 미묘하여 차이점이 있는지 여부를 알아내기 힘든 돌연변이 표현형을 가진 것이 많았다. 날개 밑동에 색깔 점이 하나 더 있거나, 눈 색깔이 미묘하게 다르거나, 날개맥의 두께나 패턴이 미미하게 다르거나 하는 식이었다. 초기 초파리 연구자들은 다른 면에서는 모두 야생형인 초파리들을 현미경으로 무수히 들여다보면서 그런 차이점들을 포착했다. 그런 한편으로, 초창기나 그후에 충격적일 만큼 별난 형질을 드러내는 돌연변이 계통들이 나타났다. 정상적으로는 더듬이가 나야 할 곳에 다리가 난 초파리도 있었다. 평형곤이 있어야 할 자리에 날개가 한 쌍 달린 개체도 있었다. 중간 다리나 뒷다리 쌍이 달려야 할 곳에 앞다리 형태의 다리가 난 초파리도 있었다. 한 신체 부위가 다른 부위로 대체되는 이런 유형의 돌연변이 표현형은 식물에서도 발견되었고, 1890년대에 생물학자 W. 베이트슨은 그런 현상에 "호메오시스(homeosis, 상동이질형성)"라는 이름을 붙였다(McGinnis 1994; Lewis 1994). 이런 "호메오" 표현형(homeotic pheno-type) 외에, 다른 기이한 유형의 돌연변이들도 발견되었다. 날개 대신에 그루터기만 남아 있는 베스티지얼(vestigial) 돌연변이 초파리나 눈이 작거나 이름이 보여주듯이 아예 눈이 없는 것까지 한 범위에 걸친 표현형을 빚어내는 아이리스(eyeless) 돌연변이 초파리처럼, 한 신체 부위가 아예 없는 계통들도 있었다.

한 신체 부위가 다른 부위로 대체되거나 아예 빠져 있는 돌연변이 계통은 단지 호기심 차원을 넘어서 많은 정보를 알려준다. 그런 계통들은 한 유전자의 산물이 더듬이, 다리, 눈 같은 한 덩어리를 이루는 복잡한 구조 전체의 형성을 어떻게 조율할 수 있는지를 이해하는 데에 기여했다. 무엇보다도 이런 초파리 계통들은 한 조직 전체, 즉 그 안에 든 모든 종류의 세포들을 포함하여 조직 전체의 형성을 지시할 수 있는 "주조절 유전자(master control gene)"가 있음을 암시했다. 나중에 이런 유전자들을 분자 수준에서 연구하면서, 생물학자들은 주조절인자로 작용할 수 있는 유전자가 어떤 유형인지, 즉 어떤 단백질을 만들고 세포 안에서 어떤 활동을 하는지를 파악할 수 있었다. 이런 발견이 미친 영향은 더 나아가서 철학과도 만났다. 1980년대에는 거의 몰랐던, 호메오 유전자의 DNA 서열과 유전체 내의 위치가 밝혀졌고, 성게와 인간 같은 다양한 다세포 생물들에게서 관련 발견들이 이어졌다. 이런 발견들을 통해서 생물들이 "그 어떤 생물학자도 예상하지 못했을" 만큼 깊이 연결되어 있음이 드러났다(Carroll 2005).

더듬이 대 다리

안테나페디아(Antennapedia, Antp) 돌연변이 초파리는 머리에서 다리가 자라나는 돌연변이 초파리이다. 이 초파리 사진은 많은 과학 잡지와 교과서에 실려 있으며, 텔레비전의 과학 다큐멘터리에도 등장하곤 한다. 생물학자의 관점에서 보면, 어느 한 신체 부위가 다른 부위로 교체되는 돌연변이는 다양한 신체 부위가 어떻게 형성되는지에 관해서 무엇인가를 알려줄 수 있다. 특히 Antp 같은 돌연변이는 배아나 애벌레에 있는 어느 세포 집단에게 특정한 경로를 따라 나아가라고 지시를 할 수 있는 주조절 유전자가 있음을 암시한다. 주조절 유전자는 적절한 유전자 집합들을 켜고 끄면서 몸의 알맞은 위치에 알맞은 신체 부위를 만들라고 명령하는 기능을 가진다. 20세기 생물학자들은 다른 돌연변이 초파리들에게 하듯이, Antp 유전자나 다른 호메오 유전자에 돌연변이가 있는 초파리들을 대상으로 통상적인 실험들을 했다. 서로 교배를 시키면서 어느 돌연변이들이 같은 유전자에 있고 다른 유전자에 있는지를 알아냈고, 해당 유전자들이 염색체의 어디에 있는지를 지도로 작성했다. 흥미롭게도 호메오 돌연변이들 중의 일부는 3번 염색체의 오른쪽 팔에 있는 두 특정한 지역 중 한 곳에 모여 있었다. 염색체에서 이 유전자들이 특이하게 편성되어 있음을 보여주는 초기 단서였다.

1980년대 초에 Antp 유전자와 그 주변 유전자 영역의 서열이 밝혀지면서, 연구자들은 Antp 단백질의 아미노산 서열이 어떠한지를 처음으로 살펴볼 수 있었다(Scott and Weiner 1984; McGinnis, Levine, et al. 1984; McGinnis, Garber, et al. 1984). 새로 밝혀진 단백질 서열을 살펴보는 연구자는 그 서열이 기존에 이미 생화학적 기능이 알려져 있는 단백질의 것과 혹시 비슷하지 않을까라는 희망을 종종 품곤 한다. 효소나 수용체와 비슷하지 않을까? 비슷하다면, 돌연변이 표현형에서 알아낸 것을 서열을 통해서 드러난 생화학적 기능과 짝지어볼 수도 있을 것이다. 그러면서 그 단백질이 무엇이며 어떻게 기능을 하는지 어렴풋이 파악해나가기 시작한다. Antp는 당시 파악된 대부분의 단백질들과 서열이 대체로 달라 보였다. 그러나 효모에 있는 한 단백질과 특정 부위가 유사하다는 점에서 생화학적 기능의 단서를 얻을 수 있었다. 그 효모 단백질은 DNA에 결합하는 전사인자 역할을 한다고 알려져 있었다. 즉 특정한 유전자 집합의 활성을 켜거나 끌 수 있는 단백질이었다. 이 발견을 토대로, 연구자들은 Antp도 전사인자인지 아닌지를 살펴볼 수 있었고, 실제로 전사인자임이 드러났다. 그 결과는 수긍이 간다. 어떤 종류의 유전자가 주조절 유전자가 될 수 있겠는가? 다리나 더듬이를 만들거나 다른 구조의 형성을 억제하는 데에 필요한 유전자들처럼, 특정한 유전자 집합을 켜거나 끌 수 있는 무엇인가를 만드는 유전자가 그러할 것이다. 연구자들은 이 개념에 걸맞게, Antp 유전자가 대개 초파리의 한 특정 부위에서 발현된다는 것을 알아냈다. 따라서 Antp가 발현되는 지점, 즉 Antp 단백질을 만드는 세포들이 있는 곳과 특정한 구조가 형성되는 지점 사이에 직접적인 관계가 있다.

Antp 단백질이 DNA에 결합하는 부위에는 "호메오박스(homeobox)" 영역이라는 이름이 붙었고, 나중에는 혹스(Hox)라고 줄여서 부르게 되었다(McGinnis, Garber, et al. 1984). 연구자들은 한 종의 혹스 유전자에서 얻은 DNA에 방사성 꼬리표를 붙여서 같은 종의 다른 혹스 단백질들을 만드는 DNA 영역을 찾아내거나(이런 검사법을 "블로트[blot]"라고 한다), 다른 종의 DNA 영역을 찾아내는("주 블로트[zoo blot]"라고 한다) 등의 당시 기법들을 써서, 점점 더 많은 혹스 단백질들을 찾아내면서 기능을 계속 연구했다. 그러자 초파리 호메오 유전자 중 상당수는 혹스 단백질을 만드는 것으로 드러났다. 혹스 유전자군의 단백질들은 하위 집단별로 더 나뉠 수 있고, 일부 혹스 단백질은 혹스 영역 자체만 아미노산 서열이 비슷한 반면, 다른 영역들까지 더 비슷한 것들도 있다. 지금은 다양한 생물들에서 발견된 혹스 단백질들을 16개 범주로 세분한다 (Burglin and Affolter 2016). 그러나 한 가지는 명확했다. 혹스 단백질들의 대부분 또는 전부가 가진 공통점은 염색체의 어느 DNA에 결합하여 그 결합 부위 근처에 있는 유전자들의 전사에 영향을 미치는 능력을 가지고 있다는 것이다.

Antp 같은 주조절 유전자를 찾아낸 것은 놀라운 발전이었으며, 혹스 단백질 유전자들이 초파리, 생쥐, 사람 같은 다세포 동물들의 유전체 공통적으로 들어 있다는 발견도 그러했다. 이야기는 거기에서 끝났을 수도 있다. 그러면 혹스 단백질이 최초로 발견된 생물이 초파리라고, 즉 "초파리에게서 최초로" 발견되었다고 기억되는 인상적인 사례 하나를 추가하고 끝났을 것이다. 그러나 Antp 이야기는 복잡성과 흥미를 덧붙이는 한 가지의 차원을 더 가지고 있었다. Antp는 주조절 유전자들이 있으며, 전사인자들의 대가족이 있다는 것만을 들려주는 것이 아니었다. 더욱 놀라운 이야기가 하나 더 있었다. 그리고 그로부터 진화발생생물학(evolutionary developmental biology), 즉 "이보디보(evo-devo)"라는 새로운 학문이 탄생했다.

그 놀라운 이야기를 살펴보려면, 유전 지도와 다른 몇몇 호메오 유전자에게로 돌아가야 한다.

위치가 기능을 반영할 때

진핵생물의 유전자는 대부분 유전체에 무작위로 분포해 있는 것 같다. 유전체에서 유전자의 위치와 그 기능, 또는 세포 내에서 그 유전자 산물이 있는 위치 사이에는 아무런 관계가 없다. 이를테면, 화이트 유전자는 X 염색체에 있는 반면, 연쇄적으로 활성을 띰으로써 눈 색소를 생성하는데 필요한 효소들을 만드는 다른 많은 유전자들은 결코 화이트 가까이에 있지 않다. 버밀리온은 X 염색체에서 화이트로부터 멀리 떨어진 곳에 있다. 시너바(cinnabar)는 2번 염색체에 있고, 스칼렛(scarlet)은 3번 염색체에 있다. 우리는 이 논리를 유전자들의 발현 양상에까지 확장할 수 있다. 방사성 탐침이나 염색법을 써서 어떤 조직 집합에서 해당 유전자가 발현되는지를 조사하면(즉 해당 RNA가 어느 조직에서 검출되는지), 배아발생 초기에 꺼졌다가 좀더 나중에 켜지는 유전자들을 찾아낼 수 있다. 또 눈에서 발현되지만 날개에서는 발현되지 않거나, 눈과 날개에서는 발현되지만 창자에서는 발현되지 않는 유전자들도 찾을 수 있다. 이 목록은 죽 이어질 것이다. 모든 세포에서 발현되는 유전자나 매우 특정한 세포 집합에서만 발현되는 유전자, 생활사의 모든 단계에서 발현되는 유전자나 특정한 단계에서만 발현되는 유전자, 배아의 거의 전체에서 발현되는 유전자나 특정한 몸마디에 해당하는 특정한 띠 모양의 부위에서만 발현되는 유전자도 찾을 수 있다. 그러나 이런 양상은 해당 유전자가 유전체의 어디에 있느냐와는 전혀 무관하다. 동일한 띠 부위에서 발현되는 유전자들은 유전체의 제각기 다른 영역에 들어 있을 수 있다. 마찬가지로 눈이나 날개에서만 발현되는 유전자들도 염색체의 다양한 지점에 들어 있을 수 있다. 모든 세포에서 발현되는 유전자들이 아주 특정한 종류의 세포에서만 발현되는 유전자들 바로 옆에 놓여 있을 수도 있다.

그런데 혹스 유전자들은 이 규칙의 예외임이 드러났다. 무엇인가 특이한 일이 벌어지고 있다는 초기 단서가 나온 것은 Antp, 후시타라주(fushi tarazu), 울트라바이소락스(Ultrabithorax) 유전자가 3번 염색체에 서로 가까이 놓여 있으며, 비슷한 단백질을 만든다는 사실이 밝혀지면서부터 였다. 한 예로, 그 유전자들이 만드는 아미노산 63개 중 51개의 서열이 똑같았다(Scott and Weiner 1984; McGinnis, Garber, et al. 1984). 연구자들은 이 윽고 Antp와 몇몇 혹스 유전자들이 염색체 복합체나 유전자군을 이루고 있음을 밝혀냈다. 처음에는 고전적인 유전 지도 자료를 통해서였다. 명백하게 서로 관련된 기능을 지닌 몇몇 유전자들이 서로 가까이 놓여 있음이 지도 작성을 통해서 드러났다. 이어서 다사 염색체 지도에서도 그 유전자들이 서로 가까이 있다는 것이, 마지막으로 DNA 서열 자료에서 도 밝혀졌다. 종합하자면, 이 유전자들은 공통된 기능을 하며, 비슷한 단백질을 만들며, 두 염색체 영역에 일정한 순서로 함께 놓여 있음이 발견된 것이다. Antp를 포함하는 영역은 Antp 복합체(Antp Complex, ANT-C), 또 한 영역은 바이소락스 복합체(Bithorax Complex, BX-C)라 는 이름이 붙여졌다.

놀라운 점은 전체적으로 유전자들이 모여 있다는 것만이 아니었다. 해당 생물에서 그 유전자들의 역할도 염색체에 놓여 있는 순서에 들어 맞는다는 것이 드러났다. 즉 혹스 유전자들은 염색체에서 앞쪽, 중간, 뒤쪽에 놓인 순서에 따라서, 각각 앞쪽, 중간, 뒤쪽에 놓인 세포 부분집 합에서 발현된다. 초파리의 앞쪽 끝에서 발현되는 유전자는 그 유전자 군의 한쪽 끝에 놓여 있다. 몸통의 중간 부위에서 발현되는 유전자는 유전자군의 더 중앙 쪽에 놓여 있다. 그런 식으로 유전자군 내에서 유전 자들의 위치—DNA 수준에서 볼 때—는 초파리의 앞뒤축을 따라 각 하 위 영역들의 형성을 지시하는 유전자들과 직접적인 대응 관계에 있다.

아마 가장 놀라운 점은 다른 생물들의 염색체에서 혹스 유전자들의 편성을 살펴보았을 때 나온 결과일 것이다. 초파리에게 있는 편성이 사람을 비롯하여 다른 동물들의 유전체에 든 혹스 유전자들에서도 똑같이 나타났다. 우리 같은 포유동물은 혹스 유전자들이 혹스 유전자군으로 편성되어 있다. 더군다나 발생 과정에 있는 생쥐에게서 혹스 유전자들이 발현되는 양상도 그 유전자군 내 유전자들의 위치를 반영하며, 마찬가지로 그 유전자들은 주조절 유전자로서 기능했다. 1992년에 H. 르무엘리크, Y. 랄망, P. 브륄레가 생쥐 혹스 단백질 암호 서열을 비색 검사(colorimetric test)를 통해서 발현 양상을 관찰할 수 있는 효소 유전자로 대체하면서 알아냈다(Le Mouellic, Lallemand, and Brulet 1992). 이 유전자들의 집합이 이런 식으로 조직될 역학적 이유는 전혀 없다. 다른 많은 유전자들도 비슷하게 조화를 이루어서 발현되지만, 유전체 전체에 흩어져 있다. 게다가 혹스 유전자 복합체는 처음 출현했던 공통 조상으로부터 엄청난 기간 동안 진화적으로 갈라졌음에도 불구하고 그렇게 묶여 있다.

혹스 유전자들의 묶음 편성은 시간이 흘러도 보존되어왔으며, 올바른 장소의 올바른 부위에서 발현됨으로써 우리 발생 과정에 근본적인 역할을 한다. 사람의 혹스 유전자들이 발견된 이래로 여러 해에 걸쳐 연구자들은 사람의 혹스 단백질을 만드는 유전자들에 돌연변이가 일어나면 호메오시스 형태의 전환이 일어날 수 있다는 증거를 발견해왔다. 2012년에 스필만과 문드로스 연구진은 DNA에 결합하는 부위가 쌍을 이루는 유형의 혹스 단백질인 PITX1에 일어난 돌연변이가 리벤베르크 증후군(Liebenberg syndrome)이라는 선천성 장애를 일으킨다고 발표했다. 이 증후군은 팔과 손에 다리와 발처럼 생긴 뼈 구조가 형성되는 것이 특징이다(Spielmann et al. 2012). 다른 사람 혹스 유전자들은 다지증을 비롯한 손가락이나 발가락 이상 등 다른 유형의 체제 교란과 관련이 있다

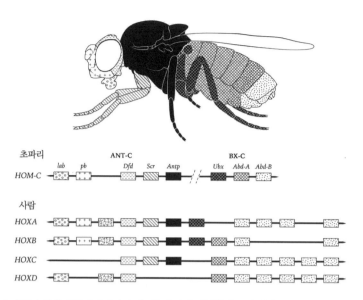

초파리 | ANT-C | BX-C
HOM-C | *lab* *pb* *Dfd* *Scr* *Antp* | *Ubx* *Abd-A* *Abd-B*

사람
HOXA
HOXB
HOXC
HOXD

혹스 유전자 발현 영역과 유전자 순서. 위: 초파리 성체의 혹스 유전자 발현 영역과 3번 염색체에서 상응하는 유전자들의 위치. 초파리 그림에 음영으로 나타낸 것처럼, 염색체를 따라 놓인 유전자들의 순서가 앞뒤축을 따른 유전자들의 발현 양상에 반영되어 있다. 아래: 사람의 혹스 유전자들도 유전자군을 이루고 있으며, 병렬 상동 유전자들이 초파리의 유전자들과 거의 같은 순서로 놓여 있다. 포유동물 혹스 유전자군에서 유전자 순서는 몸의 체제와도 들어맞는다.

(Quinonez and Innis 2014).

혹스 유전자가 유전자군을 이루고 있고, 각 군이 그 생물의 몸 체제를 반영하며, 유전자군 체계가 기나긴 진화 과정에서 보존되어왔다는 발견은 생물학 분야 전반에 충격파를 일으켰다. 그 결과 발생과 진화에 대한 관점이 달라졌고, 이윽고 유전체 분석과 발생학 연구를 통합한 이보디보 분야가 탄생했다. 더 넓게 보면, 혹스 유전자 보존을 이렇게 새롭게 이해하자 초파리와 사람, 뱀과 코끼리처럼 겉모습이 전혀 다른 생물들이 깊은 차원에서 연결되어 있음이 드러난 것이다. 서로 수백만 년 전에 갈라졌을지라도, 어떻게 몸을 형성하고 그 형태가 어디에서 기원하는지를 따져보면 공통점이 나타난다.

눈 없는 초파리—EYA 전사망

Antp 돌연변이 같은 진정한 호메오 돌연변이는 한 구조를 다른 구조로 바꾼다. 그러나 호메오 돌연변이 초파리말고도, 그와 비슷하게 주조절 유전자의 존재를 암시하는 돌연변이체들도 일찍부터 발견되어왔다. 눈이나 날개 같은 어느 한 구조가 다른 구조로 대체되는 것이 아니라, 아예 없거나 크기가 뚜렷이 줄어든 돌연변이 초파리들이었다. 아이리스 (eyeless, ey) 돌연변이 초파리가 대표적이다. 최초로 발견된 ey 돌연변이 초파리 계통은 눈이 정상 크기의 절반이었으며, M. A. 호그가 1915 년 「아메리칸 내츄럴리스트(*American Naturalist*)」에 실은 "초파리 4번 염색체에 있는 또 하나의 유전자"라는 수수한 제목의 논문을 통해서 처음으로 알렸다(Hoge 1915). 이 논문의 제목은 돌연변이로 나온 표현형의 특징보다는 당시 학계가 돌연변이의 유전 지도 작성에 치중하고 있음을 보여주는 것 같다. 논문에서 호그는 그 돌연변이 유전자가 어느 염색체에 있을 가능성이 높은지를 알아내기 위해서 고안된 유전 교배 실험을 해서 관찰한, 다양한 표현형의 많은 초파리들을 보여주었다. 먼저 그녀는 아이리스 돌연변이가 X, 2번, 3번 염색체와 연관되어 있지 않다는 증거를 제시함으로써, 그 돌연변이가 자그마한 4번 염색체에 있음을 시사한다. 더 나아가 ey가 실제로 4번 염색체에 있다는 증거를 제시하면서, 그 논문의 제목 그대로 결론을 내린다.

이 논문이 나온 뒤로 ey 유전자의 돌연변이 대립유전자들이 더 발견되었다. 눈이 더욱 작아져서 정상 크기의 평균 25-50퍼센트인 두 번째 돌연변이 계통, 스웨덴에서 배양하던 초파리 집단에서 자연적으로 출현한 세 번째 ey 돌연변이도 있었다(Bridges and Brehme 1944). 첫 논문이 나온 뒤로 100년 남짓 흐르는 동안, 약 40가지의 ey 돌연변이가 파악되었다. 현재 전 세계의 초파리 공용 스톡 센터에서 구할 수 있는 ey 유전자와 관련된 돌연변이 계통은 총 80가지에 달한다. 연구자들은 ey의 새로운 돌연변이 대립 유전자들뿐만 아니라, 지도상으로 서로 다른 염색체에 있지만 비슷하게 눈이 작거나 없는 표현형을 만드는 돌연변이 초파리들도 더 발견했다. 트윈 오브 아이리스(twin of eyeless, toy), 아이즈 앱슨트(eyes absent, eya), "눈이 없다"는 라틴어에서 따온 시네 오쿨리스(sine oculis, so)가 대표적이다.

Antp 돌연변이와 마찬가지로 한 유전자에 일어난 돌연변이 하나가 한 구조 전체를 누락시킬 수 있다는 사실은 일부 유전자가 자신이 발현되는 세포 집합을 특정한 구조, 여기서는 눈을 형성하는 쪽으로 내몰 수 있는 주조절 유전자 역할을 한다는 것을 의미했다. 1995년 W. J. 게링 연구진은 ey가 주조절 유전자라는 결정적인 증거를 내놓았다. 그들이 정상적인 상황에서는 그 유전자가 발현되지 않는 조직에 있는 세포들에게서 억지로 ey를 발현시키자, 놀라운 일이 일어났다. 더듬이, 다리, 날개처럼 본래 발현되지 않는 조직에서 ey가 발현되자, 초파리 눈의 속성들을 지닌 세포 덩어리가 생기거나 조직이 자라났다. 정상적인 초파리 눈 특유의 투명한 격자 형태로 배열된 붉은 색소를 지닌 낱눈까지 갖추어져 있었다(Halder, Callaerts, and Gehring 1995).

게링 연구진은 초파리와 사람 사이에 엄청난 진화적 시간이 놓여 있고 초파리의 겹눈과 사람의 눈 사이에는 명백히 차이가 있음에도 불구하고, 포유동물에게도 비슷한 기능을 지닌 ey 유전자의 친척들이 있다는 것을 알아냈다. 생쥐의 "작은 눈(Small eye)" 돌연변이 계통과 관련된 한 유전자(나중에 Pax6이라는 이름을 얻었다)는 ey의 친척임이 드러났으며, 홍채가 없는 선천성 무홍채증(aniridia)과 관련된 사람의 한 유전자도 ey의 병렬 상동 유전자임이 밝혀졌다(Quiring et al. 1994). 사실상 게링 연구진은 초파리에게서 생쥐의 Pax6 유전자를 발현시킴으로써 ey 자체가 발현될 때처럼 눈이 없는 구조가 형성된다는 것을 관찰했고, 이로써 종들 사이에 유전자들의 기능이 아주 잘 보존되어왔음을 보여주었다 (Halder, Callaerts, and Gehring 1995).

앞에서 말한 toy와 so 유전자도 마찬가지이지만, ey 유전자의 단백질 산물은 전사인자이다. 특히 Ey 단백질은 혹스 단백질 중에서도 "페어드 박스(paired box)"(PAX) 집단에 속한다. Ey 전사인자가 달라붙는 DNA 서열이 눈 형성에 필요한 유전자 집합 근처에 있다고 상상하면, Ey가 어떻게 주조절자 역할을 하는지를 최소한 개략적으로나마 추정할 수 있다. 프로모터(promoter) 영역에 Ey 결합 자리가 있는 유전자 집합은 Ey 있는 세포에서는 "켜짐" 상태, 다른 세포에서는 "꺼짐" 상태가 될 것이다. 그러나 실상은 더 복잡한 것으로 드러났다. 이 ey 유전자는 toy, eya, so, 그리고 닥스훈트(dachshund, dach)라는 유전자와 함께 연결망을 이룬다. 이 유전자들의 단백질 산물들은 눈을 만드는 유전자 집합을 조절하는 한편 서로의 유전자 활성도 조절한다. 이 상호 의존적인 전사망 ―사람의 것은 EYA망이라고 한다―의 구성은 포유동물에게서도 비슷하다는 것이 밝혀졌다(Wawersik and Maas 2000; Donner and Maas 2004). 즉 사람의 유전체에서도 초파리 Ey, Toy, Eya, So, Dach 단백질의 병렬 상동인 단백질들이 만들어질 뿐만 아니라, 서열과 기능도 초파리의 것과 비슷하다. 더 나아가 단백질들 사이의 관계도 양쪽이 비슷하며, 눈 형성에 관여한다는 점도 동일하다. 같은 맥락에서, 사람의 EYA망 유전자들에 일어난 교란은 눈의 유전 장애와 관련이 있는데 무홍채증(PAX6의 교란)이나 눈에서 이런저런 구조가 빠져 있거나 크기가 작아지는 장애인 눈결손증(ocular coloboma)과 같은 것들이 그렇다(Azuma et al. 2003; Donner and Maas 2004).

다른 사례들에서처럼, ey에서도 초파리에게서 알아낸 사실들은 어떤 과정(여기서는 눈의 발달)에 어떤 사람 유전자들이 관여하는지, 그것들이 어떤 일을 하는지, 어떻게 배치되어 망을 구성하는지를 연구할 때 통찰력을 제공했다. 더 단순한 체계를 써서 얻은 결과들은 연구를 촉진시키고 더 복잡한 동물을 이해할 정보를 제공했다. 연구자들은 체제가 어떻게 조직되고 축을 따라 개별 구조들이 어떻게 자리를 잡는지 등 동일한 생물들 사이의 공통점이 지닌 의미뿐만 아니라, 유전자의 구성이나 DNA 서열의 미미하게 보이는 차이가 어떻게 지네 같은 길쭉하고 다리가 많이 달린 동물(Hughes and Kaufman 2002)이나 뱀처럼 길쭉하면서 다리가 없는 동물의 형성(Di-Poi et al. 2010)처럼 심오하게 다른 체제 차이를 빚어낼 수 있는지를 계속 연구하고 있다. 노벨상을 받은 비샤우스와 뉘슬라인폴하르트는 "발생 분자 메커니즘의 이 심오한 진화적 보존 양상은 예상하지 못했던 것"이라고 했다(Wieschaus and Nüsslein-Volhard 2014). "호메오박스의 발견은……진화적으로 먼 생물들이 공통의 발생 경로와 공통의 유전적 회로를 가질 수 있다는 개념을 강화한다. 이 개념은 지금은 당연시되고 있다.……호메오박스의 발견은 상동성의 최고이자 가장 설득력 있는 사례 중의 하나를 제공했으며, 아마 그 분야의 사고를 변화시키는 데에 가장 큰 기여를 한 관찰 결과일 것이다"(Wieschaus and Nüsslein-Volhard 2014).

뒷다리가 앞다리가 되다

또다른 호메오 돌연변이 표현형 집합은 다른 별개의 유전자들이 켜지고 꺼지는 체계를 알아내는 데에 도움을 주었다. 전사인자가 특정한 서열에 결합함으로써 전사를 조절하는 방식과는 전혀 다른 방식으로, 전사 조절이라는 목표를 달성하는 체계였다. 초파리 수컷의 앞다리에는 성즐(性櫛, sex comb)이라는 빗 같은 구조가 달려 있다. 우리의 정강이에 해당하는 부위에 강모가 빽빽하게 나 있는 형태이다. 성즐은 수컷에게서 첫 번째 다리와 두 번째, 세 번째 다리를 명확히 구별하는 특징 역할을 한다. 1940-1960년대에 두 번째와 세 번째 다리를 앞다리형 다리로 호메오 전환을 하는 유전자 돌연변이가 3가지가 발견되었다. 돌연변이 초파리 계통들에서 관찰된 표현형을 토대로, 이 유전자들에는 폴리콤(Polycomb, Pc), 엑스트라 섹스 콤스(extra sex combs, esc), 멀티플 섹스 콤(Multiple sex comb, Msc)이라는 이름이 붙었다. 플라이베이스에서는 Msc 대신에 섹스 콤스 리듀스드(Sex combs reduced, Scr)를 공식 이름으로 채택했다(Tokunaga 1966; Hannah-Alava 1958; Lewis 1947; 1956; Puro and Nygren 1975). C. 도쿠나가는 Msc 돌연변이 초파리 계통의 표현형이 "각 밑발목마디[발가락 밑동]과 정강이의 맨 끝 사이의 6-8개의 세로줄 사이에 강모 가로줄이 분화"한 것이라고 묘사했다(Tokunaga 1966). 이 돌연변이 초파리들과 폴리콤라이크(Polycomblike)(Duncan 1982)와 같은 비슷한 돌연변이들에서, 뒷다리가 앞다리로 호메오 전환을 이루는 것을 보고 연구자들은 흥미를 느꼈다. 20세기 후반기에 A. 한나-알라바, I. M. 던컨, P. 루이스, 그리고 나중에 뉘슬라인폴하르트 및 비샤우스와 함께 노벨상을 공동 수상한 E. B. 루이스 등 몇몇 연구자들은 그런 초파리 계통

170

들을 집중적으로 조사했다(Hannah-Alava 1958; 1969; Lewis 1978; 1982; Duncan 1982).

유전 검사를 이용하면, 두 돌연변이가 같은 유전자에 있는지 아니면 다른 유전자에 있는지를 대개 명확하게 알아낼 수 있다. 열성 유전자라면, 두 돌연변이가 같은 유전자에 있을 때 두 차례의 유전 검사에서 돌연변이가 어떻게 행동할지 예측할 수 있다. 첫째, 돌연변이들이 같은 유전자에 있다면, 유전 지도를 작성했을 때 같은 염색체의 같은 부위에 있는 유전자에 놓일 것이다. 둘째, 두 돌연변이가 같은 유전자에 있다면, 한 돌연변이를 지닌 초파리를 다른 돌연변이를 지닌 초파리와 교배하면, 그 자식들은 거의 언제나 돌연변이 표현형을 지닐 것이다. 그 유전자의 정상 사본이 전혀 없기 때문이다. 그러나 이렇게 곧바로 명확한 결과가 나오는 유전 검사와 달리, 우리가 현재 서로 다른 유전자에 생긴다고 알고 있는 돌연변이들 사이의 관계는 1970년대까지도 모호한 상태로 있었다. 특히 3번 염색체에 있는 Pc처럼, Pc형 표현형을 지닌 돌연변이 초파리 계통들의 유전 지도를 작성하는 실험을 했을 때 유달리 결과가 모호하게 나왔다. Pc 돌연변이는 우성 표현형(전위성 성즐)과 열성 표현형(치사)을 동시에 가질 수 있으므로 검사할 때 예상되는 결과들이 복잡했지만, 그런 사례들도 표준 검사법을 적용할 수 있으며, 대개는 모호하지 않은 명확한 결과가 나오곤 했다. 그런데 Pc와 Msc, 또 섹스 콤스 엑스트라(Sex combs extra, Scx)라는 돌연변이 계통은 이런 검사를 하면 결과가 유달리 모호하게 나왔다. 유전 지도 작성과 다사 염색체 분석을 통해서 얻은 정보들은, 이 세 돌연변이가 모두 3번 염색체의 한 하위 영역에 모여 있음을 가리키고 있었다. Pc와 Msc의 재조합은 거의 일어나지 않았으며, 지도상으로 둘의 거리는 0.3센티모건에 불과했다(Hannah-Alava 1969: Puro and Nygren 1975). 이 자료만 보면 이 두 돌연변이가 같은 유전자에 일어남을 암시한다. 그러나 상보성 검사(complementation test)에서는 다른 결과가 나왔다. 검사 결과는 세 돌연변이가 서로 다른 유전자에서 생겼음을 시사했다. Pc든 Scx든 Msc든 돌연변이 사본을 하나만 지닌 초파리는 살아남는 반면, Pc나 Scx, Msc의 모계 사본과 부계 사본을 둘 다 지닌 초파리는 생존하지 못했다(Puro and Nygren 1975).

연구자들은 점점 더 많은 초파리를 교배하고 그 후손들을 세고 한 끝에, 마침내 이 돌연변이들이 세 개의 다른(아주 가까이 붙어 있는) 유전자에 생긴다는 것을 알아냈다. Pc와 Msc는 바로 그 이름이 붙여진 서로 다른 유전자에 생겼고, Scx는 Antp의 돌연변이 대립 유전자였다. 비록 서로 다르기는 해도, 이 유전자들은 기능적으로 연관되어 있다. 현재 우리는 이 유전자들의 단백질 산물들이 서로서로 그리고 그 유전자들이 있는 염색체 영역(그리고 그 DNA의 다른 영역들)과 물리적으로 상호작용을 한다는 것을 알고 있다. 이런 사실들도 어느 정도는 유전 검사를 통해서 밝혀졌다. 예를 들면, 중추신경계의 세포에서 Pc가 활동하지 않을 때, Antp 유전자 영역과 바이소락스(bithorax) 영역의 유전자들의 발현 양상은 "극적으로 달라진다"(Wedeen, Harding, and Levine 1986). 상세한 유전 분석을 통해서, Pc가 다른 유전자들의 발현 단계에 영향을 미친다는 것이 드러났다. 즉 다른 유전자들의 발현을 조절하는 역할을 한다는 것이다. 특히 Pc 단백질의 정상적인 활성이 다른 유전자들의 발현을 억제하는 것이라는, 즉 Pc가 발현될 때 다른 유전자들은 꺼짐 상태에 놓임을 시사하는 증거가 나왔다. 게다가 Pc의 돌연변이가 생활사의 다양한 단계들과 다양한 조직에서 돌연변이 표현형을 빚어낼 수 있다는 것도 밝혀졌다(Lewis 1978; Haynie 1983; Denell and Frederick 1983). 이는 Pc 유전자가 매우 다면 발현성(pleiotropic)을 띤다는 의미였다.

1980년대에 이미 Pc는 "가장 광범위하게 분석된 조절 유전자 중의 하나"로 여겨졌다(Wedeen, Harding, and Levine 1986). 이윽고 Pc 및 관련 단백질들의 분자 클로닝을 통해서, Pc의 단백질이 "폴리콤 억제 복합체(polycomb repressive complex)"라는 여러 단백질로 이루어진 커다란 복합체의 일부가 된다는 것이 밝혀졌다. 이 복합체는 PRC1과 PCR2 두 가지이다. 게다가 Pc 활성, 아니 더 넓게는 PRC1과 PCR2의 조성과 기능은 생물들 사이에 보존되어 있었다. 사람을 포함한 척추동물뿐만 아니라 곰팡이와 식물에게서도 PRC가 비슷하게 억제 활성을 띠는 것이 드러났다(Mozgova and Hennig 2015). 초파리의 PRC1은 Pc, 폴리호메오틱디스털(Polyhomeotic-distal), 폴리호메오틱 프로시멀(Polyhomeotic proximal), 포스테리어 섹스 콤스(Posterior sex combs), 서프레서 오브 제스트 2(Suppressor of zeste 2), Scx의 단백질 산물들로 이루어진다(사람 유전체에 있는 병렬 상동 유전자들은 CBX2, 4, 6, 7, 8; PHC1, 2, 3; PCGF1, 2, 3, 4, 5, 6; RING1A와 RING1B). PRC2는 인핸서 오브 제스트(Enhancer of zeste), S(z)12, esc, esc-like, Caf1-55(EZH1와 EZH2; SUZ12; EED; RBBP4와 RBBP7)의 단백질 산물들로 구성된다.

PRC가 유전자 발현을 어떻게 억제하는지 이해하기 위해서, 잠시 기초 생물학으로 돌아가보자. 살아 있는 세포의 핵 안에는 염색체가 들어 있으며, 그 염색체는 DNA가 단백질에 매우 체계적으로 촘촘하게 감겨 있는 구조물인 "염색질(chromatin)"로 이루어져 있다. 실험실에서 세포의 DNA를 추출하면 피펫의 플라스틱 끝에 들러붙어서 길게 실처럼 늘어지는 형태가 되지만, 염색질의 DNA는 매우 규칙적인 구조를 이루고 있다. 중요한 점은 이 구조가 해당 세포에서 어떤 유전자가 발현되는지와 관련이 있다는 것이다. 3차원으로 촘촘하게 말리고 접힌 염색질의 안쪽 깊숙이 자리한 영역에는 전사 기구가 접근할 수 없다. 그래서 그 영역에 있는 유전자들은 RNA로 전사될 가능성이 더욱 적다. PRC는 상반되는 역할을 하는 트리소락스 그룹(Trithorax Group, TrxG) 단백질 복합체와 함께 식물과 동물에서 "후성휴전학적 조절의 주요 길항 체계"가 된다(Mozgova and Hennig 2015).

세심한 통제

"후성유전학적(epigenetic)" 조절이란 무엇일까? 바꿔 말하면, PRC의 조절은 혹스 단백질 같은 전사인자들의 유전자 발현 조절과 어떻게 다를까? 그 차이는 교통량 제어에 비유할 수 있다. 전사인자는 신호등 체계라고 생각할 수 있다. 전사인자는 DNA의 특정한 부위에 결합하여 근처에 있는 유전자들을 조절한다. 즉 전사 기구에 초록불을 켤지 빨간불을 켤지를 결정하는 것이다. 어느 한 순간에는 빨간불이나 초록불 중 어느 하나만 켜지며, 어느 쪽이든 간에 전달되는 메시지는 어느 한 교차로에만 적용된다. 반면에 PRC의 후성유전학적 통제는 차선을 따라 놓이면서 접근을 제한하는 원뿔형 도로 안전표지나 차단막에 더욱 가깝다. PRC는 거리에 놓인 원뿔 표지처럼 DNA를 따라 어디에든 놓을 수 있고, 필요할 때면 옮길 수 있고, 짧은 구간이나 긴 구간에 걸쳐 차단을 할 수 있는 표지라고 할 수 있다. 그럼으로써 전사 기구가 하나 이상의 유전자들에 접근하는 양상을 바꿀 수 있다. 우리는 고정된 교통 신호등 체계와 좀더 융통성 있는 임시 도로 통제방식 양쪽을 써서 도로에서의 안전과 통행을 도모하는 것처럼, 각 세포에서 어느 유전자들을 켜고 끌지(그리고 어떤 수준에서)를 결정할 때에는 전사인자와 PRC가 조합되면서 세심하지만 경직되지 않은 조절이라는 목표를 이룬다.

살아 있는 계는 왜 그렇게 편집증적인 양상을 보이는 것일까? 다수의 유전자와 메커니즘을 써서 유전자들의 발현을 조절하는 이유가 대체 무엇일까? 여기서 모든 염색체, 따라서 모든 유전자가 각 세포의 세포핵 안에 들어 있다는 점을 염두에 두어야 한다. 그 결과 각 세포에는 특정한 종류의 세포를 만드는 데에 필요한 정보만 들어 있는 것이 아니라, 다른 모든 유형의 세포를 만드는 데에 필요한 정보들까지 다 들어 있으며, 각 발생 단계들과 성체 단계에 필요한 과정들에 필요한 모든 정보도 들어 있다. 사람을 예로 들면, 이는 우리의 간세포가 뇌를 만드는 데에 필요한 모든 정보도 가지고 있다는 뜻이다. 또 우리의 피부세포에는 치아나 뼈를 만드는 데에 필요한 모든 정보도 들어 있다. 벌이나 개미처럼 사회성 군체를 형성하는 생물이라면, 군체의 한 개체가 지닌 각 세포가 여왕, 수컷, 일꾼을 만드는 데에 필요한 정보를 다 가지고 있다는 의미가 된다. 이 점을 염두에 두면, 유전체에 있는 유전자들이 왜 그토록 절묘하게 조절을 받고 있는지를 이해하기가 더욱 쉬워진다. EYA망 같은 고도의 전사 조절 체계와 PRC가 가하는 전혀 다른 유형의 조절 체계는 서로 협력하면서 부적절한 시점이나 장소에서 유전자가 켜지거나 꺼짐으로서 생길 수 있는 치명적인 혼란이 일어나지 않도록 보호한다.

제7장

방어

포도원, 과수원, 사과 주스 제조장 등에 사는 야생 초파리는 다양한 포식자와 마주친다. 많은 종류의 박쥐, 새, 개구리, 곤충, 도마뱀, 설치류, 뱀이 기뻐하면서 녀석들을 간식거리로 삼을 것이다. 야생 초파리는 자신을 감염시키고 심하면 죽이기도 하는 세균과 바이러스 같은 미생물, 더욱 크면서 사악해 보이는 적들에게도 노출된다. 일부 기생성 말벌 종은 주사기 같은 "산란관"으로 초파리 알이나 번데기에 자신의 알을 주입한다. 알에서 부화한 말벌 애벌레는 속에서부터 파먹으면서 자라서 성체가 되어 밖으로 나온다. 숙주인 초파리는 죽는다. 몇몇 선충도 독성을 띤 세균과 협력하여 초파리 애벌레의 몸에 구멍을 뚫고 들어가서 안에서부터 먹어치우면서 나온다. 초파리에게는 피를 빠는 적도 있다. 절지동물문 거미강 진드기아강에 속한 작은 진드기들은 움직이지 못하는 배아나 번데기처럼 가장 취약한 단계에 있는 초파리를 위협할 뿐만 아니라, 성체에도 원치 않는 짐처럼 달라붙어서 초파리의 삶을 힘들게 할 수도 있다. 진드기가 달라붙어 있는 초파리는 애처롭다. 쟁반만 한 진드기가 들러붙은 채로 돌아다니는 사람을 상상해보라. 결코 우습지 않다.

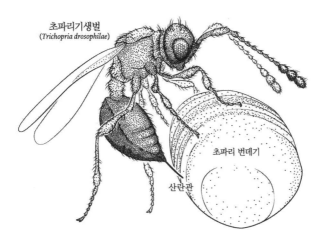

초파리기생벌
(*Trichopria drosophilae*)

초파리 번데기

산란관

초파리 번데기에 알을 낳는 기생벌. 이 벌은 주사기 같은 "산란관"으로 숙주의 몸에 수정란을
주입한다. 부화한 애벌레는 번데기의 몸을 먹이로 삼는다.

야생 초파리와 정반대로, 연구실에서 배양하는 초파리는 비교적 격리
되어 보호받으며 살아가는 듯이 보인다. 커다란 포식자의 위협을 받지
않으면서, 극소수의 종과만 상호작용하며 지낸다. 이따금 집게와 해부
바늘로 무장한 연구자가 "포식자"로 등장하지 않는다면 말이다. 그러나
초파리 병에는 단 한 종만이 배양되고 있는 것이 아니다. 다른 동물들처
럼, 연구실의 초파리 창자에도 초파리에게 으레 있는 이로운 세균들로
이루어진 "미생물총(microbiome)"이 있다. 게다가 건물 내부의 배양기
안에서 유리나 플라스틱으로 된 통 속에 갇힌 채 자라고 있기는 해도,
바깥 세계는 여전히 그들에게 영향을 미칠 수 있다. 해로운 세균, 곰팡
이, 바이러스, 진드기는 이따금 연구실 초파리 배양실로 침입하여 살아
있는 연구 도구로 기르고 있던 수백, 때로 수천 가지의 유전형을 쑥대밭
으로 만들 수 있다.

물론 야생 초파리든 연구실 초파리든 간에 방어 능력이 없는 것은 아

니다. 위협을 받으면, 초파리도 우리처럼 대처를 한다. 맞서 싸운다. 최소한 세포 수준에서는 그렇다. 초파리가 유전자와 상호연결된 유전자 연결망과 경로 수준에서 감염을 비롯한 위협들에 맞서 싸우는 방식은, 초파리 연구가 우리 인간을 더욱 이해하는 데에 기여하는 새로운 정보를 어떤 식으로 제공하는지를 보여주는 또다른 흥미로운 사례이다. 이 분야의 연구는 우리 세포의 유전자와 경로 기능에 관한 검증 가능한 가설을 제공함으로써, 다양한 생물들이 어떻게 감염에 맞서 싸우는지에 대한 우리의 이해를 높이는 데에 기여해왔다. 침입자에 맞서 싸울 군대를 모집한다는 가설이다. 또한 초파리를 이용한 연구는 곤충이 자신을 죽이려는 시도에 어떻게 저항하며, 우리가 또다른 위협—우리 유전체 안에 도사리고 있는—에 맞서 어떻게 자신을 지키는지에 대한 통찰력도 제공해왔다. 면역이 인간의 건강에 미치는 영향을 생각하고, 초파리가 모기 같은 질병을 옮기는 파리류의 가까운 친척임을 떠올리면, 이런 연구 분야들이 대단히 중요하고 시급하다는 것을 실감하게 된다.

나를 아무리 찔러도 피 한 방울 안 나올걸?

초파리의 감염 반응을 연구하려면, 먼저 통제된 방식으로 초파리를 감염시킬 방법이 필요하다. 정상적인 반응에서 벗어나면 알아차릴 수 있도록 실험을 반복하면서 반응을 측정하고 분석하면서이다. 즉 야생형과 특정한 돌연변이 초파리를 비교하는 것과 비슷하다. 분석을 해야 한다. 곤충을 미생물 병원체에 감염시키기는 어렵지 않다. 한 가지 단순한 방법은 핀을 이용하는 것이다. 세균이나 곰팡이 배지에 침을 담갔다가 성체를 찌르면 된다. 그러면 대개 미생물의 침입을 막는 단단한 겉뼈대를 통과하여 취약한 부드러운 조직으로 미생물을 침투시킬 수 있다. 또 한 가지 방법은 미생물을 초파리에게 섞어 먹여서 창자에 자리를 잡도록 하는 것이다. 인간의 소화계와 허파 질환에 관련이 있는 병원체를 연구할 때 쓰인다(Panayidou, Ioannidou, and Apidianakis 2014).

오염된 핀에 찔리는 모욕을 당할 때, 곤충의 몸은 빠르게 반응한다. 상처 부위에서는 혈구와 비슷한 한 종류의 세포가 피떡처럼 굳는다. 그래서 "멜라닌화한", 거무스름한 세포 물질이 딱딱하게 굳은 덩어리가 형성된다. 이 엉긴 덩어리는 침입 가능한 병원체를 차단하고 가둬둠으로써 몸 전체로 퍼지는 것을 막는 역할을 하는 듯하다. 한편 몸 안에서는 "지방체(fat body)"라는 특수한 세포가 무기고를 연다. 유전자들이 활성을 띠면서 항균 펩티드(antimicrobial peptide, AMP)라는 짧은 단백질을 다량으로 만들어낸다. 만들어진 항균 펩티드는 세포 바깥 공간과 "피림프(hemolymph)", 즉 초파리의 피로 분비된다. 항균 펩티드는 미생물 적과 마주치면, 미생물 안으로 들어가서 약화시키거나 죽일 수도 있다. 또는 침입자의 증식 능력을 떨어뜨릴 수도 있다. 사람의 항체처럼 특정한 침입자를 구체적으로 표적으로 삼아서 공격하는 맞춤방식은 아닐지라도, AMP도 공격자가 세균, 곰팡이, 바이러스인지에 따라서 만들어지는 것이 다르다. 달리 말하자면, 척추동물이 특정한 침입(또는 백신의 사례에서처럼 모사된 침입)에 반응하여 맞춤 항체를 만들어내는 "후천적 면역 반응(acquired immune response)"을 보이는 반면, 곤충을 비롯한 많은 동물들은 침입자의 일반적인 범주에 맞추어서 AMP를 비롯한 미리 정해진 반응을 보이는 "선천적(innate)" 면역 반응만을 보인다.

초파리의 이런 단순한 체계는 이 점에서 한계가 있다고 할 수 있다. 어떤 생물이 우리가 살펴보려는 생물학적 과제를 수행하지 않는다면,

유전적 접근법 같은 강력한 실험방법을 적용할 수가 없다. 그러나 사람도 초파리처럼 선천적 면역 반응을 가진다. 우리도 더 오래된 이 체계를 보존하면서 거기에다가 후천적 면역 반응을 추가로 갖추게 된 것이다. 게다가 초파리의 선천적 면역 능력을 연구하여 알아낸 지식은 곤충의 질병 매개체에 대한 면역성을 이해하는 데에 유용하다. 즉 초파리 연구는 모기를 비롯한 질병 매개체가 어떻게 들키지 않고 병원체를 몸에 주입하는지를 이해하는 데에 도움을 준다. 연구자들은 메뚜기와 누에나방 같은 좀더 큰 곤충에게서 시작하여—루이 파스퇴르가 이따금 연구한 곤충들—더 작은 초파리 체계로 나아가면서, 초파리의 세포나 우리의 세포가 위협에 직면하여 선천적 면역 반응을 일으킬 때 유전자와 세포 수준에서 어떤 일이 일어나는지를 꽤 완전히 끼워맞출 수 있게 되었다.

20세기 초에 곤충의 감염 반응이 국소 세포 반응 및 체액 체계를 통한 더 일반적인 반응을 둘 다 일으킬 수 있다는 것이 밝혀졌다(Ferrandon et al. 2007). 이윽고 연구자들은 감염된 곤충이 만드는 AMP를 추출하여 단백질 서열을 파악할 수 있었고, 이 펩티드가 세균이나 곰팡이, 또는 양족을 죽일 수 있다는 것을 보여주었다. 페니실린 같은 친숙한 항생제처럼, 이 미생물을 죽이는 항균 단백질들도 "세크로핀(cecropin)"과 "디프테리신(dptericin)"처럼 "-인(-in)"이라는 접미사가 붙어 있다. 20세기 말, 유전체 서열 분석 시대가 오기 전에, 메뚜기, 나방 등 다양한 곤충들에서 150가지가 넘는 AMP가 이미 파악되어 있었다. 몸집이 훨씬 더 큰 메뚜기나 나방에서 추출한 단백질에 비해서 초파리에서 추출하는 양이 훨씬 더 적었지만, 정제한 단백질의 아미노산 서열을 분석하는 방법인 질량 분석법의 발전 덕분에 1980년대에 연구자들은 초파리에서도 AMP를 분리하는 데에 성공했다.

그러나 항균 단백질을 분석하는 기술이 발전해도, 한 가지 수수께끼는 남아 있었다. 연구자들은 곤충이 AMP라는 형태로 반응을 일으킨다는 것은 알았다. 그런데 곤충은 자신이 침입당했다는 것을 어떻게 알까? 그리고 침입을 감지하면, 무엇이 AMP 생산을 개시하게 할까? 게다가 국지적으로 미생물과 직접 접촉한 세포들에서만이 아니라, 감염 지점에서 멀리 떨어진 세포들에서도 어떻게 반응을 유도하는 것일까? 또 세포들은 어떤 종류의 미생물이 침입했는지, 그래서 어떤 반응이 적절한지를 어떻게 아는 것일까?

검출하고, 중계하고, 반응하라

하이델베르크 선별 검사(제3장 참조)가 등장하기 전, 뉘슬라인폴하르트 연구진은 등쪽 구조가 없는 애벌레를 만드는 톨(Toll) 유전자의 한 우성 돌연변이를 발표했다. 그 애벌레의 큐티클은 "배쪽화(ventralized)"가 이루어져 있었다(Anderson, Jürgens, and Nüsslein-Volhard 1985). 1988년 K. V. 앤더슨 연구진은 톨 유전자에 해당한다고 여겨지는 DNA 조각의 서열 분석에 성공했고, 예상되는 아미노산 서열을 토대로 톨 단백질은 막에 끼워져 있는 단백질이라고 추론했다. 다른 돌연변이들도 톨 돌연변이 표현형을 빚어냈으므로, 다른 유전자들도 함께 어떤 공통의 경로를 이루고 있음을 시사했다. 많은 연구자들의 노력으로 등배축 결정에 관여하는 "톨 신호 전달 경로(Toll signal transduction pathway)"가 밝혀졌다. 등배축을 결정하는 톨 경로에서 정보 흐름이 일어나려면, 스페츨(spätzle) 유전자(스페츨 돌연변이 애벌레 큐티클의 모양이 국수처럼 생겨서 붙여진 이름)가 만드는 세포 바깥 단백질 리간드가 가공되어야 한다. 이 가공된 형태의 스페츨 단백질에 톨 수용체가 활성을 띠고, 이어서 초파리 연구자들이 튜브(Tube), 펠레(Pelle), 캑터스(Cactus), 도설(Dorsal)이라고 이름 붙인, 세포 내 효과기(effector) 단백질들을 통해서 세포 안에서 신호를 전달한다.

이야기는 거기에서 끝났을 수도 있다. 발생에 관여하는 또다른 경로가 파악되면서 애벌레의 주요 신체 축들을 따라 어떻게 신호가 설정되는지를 이해하는 데에 기여하는 것으로 말이다. 그러나 J. A. 호프먼 연구진은 세포에 AMP를 만들기 시작하라는 신호를 보낼 수 있는 유전자를 찾아나섰을 때, 놀라운 사실을 알아냈다. 그들은 톨을 발견했다. 원래 애벌레 큐티클 패턴에 미치는 영향을 토대로 파악된 이 수용체는 세포 표면에서 세균, 곰팡이, 바이러스의 표면이나 내부에 있는 특정한 단백질이나 분자를 검출하여 미생물이 침입하는 바깥 세계와 세포 내부 세계를 연결함으로써 그런 침입에 반응을 촉발하는 역할을 한다는 것이 드러났다. 미생물이 있을 때, 막에 끼워져 있는 톨 단백질은 "침입당하고 있어"라는 신호를 세포 바깥에서 받고, "무장해"라는 메시지를 세포 안으로 전달함으로써, 일련의 사건을 일으킨다. 전사인자가 염색체의 특정한 DNA에 결합하여 AMP를 비롯한 관련 유전자들을 조절하는 일들이 일어난다. 그 발견으로 호프먼은 노벨상을 받았다.

톨은 고도로 보존되어 있으면서 다면 발현성을 띠는 유전자의 또다른 대표적인 사례로, 한 문제에 해당하는 한 해결책을 서로 다른 세포에 적용하여 서로 다른 목표를 달성하는 데에 이용된다. 선천적 면역 반응과 톨이 관계가 있음이 드러날 무렵에, 초파리 애벌레의 패턴 형성 유전자 연구를 통해서 톨 신호 전달 경로의 구성요소 중 상당수가 이미 발견되어 있었고 그들 사이의 기능적 관계도 이미 파악된 상태였다. 그래서 타고난 면역계에 관심이 있는 연구자들은, 톨의 활성화와 AMP 유전자의 발현 사이의 중간 단계들에 관여할 추가 유전자들에 관해서 즉시 검증 가능한 가설들을 제시할 수 있었다. 그들은 튜브, 펠레, 캑터스 같은 초파리 단백질들과 포유동물의 면역계에 관여하는 단백질들 사이에 유사성이 있는지를 찾아보았다. 톨 신호 전달 경로를 포유동물의 면역 감시 체계와 비교했더니, 발생 때 톨 신호를 전달하는 구성요소들과 포유동물에게서 병원체에 대한 반응을 전달하는 구성요소들의 배선이 본질적으로 동일하다는 것이 발견되었다. 신호 촉발과 유도된 반응이 발생과 면역 반응 양쪽에서 달랐음에도 그랬다(Ferrandon et al. 2007). 그 과정에서 초파리 연구자들은 톨 수용체가 초파리 자신의 유전체가 만드는 리간드만이 아니라, 세균의 편모 꼬리에 있는 단백질이나 일부 바이러스에게 전형적인 이중 나선 RNA 등 침입하는 종의 특정한 단서에도 활성을 띨 수 있다는 것을 깨달았다. 종합하자면, 곤충의 생화학, 초파리 유전학, 포유동물 세포학과 면역학을 통해서 얻은 정보는 수렴했으며, 덕분에 어느 한 접근법만을 써서 얻을 수 있었을 것보다 이 중요한 과정을 더 온전하게 파악할 수 있었다.

타고난 면역 반응 그리고 그 반응이 "톨 유사 수용체(Toll-like receptor)", 즉 TLR 경로라고 알려지게 될 톨 경로의 제어를 받는 양상은 진화적으로 오래된 적응 형질임이 드러났다. 곤충, 포유류, 조류, 연체동물, 해파리, 산호, 심지어 식물에 이르기까지, 모든 다세포 생물은 TLR 경로의 수정판을 세균, 균류, 바이러스의 침입을 감지하고 반응을 촉발하는 수단으로 쓴다. AMP와 반격까지 포함하는 그밖의 방어 기구들의 발현을 유도하는 TLP를 통해서 방어 준비 태세를 갖춘다는 공통점을 가진다. 이런 발견들은 TLR 경로 구성요소들이 생물의 자연사 초기에 진화했고, 기나

긴 진화 시간에 걸쳐 보존되어왔음을 보여준다. 우리는 미생물의 침입에 맞서 싸운다는 점에서만이 아니라, 그 위협을 간파하고 반응하는 세포 메커니즘도 동일하다는 점에서 다른 생물들과 공통점이 있다. TLR 경로 연구는 사람의 자가면역 장애를 일으키는 면역계의 오류를 치료하는 데에도 도움을 주었다(Marshak-Rothstein 2006). 오랫동안 말라리아 치료제로 쓰였고, 더 최근에는 루푸스(lupus)와 관절염 같은 자가면역 장애를 치료하는 데에 이용되는 하이드록시클로로퀸(hydroxychloroquine)이라는 약물이 사람의 TLR 경로의 억제제임이 드러났다(Dunne, Marshall, and Mills 2011). TLR 작용제, 즉 TLR 활성을 잠재우는 것이 아니라 증진시키는 약물도 임상에 쓰인다. 사람 TLR 작용제인 이미퀴모드(imiquimod)는 생식기 사마귀 치료제로 FDA 승인을 받았고(Hemmi et al. 2002), 적어도 TLR 작용제 중의 하나는 백신 접종 때 반응을 증진시키는 "보조제"로 쓰인다(Rappuoli et al. 2011). 그밖에도 암, 만성 피로 증후군, 알레르기 등 다른 면역계 질환 치료에 쓰이고 있거나 임상 시험 중인 TLR 표적 약물들이 있다(Bryant et al. 2015).

질병을 이해하고 치료제를 개발하는 일을 목표로 삼아서 TLR 경로를 연구하는 사람들이 있는 반면, 새 영역을 계속 탐사하는 사람들도 있다. 일부 초파리 연구자들은 TLR 경로 활성과 우주여행 사이의 관계를 조사하고 있다. 우주여행은 면역계에 스트레스를 준다고 알려져 있다. 이 해결책을 찾기 위한 노력의 일환으로서, 초파리를 우주로 보내어 이곳 지구와 다른 중력 조건에 놓는 실험이 이루어졌다. 연구진은 초파리의 선천적 면역계가 이런 노출에 어떤 영향을 받는지를 살펴보고 있다. 다른 중력 조건에 놓인 초파리의 면역계에서 어떤 일이 일어나는지를 이해하게 된다면 앞으로 인류가 더욱 안전한 우주여행을 하는 데에 도움이 될 수도 있을 것이다(Taylor et al. 2014).

환영 받지 못한 손님들

세균, 바이러스, 균류 등 사람에게 감염병을 일으키는 미생물 종들 중의 상당수는 초파리를 이용하여 연구되어왔다(Panayidou, Ioannidou, and Apidianakis 2014). 사람의 병원체를 초파리(또는 배양하는 초파리 세포)에게 집어넣었을 때 반응을 일으킨다면, 유전적 접근법을 써서 침입자가 숙주세포에 들어가고 증식하고 주변으로 퍼질 때 이용하는 "숙주인자(host factor)", 즉 초파리 숙주에 있는 유전자들을 연구할 수 있다. 또한 초파리는 말라리아를 일으키는 열대말라리아원충(*Plasmodium falciparum*)을 옮기는 모기(Schneider and Shahabuddin 2000)나 리슈만편모충증을 일으키는 리슈마니아 도노바니(*Leishmania donovani*)를 옮기는 모래파리(Peltan et al. 2012)처럼 연구하기가 어려운 곤충의 병원체가 옮기는 감염을 연구하는 모델이나 대용물로 이용되어왔다. 초파리는 꿀벌의 기생체인 크리티디아속(*Crithidia*)을 연구하는 모델로도 쓰여왔다(Boulanger et al. 2001). 초파리의 "숙주 – 병원체 상호작용"에 관해서 무엇인가를 알아낸다면, 인간이나 곤충이 같은 위험에 노출될 때 으레 일으키는 숙주 – 병원체 상호작용에 관한 가설을 세울 수 있다.

특히 앞에서 말한 연구들에서는, 초파리를 야생에서 정상적으로는 상호작용하지 않는 병원체에 노출시켰다. 그러나 초파리가 야생에서 본래 감염되는 병원체를 비롯하여 오랜 진화 역사에 걸쳐 다른 생물들과 상호작용을 해왔다는 점을 염두에 둔다면 그로부터 많은 것들을 배울 수 있다. 바이러스는 초파리가 야생에서 노출될 수 있는 다양한 위협 중의 하나이다. 1960-1970년대에 드로소필라 멜라노가스테르 시그마 바이러스(sigma virus)와 드로소필라 C 바이러스를 비롯하여 초파리를 감염시키는 바이러스가 몇 종류 발견되었다(Jousset, Bergoin, and Revet 1977; Seecof 1968). 좀더 최근에는 차세대 서열 분석 기술을 야생에서 포획한 초파리에 적용하면서 초파리의 것이 아닌 바이러스를 비롯한 서열을 찾는 일을 목표로 한 컴퓨터 분석을 결합하자, 훨씬 더 많은 종류의 바이러스들이 야생 초파리 집단과 얽혀 있음이 밝혀졌다(Webster et al. 2016; Webster et al. 2015). 이 서열 기반 접근법은 바이러스 자체를 파악하는 데에 도움을 주었을 뿐 아니라, 바이러스에 감염된 야생 초파리의 비율을 조사하는 일에도 쓸 수 있다. 야생 초파리의 약 30퍼센트가 적어도 한 종류의 바이러스에 감염되어 있으며, 지역 집단에 따라서 감염률이 10퍼센트에서 80퍼센트를 넘는 수준까지 다양하다는 연구 결과가 나와 있다(Webster et al. 2015).

야생에 사는 숙주와 병원체(또는 포식자, 공생체, 기타 상호작용하는 생물)의 상호작용을 연구하면, 초파리를 모델로 삼은 연구로부터 얻은 정보와 어떻게 다른지가 드러날 수 있다(Keebaugh and Schlenke 2014; Kraaijeveld and Godfray 2009). 초파리 본래의 병원체 연구를 통해서, 우리는 어떤 유전자들이 숙주와 그 장래 손님의 "공진화"와 관련이 있는지를 알아낼 수 있다. 이런 상호작용 중의 일부는 세포 수준의 반응을 넘어서 복잡한 행동의 세계에 걸쳐 있다. 기생벌에 감염될 위험에 반응하여 초파리가 보이는 행동이 한 예이다. 초파리 환경에 기생벌이 있을 때, 초파리 암컷은 알코올이 적은 먹이에서 알코올이 풍부한 먹이로 이동하여, 그곳에 알을 낳는다. 부화한 애벌레는 알코올이 가득한 먹이를 먹으며, 발달하는 동안 애벌레의 몸에서는 알코올 농도가 높아진다. 기생벌 애벌레는 알코올이 많은 환경에서는 잘 자랄 수가 없으므로, 암컷의 이 행동은 자식들이 위험에 처하지 않게 막는다(Milan, Kacsoh, and Schlenke 2012; Kacsoh et al. 2013).

집의 붙박이 손님

야생에서 으레 일어나는 상호작용은 기생하든 감염하든 간에 한 숙주가 다른 생물에 감염될 때 어떤 영향을 받는지를 알려줄 수 있다(Thomas et al. 2000). 초파리, 세포 내 공생 세균, 기생벌의 상호작용(Vavre, Mouton, and Pannebakker 2009)이나 초파리, 볼바키아(*Wolbachia*)라는 세균, 바이러스 사이의 상호작용이 그 예이다. 그런 연구를 통해서 얻은 정보를 가지고 감염병 전파를 막을 새로운 전략을 개발하는 데에 쓰인 사례가 적어도 하나 있다. 이런 발견들 가운데 일부는 무엇이 병원체이고 아닌지를 우리가 과연 명확히 정의할 수 있는지 의문을 제기한다. 나의 적이 나의 적의 적이기도 하다면, 친구라고 할 수 있을까? 볼바키아 세균은 미생물과 숙주 사이의 관계가 명확하지 않은 사례이다. 볼바키아는 초파리나 다른 숙주 종의 세포 안에서 살아간다는 점에서 특별하다. 처음에 모기 세포 안에서 산다는 것이 발견되었고, 나중에 많은 실험실 초파리 계통들을 포함하여, 다른 곤충들에서도 발견되었다. 볼바키아는 숙주를 놀라울 만큼 통제하는데, 숙주의 정상적인 유전 프로그램을 뒤엎어서 곤충의 생리, 번식 능력, 행동을 바꾸는 능력을 가지고 있다(Hilgenboecker et al. 2008). 볼바키아가 숙주세포 안에서만 생존한다는 사실은 한 가지 의문을 제기한다. 곤충 숙주가 필연적으로 죽는다는 점을 생각할 때에, 세균이 어떻게 계속 퍼지면서 존속할 수 있는 것일까? 볼바키아는 진화하면서 그 문제에 관한 영리한 해결책을 갖추었다. 볼바키아는 발달하는 알 안에 확실히 들어갈 수 있도록 함으로써 미래를 확보한다. 즉 다음 세대로 전달될 수 있도록 한다. 이렇게 알(정자가 아니라)을 통해서 전달되는 양상을 띰으로써, 볼바키아는 번식에 영향을 미치는 전략과 볼바키아에 감염된 초파리 자식과 감염되지 않은 자식의 생존 조건을 달리하는 전략을 개발했다(Werren, Baldo, and Clark 2008).

2008년에 두 연구진이 초파리가 볼바키아에 감염되면 바이러스 감염이 억제된다는 증거를 내놓았다(Teixeira, Ferreira, and Ashburner 2008; Hedges et al. 2008). 이것이 볼바키아의 이기적인 행동이라는 점에는 의문의 여지가 없다. 숙주세포의 건강을 지킴으로써 세균 자신의 생존도 확보된다. 그렇기는 해도 이 행동은 바이러스에 감염되지 않도록 함으로써 초파리에게 확실한 혜택을 제공하는 듯하며, 볼바키아 감염이 왜 그렇게 흔한지를 설명하는 데에 도움이 된다(Teixeira, Ferreira, and Ashburner 2008). 곤충, 세균, 바이러스의 이 3자 관계가 사람에게도 유용할 수 있을까? 답은 "그렇다"일 수도 있다. 모기가 옮기는 감염병의 확산을 억제하기 위해서 애쓰는 연구자들은, 볼바키아의 이 보호 효과를 모기가 사람에게 옮기는 병원성 바이러스의 감염을 막는 데에 이용할 방법을 찾으려고 한다. 초파리에게서 이 세균과 바이러스의 상호작용을 처음 밝혀낸 두 연구진도 이런 응용 가능성을 제시한 적이 있다(Hedges et al. 2008; Teixeira, Ferreira, and Ashburner 2008).

초파리에게서 이런 발견이 이루어진 후에, 다른 연구진이 볼바키아 균주가 이집트숲모기(*Aedes aegypti*)가 옮기는 뎅기열을 일으키는 바이러스의 전파를 억제하는 듯이 보인다는 것을 발견했다. 뎅기열 바이러스는 볼바키아에 감염되지 않은 모기의 침에서는 검출되었지만, 그 세균에 감염된 모기의 침에서는 검출되지 않았다(Walker et al. 2011). 볼바키아는 모계를 통해서 후대로 전달되므로, 아마도 야생에서 숲모기 집단에 볼바키아를 퍼뜨리면, 바이러스나 다른 감염균을 지닌 야생 숲모기의 수를 줄일 수 있지 않을까 싶다. 2010년 무렵에는 이미 야외에서 실험이 이루어지고 있고, 그 뒤로 뎅기열, 치쿤구니야열, 일본뇌염, 말라리아원충을 방제하는 데에 볼바키아를 이용할 수 있는지 연구가 진행되고 있다(Walker et al. 2011; Moreira et al. 2009; Bian et al. 2010; Jeffries and Walker 2015). 오스트레일리아에서는 볼바키아에 감염시킨 숲모기를 풀어놓았더니 집단 내에서 그 개체들의 비율이 높아졌다는 결과가 나왔다(Turelli and Barton 2017; Hoffmann et al. 2011). 볼바키아가 이미 많은 곤충 종들에서 발견되었고, 모체에서 자식에게로만 전달되는 자연적인 한계가 있다는 사실 때문에, 이 접근법은 효과적이면서 비교적 안전한 방제 수단으로 여겨지고 있다.

감수성과 내성

초파리는 다른 유형의 보호 방법을 살펴볼 체계도 제공한다. 일부 곤충들이 사람의 건강과 식량에 안 좋은 영향을 끼친다는 점을 생각하면, 곤충 집단의 크기를 효과적으로 억제하는 방법을 찾아내는 데에 관심이 쏠리는 것도 당연하다. 현대 인류가 곤충을 죽이는 데에 주로 이용되는 방법 가운데 하나는 화학물질인 살충제를 쓰는 것이다.

화학적 살충제는 종류가 아주 다양하며, 저마다 발생, 번식, 신경계 기능 등 서로 다른 생물학적 과정들에 영향을 미친다. 그러나 작용 양상은 서로 달라도, 모든 살충제는 한 가지 공통점이 있는 듯하다. 일단 특정한 살충제를 어느 지역에 뿌리고 나면, 그 효과가 좋았던 살충제를 다음에 다시 뿌릴 때마다 효과가 점점 떨어질 가능성이 높다는 것이다. 이 현상을 살충제 "내성(resistance)"이라고 하며, 1914년부터 알려져 있었다. 당시 곤충학자 A. L. 멀랜더는 같은 살충제를 한해 뒤에 같은 밭에 뿌렸을 때 효과가 없는 이유가 살충제 자체의 "수수께끼 같은 변질"이나 화학적 분해 때문이 아니라, 곤충 자체가 변했기 때문일 수 있다고 주장했다(Melander 1914). 한 세기 남짓 지난 지금도, 곤충학자를 비롯한 여러 분야의 연구자들은 살충제 내성을 더욱 철저하게 이해하기 위해서 노력하고 있다. 또 한 가지 주목할 점은 1969년에 L. 데브링이 말했듯이, 살충제 내성이 "개체군이 환경 변화에 적응하는 훨씬 더 일반적인 현상의 특수한 사례라는 것이다(Dävring 1969)." 진화하는 동안 곤충은 일부 토양에서 유달리 고농도로 존재하는 금속 이온이나, 식물이나 균류가 만드는 복잡한 유기물 독소 등 자연적으로 생기는 독소에 내성을 갖추게 되었다. 따라서 살충제 내성의 연구를 통하면 자연적인 내성 메커니즘도 알아낼 수 있다.

살충제 내성이라고 말하니, 곤충이 시간이 흐르면서 살충제에 내성을 "획득"하거나 내성이 "발달"한다는 의미로 받아들일지도 모르겠다. 그러나 이런 용어들은 개체 수준에서가 아니라, 곤충 집단 수준에서만 적용되는 것이다. 한 곤충 개체군이 어떤 독소에 처음에 노출되었을 때 개체수가 급감했다가 그 뒤로 반복하여 노출되는 상황에서도 정상 수준으로 돌아올 때, 그 집단은 내성을 획득했거나 내성이 발달했다고 말할 수 있다. 개체 수준에서 벌어지는 상황은 전혀 다르다. 개별 곤충에게서 "내성"은 얻을 수 있는 속성이 아니라, 우연의 산물에 더욱 가깝다. 살충제를 뿌릴 때, 대부분의 개체는 살충제에 민감할지라도, 극소수의 운 좋은 개체는 자연적으로 내성을 지니고 있었을 것이다. 개체별 유전적 차이 때문인데, 그 차이가 우연히도 새롭게 노출된 살충제 내성과 관련이 있는 것일 뿐이다. 다른 개체들이 죽어갈 때, 이 소수의 개체는 살아남아서 번식한다. 그 결과 개체군에서 내성 개체 대 민감한 개체의 비율이 달라진다.

곤충 집단에서 어떤 개체는 내성을 띠게 하고 어떤 개체는 그렇지 않게 만드는 구체적인 분자 메커니즘이 과연 무엇일까? 살충제를 뿌려서 없애고자 하는 바로 그 곤충을 직접 연구하는 것이 이 질문을 규명하는 데 여러 모로 더 낫다는 점은 당연하다. 그러나 그렇게 하려면 먼저 중대한 장애물들을 넘어야 한다. 유전 분석을 비롯한 여러 가지 실험에 쓰이는 곤충들 중에서 초파리만큼 연구가 잘 되어 있고 그만큼 자료가 풍부한 종은 없다. 2011년 T. 페리 연구진은 이렇게 썼다. "합리적인 해충 방제를 하려면, 먼저 해당 곤충을 생물학적으로……충분히 이해해야 한다. 그러니 최고의 모델 곤충 체계인 드로소필라 멜라노가스테르를 대상으로 이 연구를 하여, 그 결과와 방법을 다른 곤충들에 맞게 해석하는 것이 타당하다"(Perry, Batterham, and Daborn 2011).

한 예로, 초파리는 살충제 내성과 관련 있는 유전적 변화를 알아내려는 실험에 유용하다. 그런 실험은 내성의 세포 메커니즘에 관해서 무엇인가를 알려줄 수 있다. 지금은 야생에서 잡은 곤충들의 민감한 계통과 내성 계통의 유전자 서열을 분석하여 내성과 관련된 돌연변이 후보를 찾아내는 것이 가능해졌지만, 후보로 올린 DNA 서열의 차이들 가운데 무엇이 내성과 관련이 있는지가 언제나 명백히 드러나는 것은 아니다. 한 돌연변이가 내성을 제공한다는 명확한 증거를 제공할 수 있는 방법은, 내성과 관련이 있다고 여겨지는 돌연변이 유전자를 살충제에 민감한 곤충에 집어넣은 다음, 그 개체가 내성을 띠는지 여부를 알아보는 것이다. 설령 연구하는 유전자가 다른 종의 것이라고 해도 초파리는 그런 실험에 유용할 수 있다. 꽃노랑총채벌레(*Frankliniella occidentalis*)에게 살충제인 스피노사드(spinosad)에 대한 내성을 제공할 것으로 추정되는 돌연변이를 파악한 다음에, 연구자들은 초파리 유전자 달파6(Dalpha6)의 서열에 그에 상응하는 변화를 일으켜보았다. 그러자 초파리의 스피노사드 내성이 무려 66배나 증가했다. 그리하여 어느 아미노산 변화가 그 화학물질에 내성을 제공하는 능력을 가지는지를 둘러싼 논쟁은 종식되었다(Zimmer et al. 2016). 다른 몇몇 살충제와 유전자의 관계에서도, 초파리의 유전 연구를 통해서 어느 유전자가 내성을 제공하는지가 파악되었다. 이 정보를 활용하면, 내성 양상이 다르다고 알려진 살충제들을 함께 써서 해충 방제의 효과를 높일 수 있을 것이다.

내성을 갖추려면 대가를 치러야 할까?

화학적 살충제를 반복하여 뿌리면 내성이 발달한다. 그런 반면에 한 지역에 얼마 동안 살충제를 뿌리지 않으면, 내성 곤충의 비율이 다시 낮아지고 민감한 곤충의 비율이 다시 높아지는 현상이 나타난다. 곤충 집단은 왜 원래 상태로 돌아가는 것일까? 이 빈도 변화를 설명하기 위해서 나온 한 가지 가설은 내성을 제공하는 돌연변이가 야생형에 비해서 그 개체의 전반적인 "적응도(fitness)"를 줄인다는 것이다. 즉 정상적인 상황이라면, 내성 돌연변이는 건강에 더 안 좋거나 수명을 줄이거나, 번식률을 떨어뜨린다는 것이다. 1950년대에 집단유전학 분야의 선구자인 J. F. 크로는 DDT(dichlorodiphenyltrichloroethane)에 내성을 지닌 초파리 계통이 정상 조건에서는 적응도가 떨어진다는 연구 결과를 발표했다. 그 가설을 뒷받침하는 직접적인 증거였다. 크로는 DDT 내성의 적응 비용이 아직 그 화학물질에 노출되지 않은 집단에서 내성 계통의 비율이 낮은 이유라고 주장했다(Crow 1954; 1957; Morton 1993). R. S. 싱과 R. A. 모튼은 다른 살충제인 말라티온(malathion)에 대한 내성에도 적응 비용이 들어간다는 것을 밝혀냈다. 이 사례에서는 내성 돌연변이가 발달 지체와 관련이 있다. 즉 내성을 띠는 개체는 야생형에 비해 성체로 발달하는 데에 더 오래 걸린다는 것이다(Singh and Morton 1981). 내성이 비용을 수반하기 때문에 살충제가 사라지면 민감한 개체의 비율이 다시 회복된다는 개념은 현재 널리 받아들여져서 해충 방제 전략을 수립하는 데에 유용하게 쓰이고 있다.

그러나 우리가 어떤 개념의 실마리를 잡았다고 생각하자마자, 자연은 예외 사례를 보여주면서 생물학자를 놀려주곤 한다. 초파리는 대개 어떤 종류의 버섯도 먹지 않는다. 따라서 초파리가 고도의 독성을 띤 알광대버섯(*Amanita phalloides*)을 뜯어먹는다는 것은 더욱 있을 법하지 않은 일 같다. 알광대버섯을 먹지 않는다면, 논리상 야생 초파리가 이 버섯이 만드는 치명적인 독소인 알파-아마니틴(alpha-amanitin)에 내성을 갖출 필요도 없을 것이다. 이 논리는 대체로 들어맞는 듯하다. 지금까지 조사한 야생 초파리 계통들은 대부분 알파-아마니틴 독소에 대단히 민감하다. 그러나 모든 계통이 그런 것은 아니다. 1970년대에 D. E. 콜터와 A. L. 그린리프 연구진은 알파-아마니틴에 내성을 제공하는 돌연변이가 초파리에게 있는지 알아보기 위해서 유전 선별 검사를 했다. 그들은 일부 돌연변이 초파리가 이 독소에 내성을 띤다는 것을 발견했다. 즉 초파리는 이 버섯에 내성을 띠는 능력을 가지고 있었던 것이다

(Greenleaf et al. 1979). 그래도 연구자들은 야생에서는 그런 내성을 띠는 계통이 전혀 없을 것이라고 예상했다. 그러나 1982년에 J. P. 필립스, J. 윌름스, A. 피트는 아시아의 세 지역에서 채집한 야생 초파리들에게서 알파-아마니틴에 자연적으로 내성을 띠는 계통 3종류를 찾아냈다. 실험실에서 기르는 보통의 야생형 초파리는 표준 먹이에 알파-아마니틴을 1.2마이크로그램 첨가하면, 한 배양기에 사는 개체 중 약 절반이 죽는다. 그런데 이 새로 채집된 계통들은 훨씬 더 많이, 무려 35마이크로그램을 첨가했을 때에야 절반이 죽었다(Phillips, Willms, and Pitt 1982).

우리가 다른 모델계에서는 할 수 없지만 초파리로는 할 수 있는 일들 중의 하나는 그냥 방치하는 것이다. 아주 오랫동안 말이다. 초파리의 어느 하나 또는 몇 개의 특정한 유전형을 골라서, 다년간 그냥 계속 기르면서 그 고립된 집단에 어떤 식으로 진화가 일어나는지를 지켜보는 데에 소요되는 비용은 얼마 되지 않는다. 야생에서 채집한 세 알파-아마니틴 내성 계통을 대상으로 바로 그런 연구가 이루어졌다. 버섯의 독소에 내성을 제공하는 유전적 변화에 적응 비용이 있다면, 연구자들이 정상 먹이(그 독소가 없는)로 30년 넘게 그 초파리들을 배양하는 동안 내성 돌연변이를 가진 개체는 다 사라졌거나 극히 미미한 비율로 남아 있을 것이라고 예상할 수 있다. 그런데 2015년 C. L. 미첼과 T. 워너 연구진은 이 세 계통이 모두 내성 대립 유전자를 잃지 않고 간직하고 있다는 것을 발견했다(Mitchell et al. 2015). 이 자료는 DDT나 말라티온 내성과 관련된 돌연변이와 달리, 알파-아마니틴 내성과 관련된 돌연변이가 불이익을 주지 않음을 시사했다. 게다가 연구진이 이 초파리 계통들에 알파-아마니틴이 섞인 먹이를 주자, 번식률이 더 높아졌다(Mitchell et al. 2015). 이 자료는 독소에 내성을 제공하는 돌연변이에 반드시 불이익이 따르는 것

알광대버섯(*Amanita phalloides*). 초파리는 버섯을 먹지 않는다고 알려져 있지만, 야생 초파리 계통들을 조사하니 이 버섯이 만드는 치명적인 독소인 알파-아마니틴에 내성을 가진 것들이 발견되었다.

은 아님을 알려준다. 다른 연구자들도 초파리를 장기적인 연구에 쓸 수 있는 이 특성을 활용해왔다. 여러 해 동안 초파리를 어둠 속에서 기르는 이른바 암흑 초파리 연구가 대표적이다. 그런 연구 중의 하나는 페인이 1907년에 시작했다(Payne 1910). 또 S. 모리가 1954년에 시작한 연구는 지금까지 이어지고 있다(Gelling 2016).

내부로부터의 위협에 저항하기

모든 위협이 외부에서만 오는 것은 아니다. 2000년 최초로 초파리 유전체 서열 초안이 발표되었을 때, 연구자들은 초파리 유전체 중에서 전이인자나 그 잔해, 또는 그와 관련된 서열이 상당한 비율을 차지한다는 점을 알아차렸다(Adams et al. 2000). 전이인자가 초파리 유전체에만 있는 것은 아니다. 우리를 비롯한 많은 생물들의 유전체에도 들어 있다. 전이인자는 염색체에서 떨어져 나와서 이동할 수 있기 때문에, 교란을 일으킬 수 있다. 전이인자가 마구 돌아다니면 염색체 DNA에 해로운 영향이 미칠 수 있다. 돌연변이, 크고 작은 결실, 역위 등 종합하여 "유전체 불안정"이라고 불리는 변화들이 일어난다. 따라서 전이인자의 이동성은 불임이나 사망에 이를 정도로 생물의 적응도를 약화시킬 수 있고, 새로 생긴 해로운 돌연변이를 우려할 만한 비율로 다음 세대로 전달하는 상황이 나올 수도 있다.

그러니 세포가 전이인자의 이동 능력을 차단함으로써, 이런 인자들을 억제하는 메커니즘을 가진다고 말해도 그리 놀랍지는 않을 것이다. 난자나 정자가 형성될 때 그런 요인들은 특히 중요한 역할을 한다. 그런 세포들의 유전체가 뒤죽박죽이 되면 나올 자식에게 매우 치명적인 영향이 미칠 것이기 때문이다. 세포가 전이인자의 활동을 억제하는 메커니즘을 밝히는 데에 도움을 주었던 유전자 돌연변이 중의 일부가 초파리의 생식력에 결함을 일으킨다는 사실도 이 논리에 들어맞는다. 오버진(aubergine)이나 아거노트 3(Argonaute 3, Ago3) 유전자의 돌연변이가 그렇다. 2000년대에 우리는 이 인자들을 잠재우는 복잡한 분자 기구의 작동 과정을 파악하기 시작했다(Senti and Brennecke 2010). 비록 나중에 그 메커니즘이 더 보편적인 것임 밝혀지기는 했지만, 세포가 전이인자의 이동 능력을 억제하는 메커니즘을 이해하게 된 것은 대체로 초파리를 대상으로 이루어진 연구들 덕분이었다. 플라멩코(flamenco), 피위(piwi), 스텔레이트(Stellate)라는 세 유전자좌 연구도 그러했다(Han and Zamore 2014; Goriaux et al. 2014).

세포는 어떻게 이 과제를 해낼까? 본질적으로 세포는 전이인자의 서열을 이용하여 전이인자를 억제하고, 단백질들은 전이인자가 만드는

RNA 조각을 붙잡아서 차례로 넘기면서 조각낸다. 이 과정을 전이인자 억제의 "핑퐁 주기(ping-pong cycle)"라고 한다(Goriaux et al. 2014; Senti and Brennecke 2010). 더 구체적으로 이 과정을 설명하면, 다음과 같다. RNA 분자는 전이인자에서 전사되어 세포핵에서 세포질로 나오면, piRNA군에서 나온 RNA 조각과 함께 오버진 단백질에 결합된다. 그 전이인자 RNA는 Ago3 단백질로 전달되어 더 작은 조각으로 잘린 뒤, piRNA군에서 전사된 RNA와 짝을 짓는다. 그 piRNA군 RNA는 Ago3에서 다시 오버진으로 전달되고, 오버진은 더 작은 조각으로 자른다. 잘린 조각은 다시 다른 전이인자 RNA와 결합된다. 이 포획과 파괴의 주기가 계속됨으로써, 전이인자의 이동을 차단한다.

일단 초파리 연구를 통해서 다른 종들에서 어떤 유전자와 활동을 찾아야 할지가 명확해지자, 연구자들은 사람의 세포에서 관련 유전자들을 찾아내고 특성을 파악해낼 수 있었다. 거기에는 piRNA 체계의 "pi"라는 이름의 연원이 된 피위 단백질의 친척들도 있었다. 피위 단백질의 사람 판본은 히위(Hiwi) 단백질이라고 한다. 초파리의 피위처럼, 히위 단백질도 오버진과 Ago3의 인간판 단백질들과 함께 우리의 유전체에서 교란을 일으킬 태세가 되어 있으며, 그럴 수 있는 인자들을 잠재우는 데에 기여한다. 처음 유사성이 발견된 이후로도, 초파리 연구는 포유류를 비롯한 다른 생물 체계들에 계속 정보와 실험의 지침을 제공해왔다. 2015년 P. D. 재모어는 한 학술대회에서 피위와 piRNA에 관해서 이렇게 말했다. 초파리에게서 piRNA 체계의 어느 구체적인 활성이 발견되면, 곧이어 연구자들이 생쥐를 조사하여 동일한 기능이 친척 단백질들에 보존되어 있다는 사실을 발견한다는 것이다. 그는 생쥐에게서 먼저 비슷한 연구를 했다면, 생쥐에게서는 그 활동을 가리는 추가 기능이 있기 때문에 그런 것들을 발견하지 못했을 것이라고 주장했다. 초파리 연구를 토대로 삼았기 때문에 연구자들은 무엇을 찾아야 할지 알았고 일단 찾아내자, 생쥐에게서도 동일한 현상이 일어난다는 증거를 발견했다.

외부의 위협이든 내부의 위협이든 간에, 그 위협이 자연적인 것이든 아니든 간에, 초파리와 다른 종들 사이의 방어와 저항 메커니즘 사이에는 유사한 점이 많다. 초파리 연구는 우리의 세포, 그리고 우리의 곤충 적들의 세포가 침입에 어떻게 반응하고, 해를 끼칠 독소를 어떻게 해독하고, 내부의 위협을 어떻게 억누르는지를 알아내는 데에 기여한다. 이 새로운 정보를 갖춘 덕분에, 우리는 세포 수준, 개체 수준, 종 수준의 생물학에 관해서 흥미로운 진리를 배울 수 있을 뿐만 아니라, 자가면역 질환을 치료하고, 모기를 통한 감염병의 전파를 억제하고, 해충의 작물 파괴를 막는 새로운 방법을 개발하는 등 더욱 고상한 목표도 추구할 수 있게 되었다.

제8장
행동

인간의 뇌는 새로운 정보를 받고, 그 입력을 과거에 받은 정보와 통합하고, 이어서 적절한 반응을 이끌어내는 기관이라고 묘사할 수도 있다. 그러나 그토록 많은 일들을 하는, 그토록 많은 수수께끼들을 간직한 무엇인가에 대한 묘사치고는 만족스럽지 않다! 우리의 뇌는 허기와 갈증, 공포와 사랑, 수면과 각성, 의식적 호흡이나 무의식적 호흡을 통제하는 데에 기여한다. 기억과 연상을 형성하고, 의도와 운동을 통합하고, 위험을 경계할 수 있도록 해준다. 뇌 덕분에 우리는 시끄러운 방에서도 누가 자신의 이름을 부르면 알아차리고, 저 멀리 군중 속에 있는 친구도 알아보고, 빳빳한 캔버스와 부드러운 펠트를 분별하고, 오렌지와 포도의 냄새를 구별하고, 후추와 고추냉이의 맛을 구분할 수 있다. 우리를 정의하는, 즉 인간이 무엇인지를 정의하는 듯한 복잡한 뇌 활동과 그 결과로 나오는 행동들, 즉 감각, 감정, 조화로운 행동, 수면 등이 세포 연결망, 개별 신경세포, 또는 더 세부적으로 들어가서 유전자가 만드는 개별 단백질의 특정한 생화학적 활동으로 환원될 수 있을 것이라고 생각하기란 왠지 어려워 보인다. 또한 초파리의 뇌가 인간의 뇌 능력에 근접한 무엇인가를 할 수 있다고 상상하는 것도 어려워 보인다. 그러나 우리는 과학적 조사를 통해서, 두 가지 모두 옳다는 것을 깨달아가고 있다. 우리는 복잡한 행동을 한정된 세포와 세포 내 활동 수준으로 환원할 수 있다. 그리고 갖가지 복잡한 행동을 드러내는 동물인 초파리를 연구하는 사람들은 그 일을 돕고 있다.

흐름과 통로

신경계와 전기(電氣)가 관련이 있다는 사실은 오래 전부터 알려져 있었다. 많은 사람들은 기초 생물학 실습 시간에 죽은 개구리의 다리에 전지를 연결하면 다리가 부르르 떨리는 광경을 관찰했을 것이다. 그 실험은 1791년 L. 갈바니가 한 것으로 알려진 실험을 재현한 것이다. 개구리의 뒷다리가 움직이는 모습을 관찰할 때, 이런 궁금증이 떠올랐을 수도 있다. 전류를 가하는 것과 신경세포의 활성 사이에 어떤 관계가 있는 것일까? 살아 있는 개구리가 다리를 언제, 얼마나 자주, 어떤 힘으로 움직일지를 통제하는 세포와는? 우리의 뇌가 전지 같은 역할을 하는 것일까? 전류를 방출함으로써 운동, 생각, 지각 같은 반응을 촉발하는 떨림을 일으킴으로써? 답은 대체로 "그렇다"이다. 죽은 조직이나 살아 있는 조직에 전기를 통하게 하는 초기 연구로부터 "패치 클램프(patch clamp)" 기법 같은 더 최신 방법에 이르기까지 다양한 방법을 써서(Neher, Sakmann, and Steinbach 1978), 연구자들은 신경세포의 "발화(firing)"와 관련된 전류 흐름을 검출하고, 그 전류 활성을 시간별 반응 파동의 변화 형태로 그래프로 나타내고, 신경에 계속 발화를 일으키거나 발화를 아예 멈추는 약물을 쓰는 등의 방법으로 이런 신경 활동 전위를 조작할 수 있었다.

신경이 전기 신호를 방출하는 것이 확인되면, 새로운 의문들이 떠오를 것이다. 아무튼 어떤 활동이 존재한다는 것을 알고, 그것을 기록까지 한다고 해도, 그 활동이 어떻게 생성되는지를 이해한다는 것은 다른 문제이다. 우리의 뇌에는 배터리팩이 들어 있지 않으며, 퇴근한 뒤 스마트카를 충전하듯이 밤에 뇌에 충전 플러그를 꽂는 것도 아니다. 우리는 뇌 기능의 토대에 놓인 세포 메커니즘에 관해서 많은 질문들을 할 수 있다. 신경 "전지"는 어떻게 충전되고, 전류는 어떻게 제어될까? 생각과 떨림과 활동이 마구 날뛰는 양상이 아니라 한정된 순간에 통제된 방식으로 이루어지는 우리의 활동처럼, 다양한 뇌 기능들을 통해서 제어되는 개별 근육, 개별 행동, 개별 기능의 미세한 조절과 전기는 어떤 관련이 있을까? 어떤 유전자와 단백질이 관여할까? 이런 질문들의 답은 여러 원천에서 나오며, 많은 다양한 기법들을 써서 얻는다. "어떤 단백질이 그 일을 할까?"라는 질문에 첫 번째로 나온 해답 중의 일부—"어떻게?"라는 질문의 답을 얻는 데에 기여한 것들—는 초파리 연구를 통해서 드러났다. 게다가 포유동물의 뇌를 직접 연구하여 답을 얻는 데에 도움을 준 특수한 기술들 중의 일부는 처음에 초파리를 연구하면서 개발된 것들이다.

유전학이 신경생리학과 만나다

통로 단백질(channel protein)은 세포막이나 세포 안의 막에 걸쳐 있으면서, 사람의 모공처럼 통제된 방식으로 열고 닫을 수 있는 통로를 만드는 단백질이다. 통로는 대개 하나 또는 몇 가지 특수한 종류의 분자만을 통과시키도록 되어 있다. 우리 자동차, 손전등, 컴퓨터의 전지는 구리나 리튬 같은 이온을 써서 전하를 생성한다. 우리 신경세포에서는 세포막의 통로가 이온 기울기를 형성하여 전압을 만드는 기능을 한다. 그런 뒤에 세포의 바깥이나, 세포 안에서 막으로 감싸인 어느 영역 바깥에 있던 이온들을 안으로 흘러들게 함으로써 통제된 방식으로 신경 신호를 생성할 수 있다. 우리 신경은 이 근본적인 활동, 즉 막 안팎으로 형성된 이온 기울기에 의지하여, 중추신경계와 말초신경계를 포함하는 방대한 망으로 정보를 중개한다.

1980년대 이전에 연구자들은 다양한 체계에 생물물리학적 및 생화학적 방법을 써서, 나트륨(소듐)과 칼슘에 작용하는 통로 단백질들이 있음을 알아냈다. 게다가 측정한 결과들을 토대로, 연구자들은 "전압 작동(voltage gated)" 방식의 칼륨(포타슘) 이온 통로도 존재한다고 추론했다. 그러나 그런 통로가 있다는 것을 알아내기는 했어도, 연구자들은 이 칼륨 이온(K^+) 통로를 만드는 특정한 단백질의 서열이나 유전자를 파악하지는 못했다. 따라서 그런 통로가 어떻게 작용하며, 어떤 세포에서 발현되는가 하는 등의 질문은 미해결 상태로 남았다.

어떤 단백질이 세포막 안팎에 K^+ 농도 기울기를 형성할까라는 질문의 답은 유전학 분야에서 나왔다. 더 구체적으로 말하면, 원래 1940년대에 발견된 셰이커(Shaker) 돌연변이 초파리를 1970-1980년대에 Y. N. 잰과 L. Y. 잰을 비롯한 이들이 연구하는 과정에서 밝혀냈다. 이 연구진은 K^+ 통로의 활성을 차단하는 4-아미노피리딘(4-aminopyridine)이라는 약물을 투여하면, 초파리가 셰이커 돌연변이와 비슷한 행동을 한다는 것을 알아차렸다(Jan and Jan 1997). 유전학자라면 이 약물이 셰이커 돌연변이 효과를 "표현형 모사(phenocopy)"했다고 말할 것이다. 이 첫 번째 단서를 토대로, 연구자들은 셰이커 유전자가 K+ 통로를 만든다고 추정했다. 연구진은 이윽고 그 유전자를 포함한 DNA 조각을 분리하는 데에 성공했고, 셰이커 유전자가 정말로 K⁺ 통로 단백질을 만든다는 것을 보여주었다. 나중에 다른 생물들에서도 비슷한 유전자들이 발견됨으로써, 어떤 문제의 해결책이 일단 도출되면 진화를 통해서 보존되면서 비슷한 문제들에서 다시 등장한다는 것을 다시금 알려주었다. 현재 우리는 셰이커를 비롯한 K⁺ 통로 단백질들이 4개씩 모여서 통로를 형성한다는 것을 안다. 각 통로 단백질에는 세포의 지질(脂質)이 풍부한 세포막을 가로질러 놓인 친유성(親油性, lipophilic) "다리" 부위가 있다. 이 다리 양쪽에는 더 "친수성(親水性, hydrophilic)"을 띤 말단 부위가 있다. 즉 한쪽 친수성 말단은 세포 바깥 공간(세포 표면)으로 튀어나와 있고, 다른 한쪽 친수성 말단은 세포 안쪽 세포질로 튀어나와 있다. 세포막 바깥에서 보면, 셰이커형 통로는 이파리가 4개인 토끼풀처럼 보인다. 통로를 구성하는 4개의 단백질 각각에서 전압을 감지하는 영역인 이 4개의 이파리는 중앙의 구멍을 둘러싸고 있으며, 이 구멍을 통해서 K⁺ 이온이 지나간다(Miller 2000).

이렇게 "초파리에게서 최초로" 발견된 K⁺ 통로는 초파리와 인간을 포함한 다른 종들에게서 추가 통로를 발견할 "길을 닦았다"(Frolov et al. 2012). 공통의 표현형을 토대로 1969년 W. D. 캐플런과 W. E. 트라우트는 하이퍼키네틱(hyperkinetic)과 이서에이고고(ether-a-go-go)라는 두 새로운 유전자의 돌연변이들을 찾아냈다(Kaplan and Trout 1969). 1990년대에 B. 가네츠키를 비롯한 연구자들은 이 유전자들이 셰이커 관련 단백질들을 만든다는 것을 밝혔다(Warmke, Drysdale, and Ganetzky 1991; Chouinard et al. 1995). 2000년경에 초파리와 인간의 유전체 서열이 밝혀지면서, 초파리와 인간(그리고 다른 종들)의 유전체에 K⁺ 통로를 만드는 유전자들이 많이 있다는 사실이 명백하게 드러났다. 게다가 K⁺ 통로를 만드는 인간 유전자 중에서 질병과 관련이 있는 것이 60가지가 넘는다. 비슷한 표현형을 지닌 돌연변이 동물들을 찾아내고 세이커 돌연변이와 유전적으로 상호작용하는 변경인자 돌연변이를 찾아내는 등의 유전 기법을 써서, 연구자들은 초파리에게서 K⁺ 통로를 만드는 추가 유전자들을 찾아냈고, 이 유전자들과 특정한 행동 및 과정 사이의 관계를 파악해 왔다. 현재 세이커형 통로는 수면, 학습, 도피, 짝짓기 등 다양한 행동에 영향을 미치는 갖가지 세포 수준의 신경학적 과정들과 관련이 있다고 여겨지고 있다(Frolov et al. 2012). 이런 통로는 자연적인 독소의 흔한 표적이기도 하다. 예를 들어, 전갈과 뱀의 독액, 말미잘과 청자고둥이 만드는 독소는 "병의 코르크 마개처럼" 통로를 막음으로써 K⁺ 통로의 활성을 차단한다. 즉 이온 흐름을 차단함으로써 불운한 희생자를 마비시킨다 (Wulff, Castle, and Pardo 2009).

한 종 내에 세이커 관련 유전자가 둘 이상이 있음으로써 빚어지는 다양성 외에, "선택적 이어맞추기(alternative splicing)" 과정을 통해서 다양한 형태의 RNA를 이용할 수 있게 됨으로써 다양성이 추가된다. 이 이어맞추기를 통해서 하나의 K⁺ 통로 유전자에서 한쪽 끝이나 중간의 서열이 다른 형태의 단백질들이 만들어질 수 있다. 예를 들어, 초파리 세이커 유전자는 20가지 RNA 동위체를 만든다. 이 한 유전자로부터 어느 영역이든 간에 서로 다른 20가지 세이커 단백질이 만들어진다는 것을 시사한다. 초파리의 다른 세이커 관련 유전자들도 비슷하게 다양성을 띤다고 가정하면, 이 유전자들의 집단 전체는 아주 다양한 단백질들을 만든다고 결론을 내릴 수 있다. 사람에게는 관련 유전자들이 더 많으므로, 적어도 이론상 그 주제의 변주곡 집합이 더 클 수도 있다. 이는 세포 수준에서의 복잡성으로 이어진다. 세포마다 셰이커 관련 단백질들과 동위체들의 다양한 조합이 나타날 수 있고, 그래서 서로 다른 자극에 같은 반응이 나타날 수도 있고, 같은 자극에 서로 다른 반응이 나타날 수도 있다. 게다가 통로 다양성은 셰이커 관련 단백질에만 한정된 것이 아니다. 셰이커형 K^+ 통로는 K_v1, K_v2, K_v3, K_v4, K_v7, K_v10, K_v11, K_v12, $K_{Ca}1.1$라는 9 종류가 있으며, 각각에는 다시 여러 하위 유형이 있을 수 있다. 그것들을 Shaker, Shab, Shaw, Shal, KCNQ, Eag, Erg, Elk, Slo1 형 K^+ 통로라고도 부른다(Frolov et al. 2012). 사람 세포에서 먼저 발견된 KCNQ를 제외하고(Wang et al. 1996), 다른 K^+통로 유형들은 초파리에게서 맨 처음 발견되었다(Frolov et al. 2012).

  K^+ 통로의 다양성에 기여하는 요인은 더 있다. 각 하위 유형 내에서 서로 다른 단백질 4개가 모여서 온전한 기능을 하는 네 잎 토끼풀 모양의 통로를 구성할 수도 있다는 것이다(Jan and Jan 1997). 우리는 이 복잡성을 든든하게 안심시키는 요소라고 생각할 수도 있다. 우리 대다수는 자신의 뇌가 복잡하며 다양성으로 가득하다고 생각하곤 하며, 사실 적어도 K^+ 통로의 구성 측면에서 보면 그렇다. 서로 다른 활동을 하는 서로 다른 조성을 지닌 통로들이 다양하게 있을 수 있다. 다른 유전자와 세포 활동에서와 마찬가지로, 여기서도 돌연변이라는 형태로 교란이 일어나서 질병으로 이어질 가능성이 있다. Y. N. 잰과 L. Y. 잰 연구진은 사람의 EAG2 통로에 생긴 돌연변이가 특정한 유형의 뇌종양과 관련이 있으며, 통로 차단제가 종양의 성장을 억제하는 효과를 일으킬 수 있을 가능성을 연구하기 시작했다(Huang et al. 2015). 게다가 사람의 몇몇 K^+ 통로는 발작장애나 실조 같은 증상을 낳는 "이온 통로병증(channelopathy)"과 관련이 있다(Wulff, Castle, and Pardo 2009).

"일시적 수용체 전위"

사람의 심장을 심전도(electrocardiogram, EKG)를 써서 조사할 수 있듯이, 전극을 사람의 눈에 붙여서 빛에 어떤 반응을 보이는지를 조사할 수도 있다. 이 반응은 전기 신호의 형태로 기록할 수 있는데, 기준선 역할을 하는 약한 신호가 편평하게 죽 이어지다가 반응을 하는 순간, 갑자기 툭 튀어오르는 파형(波形)이 나타난다. 이렇게 심장이 아니라 눈의 전기 신호를 기록한 것을 망막전위도(electroretinogram, ERG)라고 한다. 초파리의 눈이 작기는 해도, 연구자들은 그 눈에 미세한 전극을 붙여서 망막전위도를 기록할 수 있다. 1969년 D. J. 코센스와 A. 매닝은 ERG가 비정상인 자연적으로 생긴 돌연변이 초파리 계통을 찾아냈다고 발표했다(Cosens and Manning 1969). 일정한 광원에 지속적으로 반응하는 야생형과 달리, 이 돌연변이는 간헐적으로 반응한다. 이 돌연변이를 지닌 유전자에는 일시적 수용체 전위(transient receptor potential, trp)라는 이름이 붙었다. 1989년에 trp 유전자의 서열이 분석되었다(Montell and Rubin 1989). 이 유전자가 만드는 단백질인 TRP는 K^+ 이온 통로를 만드는 것이 아니다. TRP 단백질군은 칼슘이나 나트륨 등 다른 이온들이 지나가는 이온 통로를 만든다. 그래도 K^+ 통로처럼, TRP도 이온 기울기를 형성하여, 눈, 뇌, 기타 조직에서 전기 신호의 전달에 기여한다.

초파리의 K^+ 통로 유전자처럼, 초파리 유전체에 TRP 관련 단백질을 만드는 유전자도 하나가 아니다. 초파리의 TRP 관련 단백질은 13가지가 있으며, 7개 집단으로 세분된다. 또한 K^+ 통로처럼, TRP 통로도 진화적으로 보존되어왔다. 사람 유전체에는 총 27개의 TRP 관련 유전자가 있으며, 초파리에게 있는 7개 집단 중에서 6개 집단에 상응한다(Damann,

Voets, and Nilius 2008). TRP 유전자군은 "지금까지 서열이 분석된 모든 후생동물에게서 보존되어" 있으며(Montell 2011), 한 TRP 단백질 유전자는 효모(*Saccharomyces cerevisiae*)에게서도 발견되었다(Damann, Voets, and Nilius 2008).

그러나 생물학자들은 무엇무엇이 있다고 목록을 만드는 것만으로는 만족하지 못한다. 우리는 그런 목록을 볼 때 이렇게 묻게 된다. 그래서 그것으로 무엇을 하지?

더 많이 맛보고 싶어

TRP 통로가 하는 일들 중의 하나는 미각에 참여하는 것이다. 미각은 화학적 자극의 검출─달다거나 짜다거나 쓰다거나 하는─을 온도의 한 측면과 결합한 경험이라고 정의할 수 있다. 매운 고추나 민트 잎을 먹어 보면 무슨 뜻인지 확실히 알 수 있다. TRP 통로는 화학감각(chemosensation)과 온도감각(thermosensation) 양쪽에 관여한다. 우리는 초파리를 비롯한 종들에게서 미각 같은 감각에 TRP 통로가 어떤 역할을 하는지를 이해함으로써 미각을 구성하는 것이 무엇인지 분자 수준에서 상세히 분석하고, 각각의 특정한 맛이 특정한 통로와 어떻게 관련을 맺고 있는지를 알아낼 수 있게 되었다. 초파리에게 무엇을 좋아하고 싫어하는지를 직접 물을 수가 없는데, 초파리가 어떤 맛을 좋아하는지 어떻게 알아낼 수 있을까? 한 가지 방법은 초파리가 먹은 먹이의 양을 재서, 어느 맛이 나는 먹이를 더 많이 먹는지 알아보는 것이다. 그러나 이 방법은 부정확하다. 먹이 섭취량은 맛 선호도와 식욕 같은 다른 입력들의 통제를 받는 행동이 결합된 것이기 때문이다. 배고픈 초파리는 맛에 상관없이 싫어하는 먹이도 더 많이 먹을 수 있고, 덜 배고픈 초파리는 자신이 좋아하는 먹이도 덜 먹을 것이다.

또 한 가지 접근법은 초파리의 배가 투명하다는 사실을 이용하여 맛 선호도를 조사하는 것이다. 독성이 없는 식용 색소를 써서 초파리 먹이를 물들인다. 파란 색소를 쓰면 창자가 파랗게 보일 것이다. 붉게 물들인 먹이를 주면, 살아 있는 초파리의 배 속에서 창자가 부자연스럽게 빨간색을 띨 것이다. 물론 색소는 섞인다. 다른 성분은 다 똑같은 먹이를 따로따로 파란색과 빨간색으로 물들이면, 초파리는 양쪽을 고루 먹을 것이고, 배는 자주색을 띨 것이다. 그러나 먹이를 다르게 하면, 초파리는 어느 한쪽을 더 선호함으로써 더 많이 먹을 것이다. 이를테면 파란 색소가 든 먹이보다 빨간 색소가 든 먹이를 더 많이 먹으면, 창자는 붉게 보일 것이다. 중요한 점은 초파리의 식욕 자체는 그 결과에 영향을 미치지 않는다는 것이다. 측정하는 것은 파란 먹이와 빨간 먹이의 비율이지, 먹이의 총량이 아니다.

Y. V. 장과 C. 몬텔 연구진은 이 방법을 이용해서 미각과 다른 자극을 결부시킨 행동을 조사했다. 특히 연구진은 초파리가 맛 회피를 극복할 수 있는지에 초점을 맞추어서 조사했다. 이 실험에서는 장뇌(camphor)를 이용했다. 장뇌가 섞인 먹이에는 유인책으로 다른 먹이에 비해서 당분 함량을 5배 더 높였다(Zhang et al. 2013). 어떤 결과가 나왔을까? 우선 초파리는 장뇌를 싫어하는 습성을 버릴 수 있었다. 장뇌는 TRPL이라는 TRP 단백질이 검출한다. 장뇌가 들어 있기는 하지만 당분이 풍부한 먹이를 얼마 동안 먹고 나면, 초파리의 몸에서 TRPL 농도가 낮아짐으로써, 초파리는 그 나쁜 맛에 둔감해진다. 그 뒤에 맛 선호도를 검사하면, 그들은 장뇌를 함유한 먹이를 피하지 않으며, 보통 먹이를 먹듯이 섭취

한다. 전기 신호 수준에서 보면, 초파리가 장뇌가 든 먹이를 접했을 때 으레 나타나는 치솟는 활성 패턴도 사라졌다. 즉 초파리는 분자 수준에서도 둔감해졌다. 이어서 연구진은 이 효과가 지속적인 것인지 일시적인 것인지를 조사하기로 했다. 둔감해진 초파리에게 얼마간 정상 먹이를 먹이자, TRPL 농도가 다시 상승하고, 장뇌에 새로 노출되면 치솟는 전기 활성 패턴도 다시 나타났다. 그래서 초파리는 이 실험이 이루어지기 이전에 했던 것처럼, 장뇌가 포함된 먹이를 접하면 주둥이를 치켜올리곤 했다. 이 연구의 한 가지 중요한 측면은 비록 초파리가 장뇌를 싫어하는 듯하지만, 이 연구에 쓰인 농도에서는 장뇌가 초파리에게 해를 끼치지 않는다는 것이다. 더 쓴 화합물인 퀴닌(quinine) 같은 유독한 물질에서는 둔감화가 관찰되지 않았다. 의인화하자면, 초파리가 독에는 맛을 들이지 않을 만큼 영리하다고 말할 수 있다.

감각 수용기로서의 TRP

미각은 온도감각과 화학감각을 결합한다. 미각처럼 촉각도 온도감각의 요소를 포함한다. 추운 겨울에 막 집으로 들어온 사람과 악수를 할 때의 감각은 그 사람이 집안에서 몸을 녹인 뒤에 악수를 할 때와 전혀 다르다. 그러나 미각이 온도감각과 화학감각을 결합하는 것과 달리, 촉각은 온도감각과 기계감각(mechanosensation)을 결합한다. 힘 있는 악수와 약한 악수는 다르며, 종이 클립 같은 단단한 것이 피부에 닿는 느낌은 푹신한 솜이 닿는 느낌과 다르다. TRP는 온도감각, 화학감각, 기계감각 이 세 가지 자극 모두를 감지하는 데에 관여한다(연구자들은 셋 중에서 기계감각이 가장 오래된 기능일 수 있다고 본다. 효모에 있는 TRP 통로는 기계적 힘만을 검출하기 때문이다[Zhou et al. 2003]). 우리는 TRP 통로가 감지하는 자극의 목록에 "습도감각(hygrosensation)"도 추가할 수 있다. 워터 위치(water witch)라는 TRP 단백질 유전자에 돌연변이가 있는 초파리는 TRP 통로가 본래 습도를 검출하는 데에 관여함을 말해준다(Liu et al. 2007). 개별적으로 볼 때, 초파리의 감각 세포에서 발현되는 TRP 각각은 특정한 감각의 판독기 역할을 한다. 전체적으로 볼 때, 이 통로들은 우리가 맛이 좋다거나 얼얼하다고, 보드랍다거나 날카롭다고, 편하다거나 질척거린다는 식의 하나의 통합된 이름을 붙이곤 하는 교란이나 경험을 할 수 있도록 해준다.

또 TRP 단백질이 뇌에서만 기능을 하는 것이 아니라는 점도 주목하자. 촉각 감지기로서, TRP는 몸의 여러 조직에 들어 있다. 초파리 날개의 강모에 들어 있는 TRP 통로는 진드기를 검출할 수 있다. 사실 진드기가 날개 위를 기어가는 감각을 느끼면 초파리는 다리를 빙빙 돌려서 진드기를 쳐서 떨어뜨린다. 목이 잘린 초파리에게서도 이 반응이 나타나므로, 우리는 이 반응에 어느 신경세포와의 연결이 필요하고 필요하지 않은지를 추정할 수 있다(Li, Zhang, et al. 2016). TRP 통로는 사람의 다양한 조직에서도 역할을 맡고 있다. TRP는 질병과 관련지어서도 연구되고 있는데, TRP 통로와 만성 기침의 관계도 그 한 예이다. 만성 기침은 무시할 수 있거나 존재하지도 않는 촉각 신호에 허파에 있는 TRP가 과잉 반응을 보여서 일어날 수도 있다. 만성 기침에 시달리는 환자의 관련 조직에서 TRP의 농도가 높은 것 등 이 개념을 뒷받침하는 연구 결과들이 나와 있다. 그래서 TRP 통로의 몇 가지 억제제가 만성 기침의 치료제로 쓰일 수 있을지에 대한 연구가 이루어지고 있다(Bonvini et al. 2015). 게다가 TRP 유전자의 DNA 서열이나 발현의 변화는 발달 결손, 부정맥,

심근증을 비롯한 심장 질환과 관련이 있다(Yue et al. 2015). 또 콩팥, 방광, 피부 등 다른 기관들의 질병과도 관련이 있다(Nilius, Voets, and Peters 2005).

초파리와 복잡한 행동의 연구

1907년에 이미 연구자들은 초파리가 냄새에 반응하여 어떤 행동을 하는지를 연구하고 있었다(Barrows 1907). 1960년대 말과 1970년대에, 초파리의 순행 유전 선별 검사(forward genetic screens)를 통해서 생물학자들이 유전자 하나의 돌연변이로 행동에 어떤 변화가 일어날 수 있는지를 알아차리고, 그 하나의 돌연변이가 어떤 과정들을 교란하는지를 깨닫기 시작하면서 행동 연구는 새로운 시대로 접어들었다. S. 벤저를 비롯한 이들의 연구 덕분에, 우리는 행동에 문제가 있는 돌연변이 초파리 계통들이 놀라울 만치 다양하다는 것을 알아차렸다. 특정한 냄새를 전기 충격과 함께 주었을 때 보통 초파리는 그 냄새를 기억할 수 있는데, 기억하지 못하는 돌연변이 초파리도 있었다. 보통 초파리는 광원을 향해서 나아가거나 중력과 반대 방향으로 움직이는데, 그렇게 하지 못하는 돌연변이도 발견되었다. 온전한 날개가 있음에도, 위협적인 자극에 반응하여 달아나는 행동을 하지 못하는 초파리도 있었다. 수컷이 으레 하는 짝짓기 행동을 부적절하게 함으로써 암컷에게 구애하는 데에 늘 실패하는 수컷도 있었다. 마취제에 노출되면 발작을 일으키는 초파리도 있었고, 배양병을 바닥에 대고 톡톡 두드리는 것 같은 기계적인 충격을 가하면 발작을 일으키는 초파리도 있었다("충격 민감성[bang sensitive]" 표현형). 정상 초파리가 견디는 온도에 노출되면 마비를 일으키는 초파리도 있었다(Benzer 1971).

유전자 하나의 교란으로 복잡한 행동 전체에 일어나는 이런 교란은 복잡한 행동이 너무나 복잡한 메커니즘의 통제를 받기 때문에 어느 한 유전자로 환원시키거나 환경 요인과 분리해서 생각할 수 없다는 오랫동안 유지되어온 개념에 도전장을 던졌다. 행동 돌연변이 초파리들은 성적 지향성, 중독, 의식, 개성 같은 복잡한 행동과 관련된 개념들에 유전자가 어떤 기여를 할까에 관한 "도발적인 생각을 자극했다"(Drayna 2006). 미각 선호도 사례에서처럼, 초파리에게서 이런 주제들을 살펴보겠다고 생각하면, 어떻게 하면 가능할까라는 의문이 생긴다. 정상적인 행동을 어떻게 정의하고 연구할 수 있을까? 그런 행동을 교란하는 돌연변이를 찾아내기 위해서 유전 선별 검사를 할 때 어떤 표현형을 찾아야 할까? 정성적인 결과가 아니라 정량적인 결과를 얻으려면 선별 검사를 어떤 식으로 설계해야 할까?

자유롭게 돌아다니는 초파리를 꼼꼼하게 관찰하면, 초파리가 깨어 있는 시간의 거의 절반을 다리로 몸을 청소하거나, 달리거나, 가만히 서 있는 것 같은 반복되는 행동을 하면서 보낸다는 것이 드러난다(Berman et al. 2014). 먹이 냄새, 짝 후보, 어른거리는 포식자 같은 자극을 받았을 때, 초파리는 더 다양한 행동을 보인다. 초파리의 정상 행동은 대체로 다음과 같은 의미 있는 결과를 도출할 수 있는 정량적인 실험방식을 써서 분석할 수 있다. 활동: 해당 유전형을 지닌 초파리가 얼마나 활발하게 돌아다니는지 알려면, 초파리를 격자무늬 위에 놓고 일정한 시간 동안 격자의 선을 몇 번이나 넘나들었는지를 센다(Neckameyer and Bhatt 2016). 공격성: "경기장", 즉 먹이나 짝을 놓고 경쟁할 한정된 공간에 수컷 두 마리를 놓고서 서로를 향해서 공격적으로 다가가는 행동의 종류와 횟수를 관찰한다(Anholt and Mackay 2012; Edwards et al. 2006; Yurkovic et al. 2006). **냄새의 유인이나 회피:** 냄새 물질을 면봉에 묻혀서 배양병에 집어넣고 다가오거나 피하는 초파리의 비율이나 한 개체가 그런 행동을 보이는 횟수를 센다(Neckameyer and Bhatt 2016). **포식자 회피:** 초파리가 방의 한가운데가 아니라 벽 가까이에서 보내는 시간을 잼으로써 경향성을 파악한다. 그런 행동은 포식에 덜 취약하게 해준다(Mohammad et al. 2016). **구애:** 각 초파리가 자기 앞에 있는 개체에게 구애하려고 시도하면서 줄지어서 춤을 추듯이 꽁무니를 계속 따라다니는 "꼬리물기(chaining)" 행동을 보이는지(Zhou et al. 2015; Simon and Dickinson 2010), 또는 노래하기, 건드리기, 꽁무니 구부리기 같은 수컷의 전형적인 구애 의식을 보이는지를 살펴본다(Neckameyer and Bhatt 2016). **움직임 검출과 "방향 파악(orienteering)":** 초파리를 위에서 늘어뜨린 실에 매달아서 걸어다닐 작은 공간에 넣은 뒤, 평행선이나 수직선 같은 시각 패턴을 제시하고서 어느 방향으로 걷는지 살펴본다(Silies, Gohl, and Clandinin 2014). **포식자로부터의 탈출 또는 피신:** 포식자나 포식자를 흉내낸 움직이는 그림자를 어른거리게 하면서, 초파리가 움직임을 멈출지(Angus 1974), 아니면 뛰어서 달아나려고 하는지 살펴본다(Peek and Card 2016). **알코올에 취하는지 여부:** 에탄올 증기를 쐬면서 균형을 잃고 비틀거리는 개체들을 골라낸다(Leibovitch et al. 1995). **학습과 기억, 부정적 연상:** 이전의 병원체 같은 부정적 자극과 짝을 지은 냄새로부터 달아나는지 살펴본다(Das, Lin, and Waddell 2016). **학습과 기억, 긍정적 연상:** 이전의 먹이나 물 같은 긍정적 자극과 짝을 지은 냄새를 향해서 다가가는지 살펴본다(Das, Lin, and Waddell 2016). **학습과 기억, 남을 가르치기:** 초파리를 기생벌에 노출시킨 뒤, 반응을 지켜본다. 기억해두었다가 그 포식자와 마주친 적이 없는 초파리들에게 "가르칠" 수 있다고 한다(Kacsoh et al. 2015). 현재 행동에 영향을 미치는 요인으로서의 과거 경험: 수컷들의 싸움을 유도한 뒤에 "승자"와 "패자"의 행동을 비교한다 (Yurkovic et al. 2006). 빛과 어둠의 선호도: 초파리를 반은 투명하고(빛이 들어올 수 있는) 반은 불투명한(검은) 상자에 넣고서, 한쪽에서 다른 쪽으로 움직이는 횟수와 밝은 곳에서 보낸 시간의 비율을 측정한다 (Neckameyer and Bhatt 2016).

신경과학의 "가공할 시험대"

그런 검사들을 통해서 초파리 연구자들은 행동의 다양한 측면들을 살펴볼 수 있고, 그 결과를 토대로 점점 더 복잡한 질문들을 탐구할 수 있다. 앞에서 말했듯이, 일단 미각 검사를 하고 나면, 그 검사 결과를 토대로 다른 검사들을 할 수 있다. 이를테면, 좋은 맛이나 나쁜 맛과 다른 어떤 자극 사이에 지속적인 연합을 이룰 수 있는지 물음으로써 기억을 살펴볼 수 있다. 이미 설명했듯이, 우리는 그 검사를 더 확장하여, 미각을 보상과 연관지었을 때 초파리가 부정적인 자극을 어느 정도까지 무시할지, 또 두 경험의 연상을 얼마나 오래 기억할지 살펴볼 수도 있다. 마찬가지로, 일단 권투 경기장 같은 무대를 설치하여 초파리의 공격성을 검사하고 나면, 승자와 패자에 관한 이런저런 의문들을 탐구할 수 있다. 예를 들면, 우리는 승자나 패자가 다음 싸움에서도 이길 가능성이 높은지 낮은지, 먹이나 알코올로 자축하거나 스스로를 위로할지, 다른 수컷이나 암컷을 향한 행동을 바꿀지 등을 살펴볼 수 있다. 하루 주기 리듬 (circadian rhythm) 분야—"초파리에게서 최초인" 또다른 한 연구 분야 —에서 벤저가 유전 연구의 토대를 마련한 뒤(Konopka and Benzer 1971),

분자 수준에서 하루 주기 리듬이 어떻게 조절되는지까지 명확하게 밝혀 졌으며, 그 점을 규명한 J. C. 홀, M. 로스배시, M. W. 영은 2017년에 노벨상을 공동 수상했다(Nobel Media 2017). 현재 연구자들은 수면(또는 수면 부족)과 다른 행동들 사이의 상호작용을 살펴봄으로써 이 새로운 깨달음을 더욱 확장하고 있다. 종합하자면, 지난 수십 년에 걸쳐서 초파 리 신경과학자들은 정보를 교환하고, 서로의 생각을 밑거름으로 삼고, 새로운 실험법을 개발하면서 동물 행동의 토대를 이루는 분자 메커니즘 을 점점 더 상세하고 정확히 이해하는 방향으로 가고 있다.

다른 유형의 도구와 기술의 개발에 자극을 받아서, 초파리의 뇌는 다 른 유형의 집중적이면서 대규모 연구의 대상이 되어왔다. 초파리의 아 주 작은 뇌는 해부하여 떼어내어 약품 처리를 거친 뒤 얇게 저며서 형광 현미경과 전자현미경을 통해서 살펴볼 수 있다. 각 뇌 영역, 개별 세포, 세포 안에 든 특정한 단백질의 위치까지도 자세히 살펴볼 수 있다. 규모 와 야심 면에서 유전체 서열 분석에 맞먹는 수준의 연구도 이루어지고 있다. 미국과 타이완의 연구자들은 초파리 뇌에 있는 10만 개가 넘는 뉴런의 위치를 지도로 작성하는 일을 하고 있다. 각 신경세포체의 위치 와 서로 가지를 뻗어 연결된 양상까지 조사한다(Aso et al. 2014; Wolff, Iyer, and Rubin 2015; Chiang et al. 2011; Shih et al. 2015). 물론 이 연구도 앞서 이루 어진 연구들을 토대로 한 것이다(Hanesch, Fischbach, and Heisenberg 1989). 현대의 영상 분석 기술의 도움을 받고 있음에도, 초파리의 뇌를 이렇게 상세히 지도로 작성하기 위해서 많은 연구자들이 여러 해 동안 매달려 야 한다. 완성된다면 해부학적인 차원에서 유례없는 성취이며, 초기 남 극점 탐험이나 아폴로 우주 계획에 맞먹는 주목을 받아 마땅한 업적이 될 것이다. 그런 계획들이 으레 그렇듯이, 초파리의 뇌 전체를 상세히 지도에 담으려는 노력과 자원, 협력, 모험심, 선견지명이 필요했다. 앞에서 말했듯이 모델 생물들의 유전체 지도 작성은 연구자들에게 서열 분석 방법과 서열 자료를 끼워맞추는 방법을 검사할 수 있는 단순한 체계를 제공함으로써 인간 유전체 계획을 촉진하는 데에 기여한 바 있다. 초파리 뇌 전체를 지도에 담는 일은 특히 기능을 형태와 연관짓는 유전 연구와 세포생물학적 기법과 결합될 때, 인간의 뇌를 지도에 담고 이해하고자 하는 비슷한 계획들에 안내자가 되어줄 수 있다. 미지의 세계를 탐사하는 일이 으레 그렇듯이, 찾으려는 것이 무엇인지를 알면 큰 도움이 된다. 어떤 하위 영역에 어떤 세포가 존재하는지, 어떤 단서와 발현 양상이 나타날지, 영역들 사이는 어떻게 연결되는지, 그리고 목표 달성에 어떤 도구가 필요한지 같은 것들이다.

초파리에게 적용된 기술 중의 일부는 과학소설의 세계로도 넘어간다. 1970년대에 C. A. 푸드리 연구진은 시비어(shibire)라는 유전자에서 온도에 민감한 돌연변이를 발견했다고 발표했다. 이 유전자는 디나민(dynamin)이라는 단백질을 만든다(Poodry and Edgar 1979; Poodry, Hall, and Suzuki 1973). 디나민은 신경 활동에 중요한 세포 내 사건들을 일으키는 데에 필요하다. 2001년 T. 기타모토는 시비어의 온도 민감성 돌연변이 형태를 Gal4-UAS 체계를 이용하여 발현시키면 도구로 쓸 수 있다는 것을 보여주었다. 이 발현 효과를 온도 상승과 결합하면, 초파리의 뇌에서 Gal4를 발현하는 뉴런(어디에 있든 간에), 따라서 시비어의 돌연변이 형태를 지닌 뉴런을 불활성화할 수 있다(Kitamoto 2001). 이 접근법은 "시냅스 신경전달을 빠르고 가역적으로 교란"할 수 있다(Kasuya, Ishimoto, and Kitamoto 2009). 다시 말해서, 연구자들은 특정한 뉴런의 발화를 중단시키고서 그 결과를 관찰할 수 있다. 유전적 접근법에 비견되는 방법이라고 할 수 있다.

2005년 S. Q. 리마와 G. 미젠뵈크는 정반대로, 살아 있는 동물에 있는 뉴런을 활성화할 수 있는 방법을 내놓았다(Lima and Miesenböck 2005). 초파리에게 처음 적용되었고 "광유전학(optogenetics)"이라는 이름이 붙여진 이 기술은 앞서서 진행된 빛에 민감한 초파리 단백질을 포유동물 세포에서 발현시키면서 연구한 결과를 토대로 했다(Zemelman et al. 2002). 시비어 돌연변이 유전자를 써서 유전자를 끄거나 광유전학 기술로 뉴런을 켜는 이 두 접근법은 행동 검사와 조합할 수 있다. 뇌의 한 영역에 있는 뉴런이나 한 특정한 신경세포를 켜거나 끄면, 학습과 기억에 영향이 미칠 수 있다. 동일한 교란을 다른 영역에 일으키면, 미각, 시각, 운동 같은 전혀 다른 신경학적 과정이나 행동에 영향이 미칠 수 있다.

리마와 미젠뵈크는 2005년에 광유전학적 접근법을 내놓으면서, 다양한 뉴런 집합을 자극하면서 그 자극이 어떤 행동을 이끌어내는지를 관찰할 수 있게 되었다고 썼다. 뛰거나 나는 행동부터 빨리 걷는 행동에 이르기까지 다양한 변화를 일으키고, 비활동적인 초파리를 활발하게 반응하도록 만들 수도 있고, 활동적인 초파리를 느림보가 되도록 만들 수도 있다. 2014년 D. E. 배스, B. J. 딕슨, A. D. 스트로 연구진은 FlyMAD라는 더 개량한 기술을 내놓았다. 초파리 마음 바꾸는 장치(Fly Mind-Altering Device)라는 뜻이었다. 자동 동영상 시스템으로 개별 초파리를 찾아서 따뜻하게 만드는 레이저 펄스를 쏘아서 특정한 뉴런 집합을 활성화하는 장치였다(Bath et al. 2014). 초파리 생물학자들은 기존 기술을 뚝딱뚝딱 개량하여 더 쉽고 더 성능 좋게 만들기를 좋아한다. 뉴런 제어와 관찰이라는 주제를 개선하고 변주한 연구 결과들은 계속 나왔으며, 앞으로도 이어질 것이다. 게다가 몇몇 기술은 초파리에게서 먼저 시도되고 다듬어진 뒤에, 다른 체계들에도 도입되었다. 광유전학 기술은 초파리에게 처음 쓰인 뒤로, 파리류뿐 아니라, 어류, 영장류 등 다양한 생물들에 폭넓게 적용되면서 다양한 신경학 연구에 쓰여왔다. 종합하자면, 초파리는 "새로운 유전학적 도구를 위한 가공할 시험대"라고 표현되어왔다. 즉 새로운 질문들을 하고 더 높은 효율과 정확도로 해답을 파악하는 첨단 기술 혁신의 경연장이자 베타테스트 사이트이다(Owald, Lin, and Waddell 2015). 정확한 관찰을 할 능력을 향상시키는 현미경 기술의 혁신도 그런 사례이고, 실험을 할 수 있도록 해주는 광유전학 같은 것들도 그렇다. 이런 기술들을 조합하면 새로운 깨달음이 나온다.

술 취한 초파리

똑바로 걷지 못하고, 움직이는 무엇인가에 부딪히고, 신나게 마시고, 더 심하게 망가진다. 나이트클럽에 모인 20대의 젊은이들이 보일 법한 행동처럼 들리지만, 한 연구실에서 알코올에 노출된 초파리들이 보이는 행동 변화를 묘사한 것이다. 알코올에 대한 초파리의 반응과 우리 자신의 반응은 세포와 행동 수준에서 보면 공통점이 많다. 초파리학자들이 연구하는 초파리의 정상적 행동 중에 바로 이 술 취한 행동도 들어 있다. 우리처럼 초파리도 기꺼이 알코올을 마시고, 알코올을 대사 과정을 통해서 당으로 분해함으로써 에너지원으로 삼을 수 있다. 우리처럼 야생 초파리도 자연에서 기나긴 세월을 알코올과 관련을 맺어왔다. 그들은 본래 썩어가는 과일을 먹으며, 썩는 과정에는 발효가 중요한 역할을 한다. 발효 과정에서는 자연히 부산물로 알코올이 생긴다.

　게다가 우리처럼 초파리도 술에 취할 수 있다. 알코올에 노출되면, 초파리는 처음에는 흥분한 행동을 보이다가, 알코올을 더 섭취하면 느려지고 비틀거리다가 이윽고 뒤집어진다(Guarnieri and Heberlein 2003). 자제력이 사라지면서 구애 행동도 바뀐다(Lee et al. 2008). 연구자들은 초파리 유전형별 알코올 민감성 차이를 측정하기 위해서, "취도 측정기(inebriometer)"라는 여러 층으로 이루어진 장치를 개발했다. 취한 초파리는 장치의 바닥으로 굴러떨어지는 반면, 멀쩡한 초파리는 더 위쪽에 붙어 있을 수 있다(Cohan and Hoffmann 1986; Weber 1988; Moore et al. 1998). 취도 측정기는 개량되어 알코올 증기뿐 아니라 마취제를 검사하는 장치를 만드는 데에도 쓰이는 등 용도가 확장되어왔다(Dawson et al. 2013). 초파리도 알코올 중독자가 있다고 하면 고개를 갸우뚱할지도 모르겠지만, U. 헤버라인 연구진은 초기 조건을 제대로 설정하면, 초파리도 포유동물의 알코올 의존성을 연구할 모델 생물이 지녀야 할 기준들에 부합되는 몇 가지 징후들을 드러내며, 게다가 초파리와 포유동물에게서 알코올과 관련된 분자 경로는 동일한 듯하다는 것을 보여주었다(Devineni and Heberlein 2010). 구애에서 공격성, 맛 선호에 이르기까지 지금까지 행동을 연구한 자료가 풍부하기 때문에, 초파리가 알코올에 노출된 뒤에 개체 수준이나 사회 수준에서 행동에 어떤 변화가 일어나는지를 파악할 수가 있다. 다음에 또 마시기 위해서라면 어떤 것까지 감내하는지도 알아낼 수 있다. 행동 연구는 유전적 및 생화학적 연구와 조합할 수 있으며, 여기에 특정한 뇌 영역이나 뉴런을 조작하는 기술까지 결합하면 알코올이 초파리의 뇌에 단기적 또는 장기적으로 어떤 효과를 일으키는지 파악할 수 있다(Devineni and Heberlein 2010).

초파리에게서 알아낸 것을 인간 유전체 분석을 통해서 밝혀낸 알코올 의존 취약성에 관한 정보와 결부시킬 수도 있다. 그런 연구를 통해서 알코올 의존성이 XRCC5라는 사람 유전자와 상관관계가 있다는 결과가 나왔다. 초파리에게서 그에 상응하는 유전자인 Ku80의 기능을 교란하자, 알코올 내성 표현형이 나왔다. 그 유전자의 정상적인 기능이 알코올이나 알코올 관련 행동과 관련이 있다는 개념을 뒷받침하는 증거다 (Juraeva et al. 2015). 더 앞에서 이루어진 한 연구에서는 알코올 민감 표현형이 알코올 의존과 관련이 있는 사람의 AUTS2 유전자의 병렬 상동인 초파리 유전자의 기능 차원에서 나타나는 것이 관찰되었다. AUTS2 돌연변이와 알코올 의존성이 관계가 있다는 개념을 뒷받침하는 발견이다 (Schumann et al. 2011). 초파리에게서 알코올 내성 표현형과 알코올 민감성 표현형이라는 상반되는 알코올 관련 표현형이 둘 다 발견된다는 사실로부터 사람에게서 알코올 의존성과 관련이 있는 듯한 두 후보 유전자에 관해서 무엇인가를 알아낼 수 있을지도 모른다. 또 초파리를 유전선별 검사하여 알코올 관련 표현형을 찾아낸 뒤, 그 표현형과 관련이 있는 유전자를 찾아낸 다음, 사람에게서 관련 유전자가 있는지 살펴본 연구도 있다. 그 연구에서는 RSU1 유전자의 특정한 변이체를 지닌 사람들이 알코올 중독 위험이 더 높다고 나왔다(Ojelade et al. 2015). 이렇게 초파리의 야생형과 유전적으로 교란된 계통 양쪽은 알코올 관련 연구의 모델 체계로 쓰일 수 있다. 이런 연구들은 사람에게서 가장 관련이 있어 보이는 후보 유전자들을 집중적으로 살펴보고, 그 유전자들이 어떻게 관여하는지 가설을 세우는 데에 도움을 준다.

초파리는 의식이 있을까?

초파리 같은 작은 생물이 행동 측면에서 무엇을 할 수 있을지에 관한 우리의 생각의 한계를 밀어붙이면서, 관련된 행동 유형과 뇌 활동을 개별 유전자, 분자, 메커니즘 수준으로 환원시킬 수 있는지까지 연구하는 사람들도 있다. 의식을 탐구하는 연구가 대표적이다. 잠을 잘 때나 전형적인 마취제가 일으키는 "약물로 유도된, 되돌릴 수 있는 반응 저하 상태"에 빠졌을 때(Zalucki and van Swinderen 2016), 우리는 의식하는 깨어 있는 상태에서 의식하지 못하는 상태로 넘어간다. 그렇다면 초파리도 수면 주기가 있고 마취제로 마취를 시킬 수 있으므로, 마취제가 투여되지 않고 깨어 있는 상태의 초파리가 의식을 지닌다고 생각할 수도 있지 않을까? 1928년 한 곤충학자는 "곤충이 의식이 있을 수도 있다"라고 추정하면서도, 그렇다고 한다면 "그 의식은 척추동물의 것에 비해 흐릿하고 미약할 것이다"라고 추정했다(Carpenter 1928). 훨씬 더 최근에 B. 판스빙데런은 "의식이 자의식을 가리킨다면, 초파리는 우리 인간이 생각하는 그 개념에 비추어볼 때, 의식이 있지 않을 가능성이 높다"라고 했다(van Swinderen 2005). 그러나 판스빙데런은 이 말이 초파리가 의식 연구에 쓸모가 없다는 뜻은 아니라고 덧붙인다. 그는 의식과 관련된 현상을 기계론적으로 연구하기 위해서 초파리를 이용하는 식의 연구를 할 때는 "곤충이 주관적 경험을 하는지에 관해서는 불가지론적 입장을 취하고, 대신에 의식에서 일어나는 변화와 관련된 정량적인 변수들을 다루어야" 한다고 주장한다. 수면과 마취제 연구뿐 아니라, "선택적 주의(selective attention)" 같은 현상을 연구하는 일들이 그렇다. 초파리도 선택적 주의 집중 능력이 있다. 최근에 한바탕 공격적인 행동을 함으로써 물리친 녀석이 있을 때 다른 개체들이 주위에 있어도 그 패배자만을 계속 지켜보는 식으로, 시야에 많은 것들이 보여도 한 대상만 계속 바라보고 있는 행동을 보이기 때문이다(van Swinderen 2005).

초파리를 비롯한 모델 생물들은 정상적인 수면 상태와 마취제로 유도된 수면 상태의 분자 표적이나 세포 반응의 차이를 연구할 때에도 도움을 준다(Zalucki and van Swinderen 2016). 특히 뉴런이 302개인 선충, 약 10만 개인 초파리, 수십억 개인 인간이라는 세 체계는 단순한 것에서 복잡한 것에 이르는 단계를 보여주는 사례가 된다. 이런 생물들을 연구함으로써 우리는 뇌의 정상적인 과정, 메커니즘, 활동의 공통점과 차이점을 알아낼 수 있다. 초파리는 성격의 토대를 이해하는 모델로도 쓰이고 있다. 성격은 유전되지 않는(유전적 차이의 산물이 아니라) 예측 가능한 개별적인 선택 양상이라고 정의할 수 있다(Kain, Stokes, and de Bivort 2012). 또 초파리는 감정 상태의 토대를 연구하는 모델로도 쓰인다. 감정 상태는 어느 시점에 한 경험이 다음 행동에 영향을 미치는 것이라고 정의할 수 있다(Anderson and Adolphs 2014).

초파리의 의식, 성격, 감정 상태라고? 이것은 우리가 얼마나 흥미로운 시대에 들어서 있는지를 잘 보여준다. 우리는 개별 유전자와 뉴런을 켜거나 끌 수 있는 도구들을 가지고 있다. 초파리 뇌의 상세한 지도도 가지고 있다. 그리고 복잡한 행동의 토대에 놓인 분자 메커니즘도 점점 더 밝혀내고 있다. 이미 밝혀낸 초파리의 정상적인 행동들에 관한 자료를 토대로 앞으로 얼마나 많은 새로운 정보가 쌓일지는 아무도 모른다. 그러나 그런 정보가 우리 뇌가 어떻게 입력되는 신호들을 종합하여 복잡한 행동을 이끌어내는지를 이해하는 데에 도움을 주리라는 것은 충분히 예측할 수 있다.

제9장

협력

정상 초파리 성체들이 들어 있는 투명한 유리병을 하나 집어서 탁자에 대고 부드럽게 톡 치면, 초파리들은 전형적인 행동을 보일 것이다. 즉 초파리들은 놀라서 몇 밀리초 동안 바닥에 꼼짝 않고 얼어붙어 있다가, 곧이어 맨 위쪽의 마개를 향해서 재빨리 병의 벽을 타고 위로 기어오를 것이다. 이 검사의 공식 명칭은 "음성 주지성 검사(negative geotaxis assay)"이지만, 초파리 연구자들은 그냥 "기어오르기 검사(climbing assay)"라고 부른다. 대개 손으로 할 때가 많지만, 자동화하려는 시도도 이루어졌다. 즉 기계 장치로 병을 부드럽게 톡 두드리면서 초파리들의 반응을 동영상으로 기록하고, 영상 분석 소프트웨어를 써서 개체들이 정해진 시간 내에 미리 정한 높이까지 도달하는지 여부를 파악하는 식이다(Madabattula et al. 2015; Podratz et al. 2013). 모든 초파리가 동시에 똑같이 병 꼭대기까지 올라가지는 않을 것이다. 그리고 모든 초파리가 검사할 때마다 매번 기어오르기 반응을 보이는 것도 아니다. 그러나 약 30초 동안 반응할 시간을 주면, 젊고 건강한 야생형 개체들은 대부분 동일한 양상으로 반응을 보일 것이다. 즉 교란을 주면 재빨리 위로 기어오른다.

우리가 늙어갈수록 굼떠지고 좀 서툴러지듯이, 야생형 초파리도 나이를 먹어감에 따라서 기어오르기 검사에서 능력 저하를 보인다. 몇몇 돌연변이는 나이를 먹음에 따라 일어나는 이 능력 저하의 효과를 더 심화시킨다. 늙은 초파리가 병의 절반도 기어오르지 못하게 하거나, 더 일찍부터 능력 저하를 일으키거나, 양쪽 다일 수도 있다. 모든 타당한 과학적 검사법이 그렇듯이, 기어오르기 검사도 "통제된" 조건에서 수행할 수 있다. 즉 특정한 유전형을 지니거나 약물을 처리한 초파리들을 조사할 때, 같은 연령대의 아무런 처리도 하지 않은 야생형 초파리들을 대조군으로 삼음으로써 비교를 할 수 있다. 기어오르기 검사의 실용적이면서 흡족한 점 중의 하나는 몇몇 체계—뇌, 말초신경, 근육—의 조화를 수반하는 복잡한 행동을 하나의 숫자 값으로 환원할 수 있다는 것이다. 기어오르기 검사의 결과는 톡 두드린 뒤에 주어진 시간에 어느 높이에 도달한 개체수가 몇 퍼센트라는 비율로 제시되곤 한다. 실험 대상인 초파리들과 대조군의 비율을 비교할 수도 있고, 값들을 통계 분석을 하여 그래프에 나타냄으로써, 복잡한 생물학적 현상을 이해하기 쉽게 정량적으로 보여줄 수도 있다.

기어오르기 검사는 초파리가 생명의학 연구에 기여할 수 있음을 가장 잘 보여주는 사례에 속한다. 온전한 살아 있는 체계의 신경학적 기능을 초파리의 일생에 걸쳐서 살펴볼 수가 있기 때문이다. 초파리를 대상으로 하는 기어오르기 검사 같은 기법들을 정교한 현미경 기법에서부터 다양한 분자유전학적 조작에 이르는 첨단 기술들과 결합함으로써, 연구자들은 신경학적 기능과 아마도 더 중요할 기능 이상에 관한 새로운 깨달음을 최초로 얻곤 한다.

떨림 마비

1817년 J. 파킨슨은 "떨림 마비(shaking palsy)"라고 이름 붙인 질병을 학계에 보고했다. 지금 파킨슨병이라고 부르는 것이다. 그는 이 병에 걸린 "불행한 환자"가 "저절로 일어나는 떨림" 증상을 겪고 있으며, 증상이 돌이킬 수 없이 악화됨으로써 "몸이 거의 영구적으로 굽고, 근력이 확연히 줄어들고, 떨림이 격렬해지는" 상태에 이르게 된다고 썼다(Parkinson 2002, 재간행판). 파킨슨병은 "신경퇴행성 질환"의 일종이다. 말 그대로 신경세포가 퇴화하면서 죽어감에 따라, 특정한 활동 능력을 상실하게 되는 병이다. 알츠하이머병, 헌팅턴병, 근위축측삭경화증(ALS), 척수근위축증, 프리온(prion) 질환, 사람의 타우(TAU) 단백질이 병증과 관련이 있어서 "타우병증(tauopathy)"이라고 불리는 여러 질병들도 신경퇴행성 질환들이다.

1817년 논문에서 파킨슨은 다른 연구자들이 "자신의 연구 활동을 이 질병까지 확장하기를" 바란다는 견해를 피력했다(Parkinson 2002). 많은 사람들이 그 요청에 응했지만, 진척은 느렸다. 현재 파킨슨병이라는 진단을 받은 환자들의 증상을 완화하는 데에 도움이 될 치료 전략이 몇 가지 나와 있기는 하다(Oertel and Schulz 2016; Nutt and Wooten 2005). 그러나 파킨슨이 학계에 보고한 이래로 2세기가 흘렀음에도, 파킨슨병은 여전히 진단하기가 어렵고(초기 단기에서는 더욱 그렇다), 치료가 안 된다. 치명적인 증상 악화를 되돌리거나 막는 것이 아니라, 기껏해야 증상을 일시적으로 완화하고 달래는 것이 현재 이용할 수 있는 치료법이다 (Oertel and Schulz 2016). 안타깝게도 알츠하이머병, 헌팅턴병, 근위축측삭경화증 등 다른 신경퇴행성 질환들도 마찬가지이다. 이런 질병들이 개인적으로나 사회적으로 엄청난 부담을 안겨주기 때문에, 연구자들은 새로운 약물이나 치료법 개발에 도움을 줄 수 있는 새로운 정보, 즉 이 질병들이 어떻게 생겨나고, 어떻게 진행되는가라는 질문의 해답을 찾느라 더욱더 열심히 노력하고 있다. 초기에 진단할 수 있도록 도움을 주는 것조차도 큰 환영을 받을 것이다. 파킨슨병은 대개 손 떨림이나 걸음걸이의 독특한 변화 같은 외부 증상들을 보고서 진단을 내린다(Nutt and Wooten 2005). 혈액, 소변, 침에 들어 있는 지표가 될 단백질, 즉 파킨슨병의 "생물표지(biomarker)"를 찾아내는 등 이 방법을 개선할 수 있는 것이라면 무엇이든 간에 의사들은 환영할 것이다. 질병의 징후를 더 일찍 알아차리고, 명확한 진단을 내리는 일은 질병에 맞서 싸우는 환자와 가족을 돕고, 치료 전략을 개발하는 데에 중요한 역할을 한다.

놀랍게 여겨질지 모르지만, 초파리는 파킨슨병을 비롯한 신경퇴행성 질환들에 관한 새로운 정보를 제공하는 모델 체계 중의 하나이다. 파킨슨병과 관련된 유전자들 중에는 초파리의 유전자와 병렬 상동인 것이 많다. 따라서 유전적 접근법이 도움이 될 여지가 많다. 유전적으로 다양하게 변형된 초파리 계통들이 "질병 모델"로 이용되고 있다. 세포, 생리, 개체 수준에서 그 질병의 특징들을 재현하는 표현형이나 "증후군"을 드러내는 초파리 유전형들이 있다. 사실 기어오르기 검사는 초파리 연구자들이 파킨슨병을 연구하는 데에 쓰는 도구 중의 하나이다. 파킨슨병의 초파리 모델들은 사람의 유도 만능 줄기세포(induced pluripotent stem cell, iPSC) 등 인간 질병을 연구할 때 쓰이는 다른 방법들에 비해서 많은 이점들이 있다. 그런 장점들 가운데 첫 번째는 아마도 파킨슨병 같은 질병의 초파리 모델이 그 생물의 생애에 걸친 변화 양상을 살펴볼 수 있게 해준다는 점일 것이다. 파킨슨병 증상의 출현 및 심각성과 노화의

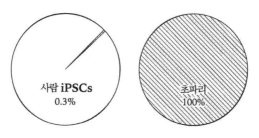

한 생물의 수명 중 연구 기간이 차지하는 비율. 사람의 iPSC는 약 3개월 동안 배양할 수 있다. 사람의 수명에 비하면 극히 미미한 기간이다. 반면에 초파리는 성체의 생애 전 기간에 걸쳐 관찰할 수 있다. 초파리와 iPSC를 나란히 또는 차례로 연구하면, 양쪽의 장점을 다 이용할 수 있다.

관계를 고려할 때 대단히 유용한 속성이다. 반면에 사람의 iPSC는 사람에게서 유래했다는 것이 장점이기는 하지만, 대개 실험실에서 몇 달 동안만 배양이 가능하다. 우리의 일생에 비하면 너무나 짧은 기간이다. 양쪽 실험 체계를 함께 또는 차례로 활용함으로써, 어느 한쪽 생물이나 세포에서 얻은 정보를 다른 쪽에서 후속 연구를 할 토대로 삼는 식으로 양쪽의 장점을 추출하는 것이 효과적인 전략이다.

세포 쓰레기 대란

1998년, T. 기타다와 N. 시미즈 연구진은 파킨슨병의 한 희귀한 유전되는 형태와 관련이 있는 "파킨(parkin)"이라는 사람 유전자를 분리했다고 발표했다(Kitada et al. 1998). 이 유전자에는 나중에 PARK2라는 공식 명칭이 붙었다. PARK2 단백질의 첫머리에 있는 약 70개의 아미노산 사슬은 유비퀴틴(Ubiquitin)이라는 짧은 단백질의 서열과 비슷하다. 또 그 단백질에는 링핑거(RING-finger) 단백질과 서열이 비슷한 부위도 있다. 사람뿐만 아니라 식물을 비롯한 여러 생물들에서 유비퀴틴이 한 분자 과정에 관여한다는 것이 이미 알려져 있었다. 손상된 단백질이나 생명분자를 인식하여 달라붙어서 일종의 꼬리표를 붙이는 체계이다. 작은 유비퀴틴 단백질 하나 또는 여러 개가 손상된 단백질에 달라붙는다. 이 유비퀴틴 꼬리표가 붙은 "화물"은 프로테아좀(proteasome)으로 전달된다. 프로테아좀은 단백질을 재활용이 가능한 작은 조각(아미노산)으로 분해함으로써 쓰레기 처리 역할을 하는 여러 단백질로 된 커다란 복합체이다.

PARK2와 유비퀴틴 사이에 유사성이 있다는 것은 PARK2도 유비퀴틴이 매개하는 재활용 체계에 관여할지 모른다는 것을 시사했다(Kitada et al. 1998; Nussbaum 1998). 정상 세포와는 무관하고 파킨슨병과 관련이 있는 루이체(Lewy body)라는 특이한 세포 구조물에 유비퀴틴과 프로테아좀 성분이 들어 있는 듯하다는 사실도 이 체계와 파킨슨병 사이에 관계가 있음을 보여주는 듯했다. 그러나 PARK2가 다른 생화학적 기능을 하는 것으로 추정되는 추가 영역을 지닌 것을 비롯하여 유비퀴틴과 다른 점들도 있으므로, 연구자들은 PARK2와 유비퀴틴이 서로 관련되어 있기는 하지만, 동일한 역할을 하는 것이 아닐 수도 있다고 추측했다. 종합하자면, PARK2는 파킨슨병과 관련된 "분명히 복잡한 병원성 경로일 무엇인가"의 구성요소를 사냥하는 사람들에게 단서를 제공하지만 확실한 해답은 제공하지 않았다(Nussbaum 1998). 다른 파킨슨병 유전자들, 알츠하이머병과 관련된 유전자들도 마찬가지였다. 기능에 관한 단서들은 발견할 수 있었지만, 세포와 분자 수준에서 어떤 메커니즘들이 관여하는지를 알려주는 전체적인 그림은 빠져 있었다. 일부 신경퇴행성 질환들과 그 유전적 연결 고리를 찾는 일을 더욱 어렵게 만드는 요소가 하나 더 있었다. 연구자들은 생쥐의 파킨 유전자를 교란함으로써 그 병의 증상을 재현하려고 시도했는데, 그 질병 모델에서는 모호한 결과가 나왔다. "생쥐 모델은 파킨슨병의 여러 주요 특징들을 재현하지 못한다"(Dawson, Ko, and Dawson 2010).

일부 연구자들은 해답을 찾기 위해서 초파리에게로 눈을 돌렸다. 2000년 M. 피니와 W. 벤더는 알파시누클레인(alpha-synuclein, SNCA) 단백질을 만드는 사람 유전자를 초파리에게 집어넣어서 노화와 관련한 뉴런 상실 및 운동 기능 이상을 비롯하여 "그 병의 핵심 특징들을 재현한" 파킨슨병의 초파리 모델을 만들었다고 발표했다(Feany and Bender 2000). 한 우성 유전되는 형태의 파킨슨병과 관련된 유전자는 야생형 파킨슨병 유전자보다 초파리에게 집어넣었을 때, 더욱 심각한 파킨슨병 관련 증상들을 낳았다. 초파리 유전체에는 그와 상동인 유전자가 전혀 없어 보이는데도 그렇다. 그 논문은 해당 분야에서 "따뜻한 환대를" 받았고(Rincon-Limas, Jensen, and Fernandez-Funez 2012), M. F. 비얼 같은 의학자들은 초파리 모델이 "증폭자와 억제자 돌연변이를 빠르게 찾아낼 수 있게 해줄 것이며, 그것이 중요한 이점"임을 알아차렸다(Beal 2001). 곧 후속 연구들이 이어졌다. 알파시누클레인이 신경 독성을 유도한다는 N. 보니니 연구진의 연구도 그중의 하나였다. 사람의 파킨슨병을 연구한 결과에 부합되는 사례였다(Auluck et al. 2002). 알파시누클레인 사례와 달리, 초파리 유전체에는 PARK2와 관련 있는 단백질을 만드는 유전자가 있다. 그래서 초파리를 대상으로 관련된 유전 검사를 하기도 쉽고 해석하기도 수월하다. PARK2의 초파리판 병렬 상동 유전자에는, 기타다 연구진이 사람 유전자에 붙인 이름을 따라 파킨(parkin)이라는 이름이 붙었다. 초파리 유전체에서는 다른 파킨슨병 관련 유전자들의 병렬 상동인 유전자들도 발견되었다. 사람의 PARK5(정식 명칭은 UCHL1), PARK6(PINK1), PARK7, PARK8(LRRK2), PARK9(ATP13A2), PARK11,

PARK13(HTRA2), PARK14(PLA2G6), PARK15(FBXO7), PARK17(VPS35), PARK18(EIF4G1)에 상응하는 유전자들이다. 이런 유전자들 중의 일부에 유전적 교란을 일으키자, 걸음걸이 변화, 신경세포(초파리 눈에 있는 것 등)의 죽음, 조기 사망 등 사람 파킨슨병의 몇몇 특징들을 재현한 파킨슨병의 초파리 모델들이 추가로 만들어졌다.

이런 연구들로부터 얻은 결과들은 세포의 쓰레기 청소 능력이 중요하다고 말하고 있었다. 개별 단백질을 재순환하는 능력만이 아니라, 손상된 세포소기관을 찾아내고 분해하여 부품을 재활용하는 능력도 포함된다. 미토콘드리아는 세포의 발전소로서, 아데노신삼인산(adenosine triphosphate, ATP) 형태로 에너지를 생산한다. 세포 안에서 이중막으로 감싸여 있고, 필요하다면 서로 융합하거나 쪼개지거나 길게 늘어나거나 증식할 수 있다. 초파리 연구가 파킨슨병 분야에 제공한 깨달음 중의 하나는 파킨 유전자의 산물과 파킨슨병과 관련 있는 또다른 유전자 PINK1의 초파리판 병렬 상동 유전자가 "미토파지(mitophagy)" 과정에 둘 다 필요하다는 개념이었다(Clark et al. 2006; Park, Lee, and Chung 2009; Park et al. 2006; Yang et al. 2006). 미토파지는 손상된 미토콘드리아를 찾아내어, 분해하고, 부품을 재활용하는 과정을 말한다. 파킨슨병 환자의 세포로 만든 iPSC를 비롯하여 포유동물 세포를 직접 연구한 결과들도 두 유전자가 이 과정에 관여한다는 것을 보여주었다(Hsieh et al. 2016). 또 초파리 연구는 뭉친 단백질들이 어느 세포 체계를 막는지를 파악함으로써, 알파시누클레인이 일으키는 독성의 구체적인 세포 메커니즘을 규명할 통찰력도 제공했다(Cooper et al. 2006). 또한 헌팅턴병 사례에서도, 초파리 연구는 오토파지(autophagy : 자가포식작용)가 역할을 한다는 것을 알려주었다(Rui et al. 2015; Gelman, Rawet-Slobodkin, and Elazar 2015). 오토파지는 미토파지에 관여하는 유전자들과 과정들 중의 상당수가 관여하는 또다른 청소 과정이다. 미토파지나 오토파지가 일어날 때, 먼저 손상된 세포소기관이나 세포 속 잔해가 막으로 에워싸인다. 이 새로 만들어진 쓰레기 봉지는 리소좀(lysosome)이라는 세포소기관과 융합된다. 리소좀 안에서 쓰레기 봉지에 든 단백질, 지질, 기타 분자들은 구성단위로 분해되며, 분해된 물질들은 세포 밖으로 배출되거나 새로운 큰 생명분자를 만드는 데에 재활용된다.

이제 미토파지와 오토파지가 파킨슨병과 관련된 세포 내 사건들의 토대를 이룬다고 합리적으로 말할 수 있으므로, 우리는 화학적 억제제나 작용제를 쓰는 등의 방법으로 미토파지나 오토파지를 차단하거나 증진시켰을 때, 파킨슨병의 유전 모델에서 증상이 악화되거나 완화되는 양상이 나타나는지를 살펴볼 수 있다. 이런 연구들은 새로운 치료법으로 이어질 수도 있다. 또 초파리 연구자들은 신경퇴행성 질환의 초파리 모델에게 유전 선별 검사를 함으로써, 초파리에게서 그 질병 관련 표현형을 악화시키거나 완화시키는 돌연변이를 찾아낸다. 그리고 현미경을 이용한 상세한 세포 분석에서 기어오르기 검사나 신경-근육 연결의 건강과 활성에 관한 추가 지표들인 날개의 자세나 비행 관찰에 이르기까지 다양한 검사법과 결합하기도 한다. 2000년대 초에 신경퇴행성 질환의 초파리 모델들이 개발된 이래로, 그런 유전 선별 검사가 20건 이상 이루어졌다(Lenz et al. 2013). 그런 연구들을 통해서 늘어난 유전자 목록을 이용하여, 연구자들은 신경퇴행성 질환의 초파리 모델뿐 아니라 포유동물 모델에서도 질병의 병리학과 정상 기능을 살펴볼 수 있다.

파킨슨병을 비롯한 신경퇴행성 질환들의 세포 병리를 점점 더 이해하게 되면서, 연구자들은 초파리를 통해서 더 이전의 사건들까지 연구하고 있다(Chouhan et al. 2016). 세포를 신경퇴행이라는 길로 나아가도록 하는 최초의 문제가 무엇일까? 위험 요인들은 무엇일까? 초기 진단 징후들로는 무엇이 있을까? 체계에 교란을 촉발함으로써 문제를 일으키는 것이 무엇인지를 놓고 많은 이론들이 나와 있다. 아연 같은 금속 이온의 축적(Bush 2013; Jellinger 2013)과 감염에 대한 반응(Maheshwari and Eslick 2015; Kumar et al. 2016; Soscia et al. 2010) 같은 사건들이 알파시누클레인(파킨슨병에서), 아밀로이드 베타(알츠하이머병에서), 타우(타우병증에서) 같은 단백질의 농도를 증가시킨다는 이론들이 그렇다. 적어도 생물학자와 생명의학자가 볼 때는 아직 흡족하게 밝혀내지 못한 모호하고 불확실한 점들이 많다. 우리는 더 깊이 파고들어서 단백질 덩어리가 생기는 근본 원인을 찾고 있다. 우리는 그런 덩어리가 세포의 보호 반응인지, 아니면 병리에 기여하는 요소인지, 혹은 둘 다인지를 연구한다. 그리고 학습과 기억, 신경운동 제어, 냄새 같은 감각, 그밖의 신경학적 기능과 행동을 조사함으로써 개체 수준에서 발달기에 또는 성년기에 비정상의 첫 징후를 얼마나 조기에 검출할 수 있는지도 연구한다. 이런 초기 징후들이 질병의 메커니즘을 더 제대로 이해하는 데에 도움을 줄 것이라고 보기 때문이다.

신경학적(또는 다른) 질환의 모델을 구축하는 방법

초파리 연구는 신경퇴행성 질환의 분자 메커니즘을 이해하는 데에 기여해왔다. 이 발견법을 다른 신경학적 질환에도 적용할 수 있을까? 적용할 수 있다. 그러려면 무엇보다도 해당 질병의 여러 측면들을 모델화할 적절한 방법을 찾아내야 한다. 파킨슨병 사례에서처럼, 질병의 많은 초파리 모델들은 유전적 조작을 통해서 만들어진다. 사람의 유전자를 초파리에게 집어넣는 과정이 포함될 수도 있다. 파킨슨병의 알파시누클레인 초파리 모델이 그러했고, 헌팅턴병과 척수소뇌 실조 3(spinocerebellar ataxia 3)의 모델이라는 신경퇴행성 질환에 관한 최초의 초파리 모델들도 그러했다(Warrick et al. 1998; Jackson et al. 1998). 또는 초파리가 본래 지닌 병렬 상동 유전자(그런 것이 있을 때)를 교란하는, 즉 환자에게서 발견한 돌연변이 유전자에 상응하는 초파리 유전자에 특정한 변화를 일으키는 것이 최상의 접근법일 때도 있다. 유전적 변화가 신경학적 질환이나 다른 질환의 초파리 모델을 만드는 유일한 방법은 결코 아니다. 손상이나 기계적 개입을 통하거나, 수면 주기를 교란하거나 독성 물질에 노출시키는 등 초파리가 접하는 환경을 바꿈으로써 질병을 모델화할 수도 있다. 망간, 로테논(rotenone), 패러쾃(paraquat) 같은 물질을 처리하여 파킨슨병과 유사한 증상을 유도하는 것이 대표적이다(Bonilla-Ramirez, Jimenez-Del-Rio, and Velez-Pardo 2011; Coulom and Birman 2004; Hisahara and Shimohama 2010). 초파리의 정상 행동도 질병의 특정 측면들을 모델화하는 데에 이용할 수 있다. 그런 뒤에 유전적 접근법이나 다른 실험방법을 써서 더 살펴볼 수 있다. 게다가 이런 접근법들은 서로 배타적이지 않다. 유전적 교란과 수면 교란의 복합 효과를 살펴볼 수도 있고(Chakravarti, Moscato, and Kayser 2017), 유전, 환경, 노화가 질병의 발생이나 진행에 어떤 복합적인 효과를 미치는지도 모델화할 수 있다(Burke et al. 2017).

다음은 손상, 개입, 관련된 정상 행동의 관찰을 토대로 신경학적 질환이나 그 특정 측면을 재현한 초파리 모델의 사례들이다. 다음 절들은 질병의 초파리 모델이 일단 확립되면 진단법과 치료약의 발견을 포함하여 생명의학 연구에 얼마나 유용하게 쓰일 수 있는지를 보여준다.

척수 손상의 역학적 모델

신경돌기(축삭)은 신경세포의 세포체에서 죽 길게 뻗어나온 돌기로서, 신경 자극이 비교적 긴 거리를 빠른 속도로 나아갈 수 있게 해준다. 그리고 초파리가 포식자를 피해 달아나거나 우리가 달리기 경주에서 다리를 계속 움직일 때의 반응도 촉진한다. 초파리는 날개의 위쪽 가장자리를 따라서 유달리 긴 신경돌기가 뻗어 있으며, 비행을 제어하는 데 기여한다. 신경세포의 세포체로부터 뻗어나온 이 신경돌기는 잘리면 일련의 전형적인 세포 내 사건들이 일어나면서 퇴화한다. 연구자들은 서로 다른 유전형을 지닌 초파리들의 신경세포 세포체에서 뻗어나온 날개 신경돌기를 자른 뒤에, 잘린 신경돌기를 퇴화시키는 대신에 보존하는 데에 기여하는 돌연변이를 찾고 있다. 그런 유전자를 찾아내면, 사람의 신경돌기를 손상시키는 질병이나 척수 손상으로 세포체와 끊긴 신경돌기를 보존할 방법을 찾아내는 데 도움이 될 수도 있다(Fang and Bonini 2015; Soares, Parisi, and Bonini 2014). 외상 뇌 손상(traumatic brain injury, TBI)을 연구할 때에도 환영할 새로운 정보를 얻으려고 기계적 교란을 통해서 신경학적 손상을 모사하곤 한다. TBI의 초파리 모델을 얻기 위해서, 연구자들은 초파리들이 담긴 병을 용수철에 올려놓는다. 그런 다음 용수철을 한 차례 또는 여러 차례 눌렀다 튕기면서 병에 든 초파리들에게 물리적 충격을 준다(Katzenberger et al. 2015; Katzenberger et al. 2013). 그럼으로써 유전형에 따른 초파리들의 상대적인 반응을 살펴볼 수 있고, 손상을 입은 뒤에 어떤 유전자들이 발현되고 억제되는지 파악할 수 있다.

우울증의 개입 모델

우울증의 한 측면인 "학습된 무력감(learned helplessness)"이라는 현상은 생쥐 같은 포유동물을 모델로 삼아서 연구가 이루어진다. 이 증상에 빠지면 스트레스를 주는 부정적인 자극을 피하거나 벗어나려고 하지 않는다(Vollmayr and Gass 2013; Seligman and Maier 1967). 학습된 무력감을 조사할 때는 대개 생쥐들을 세 집단으로 나누어서 비교한다. 스트레스를 받지 않는 집단, 스트레스를 받지만 스트레스를 피할 통제권이나 능력을 어느 정도 유지하는 집단, 피할 통제권이나 수단을 전혀 가지지 못한채 스트레스를 받는 집단이다. 정상적인 개체군에서 세 번째 집단의 개체들은 나중에 이동성 저하, 스트레스에 대한 수동적인 반응, 다른 두집단이 하는 식으로 스트레스 조건에서 벗어나려는 시도를 하지 않는등 "우울증"의 징후들을 드러낼 것이다. 초파리에게도 비슷한 접근법이쓰여왔다. 대조군인 초파리 집단에는 걸음을 멈출 때에만 열 스트레스를 가하고, 학습된 무력감 집단에는 초파리가 무엇을 하고 있든 상관없이 무작위로 동일한 횟수만큼 열 스트레스를 준다(Vollmayr and Gass 2013; Brown et al. 1996). 이 스트레스 시험을 받은 뒤의 행동 차이는 정량적으로평가하고 나타낼 수 있다. 스트레스 조건에 놓였던 집단과 대조군에서"활발하게 움직이는 초파리가 몇 퍼센트" 같은 식으로 말이다. 양쪽 집단의 값을 비교하면 학습된 무력감을 일으키는 조건에 놓인 초파리들의"우울증" 발생 수준을 파악할 수 있다. 그리고 다양한 돌연변이 표현형을 지닌 초파리들끼리도 비교가 가능하다.

불안의 행동 모델

앞의 장에서 말했듯이, 초파리는 본래 방의 한가운데가 아니라 벽 가까이에서 더 많은 시간을 보낸다. 아마 야생에서 포식자에게 당할 위험을줄이려는 행동일 것이다. 이 "벽 따라가기(wall following)" 행동은 초파리의 움직임을 동영상으로 찍어서 경로를 분석하여 정량화할 수 있다. 정상적인 조건에서 야생형 초파리는 검사장의 탁 트인 중앙 지역을 가로지르는 행동을 거의 하지 않을 것이다. 열을 가하는 식으로 스트레스를 높이면, 벽 따라가기 행동이 더욱 강화된다(즉 중앙을 가로지르는 일이 더욱 적어진다). 대조적으로 항불안제인 디아제팜(diazepam)을 투여한 초파리에게서는 그 효과가 덜 나타난다(중앙을 더 자주 가로지른다). F. 모하메드와 A. 클래리지창 연구진은 포유동물에게서 불안에 관여한다고 알려진 유전자들의 병렬 상동 유전자들이 초파리의 벽 따라가기 행동과 관련이 있음을 밝혀냈다. 이는 앞으로도 불안 및 불안 관련 장애 연구에 초파리가 유용할 수 있음을 시사한다(Mohammad et al. 2016). 벽 따라가기는 다른 유형의 연구들에는 장애가 될 수도 있다. 즉 벽 따라가기 성향이 워낙 우세하기 때문에 다른 유형의 행동들을 관찰하기가 어려울 수 있다. 한 연구진은 다른 검사를 할 때에 벽 따라가기가 미칠 영향을 줄이기 위해서, 벽이 기울어진 방을 설계하여 초파리를 그 안에 넣고서 행동 분석을 했다. 이런 방은 초파리들이 더 균일하게 분포하도록 유도하며, 개별 초파리의 행동을 동영상으로 기록하면서 자동 분석이 가능하도록 설계되기도 한다(Simon and Dickinson 2010).

모델을 작동시키는 법

질병이나 질병 관련 표현형의 유전적 연구 등을 위한 초파리 모델이 일단 만들어지면, 그 초파리 모델을 질병과 치료법의 이해를 도모하는 데에 쓸 수 있는 방법이 적어도 네 가지 있다. 첫째, 질병의 초파리 모델은 질병의 "생물표지(biomarker)" 후보를 찾아내는 데에 쓸 수 있다. 둘째,

다른 연구를 통해서 밝혀진 후보 유전자 목록을 더 상세히 조사하거나, 질병 관련 과정들에 관여하는 유전자들을 추가로 파악할 수 있다. 셋째, 궁극적으로 환자가 증상으로서 경험하는 것을 빚어내는 세포 내 변화를 밝힐 수 있다. 넷째, 약물의 새로운 단백질 표적이나 새로운 약물 후보물질을 찾아낼 수 있다.

생물표지는 의사가 질병을 진단하고 질병의 진행 양상을 추적하는 데에 도움을 줄 수 있다. 초파리는 어떤 분자를 검출했을 때, 그것이 해당 질병과 관련이 있는지 여부를 알아내는 데에 도움을 주는 대규모 단백질체학, 전사체학, 대사체학 연구에 쓰일 수 있다. 초파리와 사람 양쪽에서 생물표지의 농도 변화가 나타난다면, 그 표지 검사를 혈액이나 소변 검사에 통합하거나, 필요하다면 신생아의 발뒤꿈치 채혈 검사에도 적용할 수 있을 것이다. 신경퇴행의 유전적 초파리 모델에서 세포 기능 이상의 초기 징후—파킨슨병이나 알츠하이머병 같은 질병의 "독특한 신경퇴행성 병리 증상"(Chouhan et al. 2016)—를 찾아내려는 노력은 의사들이 성년기에 더 일찍 또는 더 정확하게 신경퇴행성 질환을 진단할 수 있도록 유용하게 쓸 사람의 생물표지를 찾아내는 데에 도움을 줄 수 있다. 생물표지 자체는 질병이 발생할 때 발현 양상이 달라지는 유전자일 수도 있고, 그 병에 걸린 환자에게서 더 높은 농도나 낮은 농도로 검출되는 단백질(또는 그 효소 활성)일 수도 있으며, 해당 질병에 걸렸을 때 쌓이거나 고갈되는 대사산물일 수도 있다. 지표 하나만으로는 충분히 예측력을 지니지 못할 때에는 여러 생물지표를 검사하여 종합하는 것이 지표 하나를 쓸 때보다 건강과 질병을 더 정확히 파악할 수 있는 방법이 될 수 있다.

일단 질병 모델이 확정되면, 유전적 변경인자 선별 검사를 통해서 질병의 발생과 진행에 관여하는 새로운 유전자들을 찾아냄으로써, 이해도를 높일 수 있다. 변경인자 선별 검사에서 찾아낸 유전자가 이미 알려져 있는 것이라면, 그 결과로부터 즉시 무엇인가를 알게 된다. 교란이 일어나면 그 질병의 초파리 모델의 증상을 악화시키거나 아예 초파리를 죽이는 유전자를 찾아낸다면, 우리는 사람 환자들의 DNA 서열 데이터베이스를 검색하여 상응하는 유전자에 일어난 교란이 질병이나 증세와 관련이 있는지를 알아볼 수 있을 것이다. 반면에 교란이 일어났을 때 증세를 완화하는 유전자라면 신약 개발의 표적 후보가 될 수 있을 것이다. 또 유전학 연구는 대규모의 인간 유전학 연구를 통해서 파악한 기나긴 후보 유전자 목록에서 유망한 후보들을 골라내는 데에도 쓰일 수 있다. 하지 불안 증후군(restless leg syndrome)과 관련된 유전체 규모의 유전자 연관 분석을 통해서, 발병 위험과 관련이 있는 영역을 찾아낸 연구가 있다. 그중에는 BTBD9라는 사람 유전자가 있는 영역도 들어 있었다. A. 프리먼과 S. 샤날 연구진은 그 병렬 상동 유전자에 돌연변이가 일어난 초파리를 만들어냈다. 그 유전자에도 BTBD9라는 이름이 붙었다(Freeman et al. 2012). BTBD9 유전자의 활성을 잃은 초파리는 야생형보다 수명이 짧고, 수면 주기에 교란이 일어나고, 하지 불안 증후군과 일치하는 여러 표현형들을 지닌다(Freeman et al. 2012). 이런 식으로 인간 유전체 전체의 연관 분석을 통해서 나온 유전자 목록에 주석을 달고 더 선별을 하는 작업에 초파리를 이용하는 것이야말로 "미지의 잠재력"을 지닌 기회의 땅이라고 인식되고 있다(Wangler, Hu, and Shulman 2017).

질병 모델은 새로운 유전자를 찾아내는 것 외에도 질병과 관련된 세포와 분자 수준의 메커니즘을 깊이 살펴보는 데에도 쓰일 수 있다. 특히 초파리는 뇌의 연구에 장점이 많다. 1971년 M. M. 허먼, J. 미켈, M.

존슨은 초파리 뇌가 혈관계에 의지하지 않으므로, 다른 모델 생물들과 달리 혈관 결손이 초파리의 신경학적 연구 결과의 해석을 복잡하게 만들지 않을 것이라고 지적했다(Herman, Miquel, and Johnson 1971). 초파리가 보여주는 행동이 다양하고 정량적이고 자동화한 기술들을 통해서 검증 가능하다는 점도 초파리를 신경학적 연구에 더욱 유용하게 해준다. 초파리는 단순한 존재치고는 놀라울 만치 복잡하다. 파킨슨병에 미토파지가 관련되어 있다는 사실은 초파리 연구가 질병의 세포 및 분자 메커니즘을 어떻게 밝혀낼 수 있는지를 보여주는 좋은 사례이다. 2014년 M. 마헤스와리와 N. R. 자나 연구진의 헌팅턴병 연구도 또 하나의 사례를 제공한다. 생쥐로부터 시작되어 초파리에게로 이어진 그 연구는 전사인자를 만드는 HSF1이라는 유전자의 하향 조절이 헌팅턴병과 관련이 있음을 밝혔다. HSF1이 헌팅턴병과 관련이 있음을 깨닫자, 연구진은 이미 소염제로 쓰이고 있는 덱삼메타손(dexamethasone)이라는 약물을 헌팅턴병 치료제로 쓸 수 있지 않을까 생각했다(Maheshwari et al. 2014). 초파리 모델에서 어떤 표현형이 인간의 질병과 관계가 있음을 시사하기는 하지만 명백하지 않을 때도 종종 있다. 한 예로, 신경섬유종증(neurofibromatosis)의 한 유전학적 초파리 모델에서는 사람의 병과 관련된 유전자의 병렬 상동인 초파리 유전자를 교란하면, 초파리가 몸단장을 하면서 보내는 시간이 늘어나는 결과가 나온다. 초파리 연구자들은 이 행동을 주의력 결핍 과다행동 장애(attention deficit hyperactivity disorder, ADHD)의 증상들과 비교한다. ADHD는 이 초파리 연구에서 모델화한 유전성 신경섬유종증과 관련이 있는 경우가 많다(King et al. 2016).

유전학적 연구와 별개로, 연구자들은 질병 모델인 초파리를 약물, 억제제나 작용제인 작은 분자, 천연물질, 전통 약재에서 추출한 화학물질에 노출시킨 뒤에 증상이 완화되는지 알아보기도 한다. 이런 연구에 초파리를 이용하면, 개체 차원에서, 게다가 대량의 개체를 그 본래 수명 전체에 걸쳐서 살펴볼 수 있다. 따라서 결과를 더욱 신뢰할 수 있다. 초파리를 약물에 노출시키는 방법은 애벌레나 성체에게 약물을 주사하거나, 약물이 섞인 용액에 애벌레를 담그거나, 약물을 분무하는 등 여러 가지가 있다. 드물게는(수고스러운 일을 해야 하기 때문에 잘 안 쓰이는 것일 가능성이 높다) 초파리의 목을 자른 뒤, 그 부위에 약물을 묻히는 방법도 쓰인다. 목이 잘려도 초파리는 얼마간 살아 있어서 약물 반응을 조사할 수 있다(Pandey and Nichols 2011). 그러나 가장 흔히 쓰이는 방법은 그냥 약물을 섞은 단물이나 먹이를 애벌레나 성체에게 먹이는 것이다.

질병의 초파리 모델을 이용하여 치료약을 찾아낸 대표적인 사례는 취약 X 증후군(Fragile X syndrome) 연구이다. 취약 X 증후군은 수면 불규칙과 과민성을 비롯하여 여러 행동 장애 및 지적 능력 저하가 특징인 장애이다(van Alphen and van Swinderen 2013; van der Voet et al. 2014). 이 증후군은 FMR1이라는 사람 유전자의 교란과 관련이 있다. 그런데 초파리의 병렬 상동 유전자인 Fmr1을 교란하면, 신경세포에 정량화하여 조사할 수 있는 변화가 일어나며, 기억 검사 때의 성적 변화와 수면 양상 변화를 비롯하여 행동에도 측정할 수 있는 변화가 나타난다. 이 병의 생쥐 모델과 마찬가지로 취약 X 증후군의 초파리 모델도 GluR라는 단백질의 활성에 변화가 나타나며, 이 단백질은 약물 표적으로 삼을 수 있다. GluR의 화학적 억제제는 쉽게 구할 수 있었고, 이런 억제제들을 초파리에게 시험한 결과, 증상을 완화하는 데에 도움이 될 수 있음을 시사하는 결과가 나왔다. Fmr1 돌연변이 초파리에게 GluR 표적 약물이 든 먹이를 주자, 그 유전적 교란과 관련된 돌연변이 표현형 중의 일부가 완화되었기 때문이다(McBride et al. 2005). 2009년과 2011년에는 취약 X 증후근의 치료제 후보물질인 GluR 표적 약물들의 안전성과 효능을 조사할 소규모로 이루어진 예비 임상 시험에서 유망한 결과가 나왔다(Berry-Kravis et al. 2009; Jacquemont et al. 2011).

2005년 S. M. 맥브라이드와 T. A. 용헌스 연구진은 초파리를 연구하여 리튬도 치료 효과가 있다는 증거를 처음으로 제시했다. 리튬은 다른 증상들을 치료하는 용도로 이미 승인을 받은 물질이었고, GluR 관련 세포 활동에 영향을 미치므로 취약 X 증후군 환자에게도 좋은 효과를 미칠 가능성이 있었다(van der Voet et al. 2014; Berry-Kravis et al. 2008). 2008년 E. 베리크래비스와 W. T. 그리너프 연구진은 사람 환자들을 대상으로 소규모 연구를 진행한 결과가 "생쥐 및 초파리 모델들에서 얻은 결과들과 들어맞았으며", 그 치료제가 "효과가 좋고 실질적 혜택을 제공한다"고 썼다(Berry-Kravis et al. 2008).

신약 개발 과정에서의 초파리

이런 뉴스 기사가 떴다고 상상해보자. "검증되지도 않고 시험도 이루어진 적이 없고 치명적일 수도 약물로 어른 수만 명을 치료했는데, 그 누구도 피해를 입지 않았다!" 놀라운 희소식인 양 들린다. 여기서 말하는 "어른"이 사실상 초파리 성체를 가리킨다는 것을 깨닫기 전까지는 말이다. 엄청나게 많은 개체들을 쉽게 검사할 수 있고 성년기 전체에 걸쳐 지켜볼 수 있다는 점을 포함하여 초파리의 여러 강점을 고려할 때, 학계뿐만 아니라 민간 부문에서 신약 개발 과정에 초파리를 이용하려는 것도 당연하다. 초파리 약물 선별 검사는 대규모로 하면, 수만 가지 또는 수십만 가지에 달하는 엄청나게 많은 분자들로부터 유망한 소규모의 후보 분자 집합을 골라낼 수 있다. 그리고 그 부분집합을 동물이나 사람의 세포 모델을 대상으로 더 적은 비용과 인력으로 검사할 수 있다. 대규모 초파리 약물 선별 검사는 고도로 조직된 방식으로 수행하는 것이 가장 낫다. 확립된 질병 모델 유전형 등 특정한 유전형을 지닌 특정한 연령대의 특정한 생활사 단계에 속한 초파리들을 모아서 대조군과 약물이 섞인 먹이를 먹는 집단으로 나눈다. 실험의 종류와 기간에 따라서, 초파리들에게 신선한 먹이를 주는 기간을 달리 할 수도 있다. 매일 한 번, 이틀에 한 번, 일주일에 두 번 주는 식으로 말이다. 일부 연구자는 표준 배양병에서 키우는 초파리를 대상으로 그런 실험을 한다. 공간이 작으므로 더 비용 효과적이고 효율적으로 약물 선별 검사를 할 수 있다. 표준 "마이크로웰 플레이트(micro-well plate)의 각 홈에 약물을 섞은 먹이를 넣고 각각 성체 1-3마리를 집어넣을 수도 있다. 마이크로웰 플레이트는 카드 한 벌만 한 크기의 플라스틱판으로서, 96개의 홈(가로 8줄, 세로 12줄)이나 있다. 각 홈은 작은 시험관이나 배양병에 해당하며, 소량의 약물을 집어넣어서 빠르고 저렴하게 실험을 수행할 수 있다(Markstein et al. 2014).

유전 선별 검사 중에서 약물 선별 검사는 성공에 대단히 중요한 단계이며, 짧은 기간에 많은 약물들을 신속하게 검사하고 질 좋은 자료를 얻기 위해서 점점 더 전문적이고 정확하고 자동화한 검사 방법을 개발하려는 노력들이 이루어지고 있다. 약물 선별 검사를 할 때 고려해야 할 또 한 가지는 살펴보려는 특정한 활성과 관련이 있을 법한 분자 집합, 즉 "라이브러리(library)"라고 하는 것을 검사해야 한다는 것이다. 대규모 유전 선별 검사를 할 때는 대개 수만 마리에 달하는 초파리를 돌연변이원으로 처리한 다음 검사를 한다. 약물 선별 검사를 할 때는 검사하려는

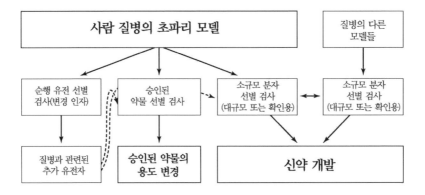

신약 개발 과정에서 사람 질병의 초파리 모델 이용. 질병의 초파리 모델은 질병 관련 유전자나 질병 관련 표현형을 완화시키는 화합물을 찾아내는 데에 쓸 수 있다. 찾아낸 것들은 후속 검사를 위한 후보자가 된다. 정상 초파리는 다른 생물들이나 사람 세포에서 이루어지는 약물 선별 검사를 위한 개체 수준의 독성을 파악하는 모델 역할을 할 수 있다. 질병의 초파리 모델은 추가 확인 단계에서도 쓰일 수 있다.

화합물의 수에 따라서 조사하는 초파리의 수가 수십만 마리까지 얼마든지 불어날 수 있다. 그런 상황에서 연구자들이 초기에 검사할 약물의 수를 비교적 적게 하기 위해서 흔히 쓰는 방법은 FDA가 사람에게 쓸 수 있도록 이미 승인한 약물을 대상으로 삼는 것이다. 이 방법을 씀으로써, 원래 특정한 병을 치료하기 위해서 개발된 약물이 다른 병의 치료제로도 쓰일 수 있을지 여부를 알아낼 수 있다. 가능성이 엿보인다면 그 약물은 추가 증상이나 질병의 치료에 "전용할(repurposed)" 수 있다(리튬을 취약 X 증후군의 치료용으로 전용한 사례처럼). 새로운 맥락에서 검사를 하는 약물이 이미 쓰이고 있는 것이므로, 임상에 적용하기까지 걸리는 시간을 훨씬 더 짧게 줄일 수 있다는 것도 이런 접근법을 활용하는 근본 이유 중의 하나이다. 새로운 후보 화학물질을 대상으로 처음부터 신약 개발을 시도한다면, 안전성, 부작용, 용량 등 모든 것을 새롭게 다 알아내야 하기 때문이다.

물론 사람의 질병 치료를 위한 후보 약물을 찾아내기 위해서 초파리를 대상으로 약물 선별 검사를 하는 것이 타당성이 있으려면, 초파리에게서 찾아낸 후보 물질 중에서 적어도 일부가 사람 세포에도 비슷한 효과를 일으킬 것이라는 가정이 옳아야 한다. 이 가정은 합당하다는 것이 입증되어왔다. 2016년 I. 페르난데스에르난데스 연구진은 기존 문헌들을 조사하여, 초파리와 사람 사이에 표적이나 작용 양상이 같은 약물이 적어도 60가지나 된다고 발표했다(Fernandez-Hernandez et al. 2016). 어느 한 종류의 세포나 단백질 활성에 작용하는 약물만 그런 것이 아니다. 세포뼈대부터 세포소기관과 신호 전달 경로에 이르기까지, 다양한 세포 구성요소들과 기능들에 작용하는 약물도 있다(Fernandez-Hernandez et al. 2016). 이 발견은 생물들 사이에 기능이 상당히 높은 정도까지 보존되어 있다는 사실과 잘 들어맞는다. 세포 구조, 신호 전달망, 유전자 발현의 조절, 세포의 성장과 신체 기관의 크기, 신경 활동 등에서 말이다.

원인 규명하기

질병의 초파리 모델은 대개 질병과 어느 하나 또는 그 이상의 유전자의 교란 사이의 관계가 명확히 밝혀진 사례에서 시작한다. 그러나 우리가 아직 너무나 모르고 있는 질병들도 있다. 원인을 알고 있거나 추정하고 있을 수도 있지만—그 병의 발생률이 높은 지역이나 직장에서 특정한 화학물질을 주로 쓸 수도 있고, 인간 유전체 연구를 통해서 새로운 후보 질병 관련 유전자 집합을 찾아냈을 수도 있다—진정한 인과관계가 아직 불확실한 사례도 있다. 제2장에서 논의했듯이, 날개 반점 검사는 돌연변이원 화합물의 효과를 빠르게 정량적으로 파악할 수 있다. 초파리 연구자들은 다양한 행동 검사법들을 써서 가능성이 있는 독소나 오염물질의 신경학적 효과도 조사할 수 있다. 또 앞에서 말했듯이, 초파리는 질병과 관련된 후보 유전자들을 파악하기 위한 전장 유전체 연관 분석이 나온 뒤로, 어느 유전자가 질병의 발생이나 진행에 기여하는지를 파악해야 할 필요성이 점점 커져가는 현재 상황에서 도움을 줄 수 있다(Shulman 2015; Bellen and Yamamoto 2015).

어느 유전자가 질병과 연관되어 있는지를 이해하는 일은 의사가 진료 지에 "모름"이 아닌 다른 칸에 표시를 할 수 있도록 해준다는 것 이상의 의미를 가진다. 앞에서 말했듯이, 유전적 접근법과 다른 방법들을 써서 분자 메커니즘을 알아내는 일을 돕고, 어떤 기존 약물이나 새 약물이 치료제로 가능할지를 알려줄 수 있는 것은 첫 단계라고 할 수 있다. 설령 치료제를 쉽게 구할 수 없는 상황이라고 해도, 원인이 확실히 규명되면, 머지않아 환자, 그 가족, 의사에게 긍정적인 영향이 미칠 수 있다. 예를 들면, 어느 한 환자의 질병이나 장애를 다른 사례들과 연관지을 수 있게 되면, 환자와 가족은 공통의 경험을 통해서 서로 의지가 되어줄 수 있고, 의사는 환자와 가족에게 앞으로 어떻게 될지 더 많은 정보를 제공할 수 있을 것이다. 다음의 세 가지 사례는 초파리 연구가, 어떤 질병의 원인임이 알려진 돌연변이에 관한 우리의 사고방식을 바꾸는 데에 어떻게 기여했는지, 또 수많은 유전자들 중에서 원인일 가능성이 가장 높은 후보들이나 유일한 유전자를 파악하는 데에 어떻게 도움을 주었는지를 보여준다. 초파리 연구로부터 나온 정보가 새로운 희귀한 유전 장애인 하렐윤 증후군(Harel-Yoon syndrome)의 발견으로 이어진 것이 한 예이다. 초파리 연구자의 이름(윤)을 붙인 최초의 인간 질병이다. 이 사례들은 신경학 분야에서 고른 것이지만, 이 접근법은 결코 그 분야에만 한정된 것이 아니다. 다른 질병들에도 비슷한 접근법이 적용되고 있다.

자연을 유전적 원인으로 바라보기

샤르코마리투스병(Charcot-Marie-Tooth disease)은 형태가 다양한데, 몇 가지 알려진 유전자 가운데 하나의 교란과 관련이 있는 흔한 유전성 신경병증을 가리킨다(Baets, De Jonghe, and Timmerman 2014). 유전병을 이해하고자 할 때는 그 병과 관련이 있는 돌연변이가 해당 유전자의 기능을 불활성화하거나 약화시키는지, 아니면 정반대로 기능을 증진시키거나 변화시키는지를 알아내는 것이 중요하다. 다른 증거가 전혀 없을 때에는 열성 돌연변이가 유전자 기능을 불활성화하는 것이고, 우성 돌연변이는 그 유전자의 기능을 활성화하거나 새로운 기능을 부여하는 결과를 빚어낼 가능성이 높다고 보는 것이 가장 나은 추정이다. 그러나 이런 가정이 언제나 들어맞는 것은 아니다. 샤르코마리투스병 2B형(CMT2B)은 우성 유전되는 사례이다. RAB7A(흔히 Rab7라고 한다)라는 사람 유전자의 두 사본 중의 하나에만 돌연변이가 생겨도, 이 병에 걸린다. 유전 양상, 단백질 구조 분석, 기타 연구 결과들을 토대로 판단할 때, RAB7A에 일어나는 CMT2B 관련 돌연변이는 기능 획득 돌연변이로 여겨졌다. 따라서 치료법에는 RAB7A 단백질 활성을 줄이는 약물을 찾아내는 것도 포함될 수 있었다. 그러나 2013년 S. 체리와 R. P. 히싱어 연구진은 RAB7A에서의 CMT2B 연관 돌연변이가 기능 획득이라는 가설을 재고할 필요가 있음을 시사하는 초파리 실험 결과를 내놓았다. 눈과 관련된 유전적 변형, 전자현미경, 망막전위도 등을 이용한 실험 분석을 통해서, 그들은 RAB7A의 CMT2B 연관 돌연변이가 기능 획득이 아니라, 기능의 부분 상실과 관련이 있음을 시사하는 자료를 얻었다(Cherry et al. 2013).

M. K. 사다난다파와 M. 라마스와미는 그 논문이 발표되었을 때 연구 결과와 그것이 함축한 의미를 이렇게 요약했다. "CMT2B 병리 증상이 Rab7 기능의 부분 상실에서 기원한다는 개념을 뒷받침하는 강한 증거가 있다. 이 새로운 연구 결과는 CMT2B의 기본 메커니즘을 재검토할 것을 요구하며, 환자의 Rab7 경로 활성을 억제하기보다는 자극해야 할 필요가 있음을 시사한다"(Sadanandappa and Ramaswami 2013). 2015년 유전신경병재단 이사회의 몇몇 인사들이 공동 저술한 논문을 내놓았는데, 그 분야를 이끌고 있는 그들도 비슷한 주장을 펼쳤다. 초파리 연구 결과가 "CMT2B의 배후에 있는 질병 메커니즘을 바라보는 우리의 기본 견해를 뒤엎을 가능성이 매우 높으며", "아마 이전의 정통 견해와 정반대로 Rab7 단백질 농도를 높이는 실험방법들이 사실상 옳을지 모른다"고 했다(Ekins et al. 2015). 더 나아가 그 초파리 연구 결과가 CMT2B의 "최초의 동물 모델"에서 나온 것이라고 지적하면서, "다양한 CMT의 다양한 동물 모델들을 활용하는 사례가 늘고 있다는 것은 그런 모델들이 점점 더 중요한 역할을 할 것이고 유용한 깨달음을 제공하고 치료제를 찾는 데에 도움을 줄 수 있음을 시사한다"고 했다"(Ekins et al. 2015).

다유전자 효과를 찾아내기

하나가 아니라 둘 이상의 유전자 변화를 수반하는 유전 장애는 연구하고 이해하기가 가장 어려운 축에 든다. 염색체 비분리나 중복 사건이 일어나서 환자의 유전체 중 한 염색체 전체가 여분의 사본을 지니게 됨으로써 생기는 장애나 증후군이 여기에 속한다. 가장 잘 알려진 사례는 다운 증후군(Down syndrome)으로, 21번 염색체가 비분리됨으로써 환자는 그 염색체의 유전자들을 2개가 아니라 3개씩 지니고 있다. 우리는 흔히 다운 증후군을 지능 장애와 연관짓지만, 그 장애는 추가로 의학적 도전 과제들을 제시하기도 한다. 그 이유는 적어도 일부 증상들이 21번 염색체 중에서도 특정한 영역들에 유전자가 3개씩 있다는 점 때문에 나타나기 때문이다. 다운 증후군이 있는 사람들 중에서 일부에게서만 나타나는 선천성 심장 결손이 한 예이다. 2009년 상세한 인간 유전 지도와 결합한 생쥐 연구(Korbel et al. 2009)를 통해서, 심장 결손에 관여하는 염색체 영역이 21번 염색체의 한쪽 끝에 있음이 드러났다. 그러나 가능성 높은 후보 유전자 3개가 파악되었지만, 그중에 어느 유전자가 문제인지, 그리고 그 유전자들의 관계가 정확히 어떤 것인지는 불확실했다.

2011년에 T. R. 그로스먼과 A. 갬리얼 연구진이 그 안개를 걷어냈다. 그들은 먼저 상응하는 초파리의 심장 관련 유전자(부록 B)를 표적으로 하는 Gal4-UAS 체계(제2장)를 써서, 그 염색체 영역에 있는 후보 유전자 5개의 포유동물판이나 초파리판 유전자가 과잉 발현할 때의 효과를 조사했다. 적어도 두 가지 검사에서 유전자 3개가 초파리 심장과 관련이 있다고 나왔다. 다운 증후군 환자에게 일어나는 일—둘 이상의 유전자에 사본이 하나 더 있는 것—을 더 잘 모사하기 위해서, 연구자들은 이 세 유전자 중에서 어떤 둘의 조합이 더 높은 수준에서 발현되는 초파리를 만들었다. 그러자 COL6A2와 DSCAM이라는 두 유전자가 초파리 심장에서 더 높은 수준으로 발현될 때 심장 기능에 강한 영향을 미친다는 것이 드러났다. 더 나아가 생쥐의 심장을 대상으로 비슷한 검사를 했더니, 비슷한 결과가 나왔다. 초파리 모델이 선천성 심장병을 지닌 다운 증후군 환자들의 심장에서 관찰되는 모든 결함을 드러내는 것은 아니지만, 그 발견은 추구할 가치가 있는 길을 보여주었다(Grossman et al. 2011).

수수께끼를 풀다

미국 국립보건원의 후원으로 설립된 미진단 질병 네트워크(Undiagnosed Diseases Network, UDN)는 "해마다 남녀노소 수백 명이 보건 의료 담당자들이 증상의 원인을 알아내지 못함으로써 곤경과 불안한 상황에 처한다"는 현실을 해결하는 것을 목표로 천명하고 있다(Undiagnosed Diseases 2017). 차세대 서열 분석 기술은 의학유전학 전문가들을 비롯한 사람들에게 개별 환자의 질병의 토대가 되는 후보 유전자들을 찾아낼 기회를 제공한다. 유전체 서열 분석 자료가 의사들이 지금까지 밝혀낸 질병을 가리키는 사례도 있다. 반면에 그 병이 유전적 원인 수준에서 지금까지 알아차리지 못했거나 불분명한 것임을 시사하는 사례도 있다. UDN은 지금까지 제대로 진단할 수 없었던 질병의 유전적 원인을 효율적이고 효과적으로 파악하는 데에 도움을 얻기 위해서, 초파리를 비롯한 모델 생물들에게 의도적으로 시선을 향해왔다. 한 연구에서 UDN 전문가들은 개인 5명이 비슷한 증상 집합과 ATAD3A 유전자에 공통적으로 동일한 변이체(DNA 변이)를 지니고 있고, 추가로 두 집안에서 같은 병에 걸린 사람들에게서 같은 유전자 변이가 나타난다는 것을 알아냈다(Harel et al. 2016). 게다가 임상 자료는 미토콘드리아 기능의 결함도 관련이 있을 수 있음을 시사했다. 즉 ATAD3A가 정말로 원인이라면, 그 유전자의 정상 기능이 미토콘드리아와 관련이 있을 것이라는 의미였다.

ATAD3A의 변이가 이 집안들에서 관찰된 유전병의 원인이라는 가설을 더 깊이 조사하고 가능한 세포 메커니즘을 알아내기 위해서, 연구자들은 초파리에게로 눈을 돌렸다. 초파리는 ATAD3A 유전자의 병렬 상동 유전자를 하나 지니고 있다. 벨페고르(belphegor, bor)라는 유전자였다. W. H. 윤과 H. J. 벨렌 연구진은 5개 집안에서 발견된 특정한 DNA

변화(그 유전자가 만드는 단백질의 534번째 아미노산이 아르기닌에서 트립토판으로 바뀌는 변화)가 어떤 효과를 일으키는지를 그 유전자의 초파리 판본을 대상으로 조사했다. 연구진은 Gal4-UAS 체계를 써서 신경 조직에서 bor의 야생형이나 돌연변이형이 발현되도록 한 다음, 신경 세포의 미토콘드리아 수를 조사했다. 이렇게 세포소기관 수준에서 조사를 하니, 미토콘드리아 상실이 일어났음이 드러났다. 종합하자면, 인간 유전학과 초파리유전학의 전문가들은 알려진 7개 집안의 사람들에게 공통된 질병의 원인이 ATAD3A임을 명확히 밝혀냈다. ATAD3A와 새로 밝혀낸 유전적 증후군 사이의 이 중요한 기능적 관계를 알아낸 의학유전학자 T. 하렐과 초파리유전학자 윤의 기여를 인정하여, 그 병에 하렐윤 증후군이라는 이름이 붙여졌다(Harel et al. 2016). 비슷한 연구를 통해서 EBF3라는 유전자가 지금까지 진단된 적이 없는 다른 희귀한 신경학적 장애와 관련이 있다는 것도 드러났다(Chao et al. 2017).

함께, 완치를 향해서

2009년 소아과의사 K. N. 바루차는 동료 소아과의사들에게 초파리 연구실의 동료들과 질병에 관한 "생산적인 공동 연구를 시작하기 위해서" 우선 친해지자고 주장했다(Bharucha 2009). UDN은 초파리 연구를 전체 과정의 한 부분으로 포함시킨 UDN의 협력기관인 모델 생물 선별 검사 센터에 지원을 함으로써 병원과 초파리 연구실의 연결을 공식화해왔다. 초파리 연구실에서 병원까지의 지적 거리를 좁히려는 비슷한 공동 노력이 국가 수준에서도 이루어졌다. 연구기관들 내에서 그리고 사이에서, 또 개별 연구소들 사이에서 협력이 이루어지고 있다. 질병의 세포 메커

250

니즘에 관해서 밝혀낸 새로운 정보가 곧바로 치료 개념으로 이어진 사례도 있다. 질병이 이미 개발된 억제제와 작용제 후보나 승인된 치료제에 들어맞는 신호 전달 경로나 효소 활성과 유의미하게 연관되어 있을 때 그렇다. 그러나 다 그런 것은 아니다. 파킨슨병, 알츠하이머병 등 신경퇴행성 질환을 완치시킬 치료제를 개발하는 쪽으로는 흡족한 성과가 전혀 나오지 않고 있다. 마찬가지로 하렐윤 증후군 같은 희귀한 신경학적 질환들에 이름을 붙이고 유전적 원인까지 밝혀냈을지라도, 그 깨달음이 반드시 치료를 향한 탄탄대로로 이어지는 것은 아니다. 그렇다면 실패라고 해야 할까? 초파리를 비롯한 질병의 동물 모델들을 포기해야 할까? 어떻게 답해야 할지 고민된다면, 지금까지 그 어떤 연구도 파킨슨병이나 그 어떤 신경퇴행성 질환의 완치로 이어진 적이 없다는 점을 떠올려야 한다. 우리는 향후 발전에 기여할 수 있는 인간의 두 가지 속성 사이에 균형을 도모해야 한다. 초파리가 질병을 이해하고 치료하는 길로 이어진다고 확신하고서 그 연구에 매달리려는 위험을 무릅쓰려는 의지와 인내심을 가지고 꾸준히 지속하려는 의지 말이다.

2015년 한 신경질환 전문가들은 질병의 동물 모델을 평가하면서 이렇게 말했다. "초파리는 우리가 가장 염두에 두지 않을 법한 동물일 것이다"(Ekins et al. 2015). 비교적 잘 알고 있을 생물학과 생명의학 분야의 연구자들에게도 이 작은 곤충, 대화하고 철학을 하고 복잡하기 그지없는 자아를 지닌 우리 인간과 너무나 다른 곤충이 우리와 훨씬 더 유연관계가 가까운 생물이 제공하지 못하는 무엇인가를 알려줄 수 있다고 받아들이려면 엄청난 신념의 도약이 필요할 수도 있다. 그러나 지금까지 쌓인 자료들은 신경학적 기능과 행동 측면을 비롯하여 인간과 비슷한 점이 많고 생활사가 짧다는 점을 고려할 때, 초파리가 인간 질병 연구를 촉진하는 도약대를 제공한다고 명확히 말하고 있다. 초파리 연구는 근본 원인, 세포 메커니즘, 가능성 있는 치료법을 이해하는 데에 의미 있는 기여를 한다. 우리는 흔하거나 드문 신경학적(그리고 그밖의) 질병들의 진단, 이해, 치료 분야에서 발전을 이루어야 한다. 초파리를 더욱 활용함으로써 얻게 될 것들이 사소한 발전과 주요 돌파구 양쪽으로 이어질 잠재력을 가지고 있으므로, 질병의 비밀을 풀고자 하는 노력에 진정으로 도움을 준다고, 기존 연구 결과를 토대로 합리적인 논증을 펼칠 수 있다. 특히 초파리 연구는 효모의 세포 연구에서 의료 유전체학에 이르기까지 다른 종들을 대상으로 이루어지는 연구 노력들과 결합될 때, 깊은 이해를 돕고 궁극적으로 신경학적 질환들과 그밖의 질병들이 인류에게 가하는 무거운 부담을 덜어내는 데에 기여할 충분한 잠재력을 가지게 된다.

제10장

연속성

정상 초파리 암컷 성체의 배에는 난소가 한 쌍 들어 있다. 언뜻 보면 두 송이의 바나나가 줄기 끝에서 서로 연결되어 있는 모습이다. 난소를 떼어내어 길쭉한 바나나처럼 생긴 것 하나를 따로 떼어내자. 이것을 "난소소관(ovariole)"이라고 부른다. 이제 세부 구조를 더 자세히 살펴볼 수 있다. 난소소관은 축구공 모양의 "알방(egg chamber)"이 "자루(stalk)" 세포를 통해서 서로 줄줄이 연결되어 있는 형태이다. 난소소관의 밑동 쪽에 있는 알방은 작고 둥근 반면, 바깥쪽으로 갈수록 알방은 점점 커지고 더 타원형을 취하면서 성숙한 초파리 알 모양을 취한다. 난소소관의 밑동 끝에는 "생식 줄기세포(germline stem cell, GSC)"라는 소수의 특수한 세포가 들어 있다. 분열하고 성숙하여 알(난자)이 됨으로써 다음 세대에 기여하는 독특한 능력을 발휘하는 세포이다. 초파리 수컷에게도 비슷한 체계가 있다. 수컷의 GSC는 분열하여 정자를 만드는데, 정소의 밑동 끝에 들어 있다. 정소도 눈에 확 들어오는 한 쌍의 구조를 이루고 있는데, 각각은 둥글게 말린 고비의 잎처럼 생겼으며, 그 안에 정자의 꼬리들이 물결처럼 굽이치면서 가득 들어 있는 것이 보인다.

생식기관의 이 끝자락에서 초파리 연구자들은 무엇을 발견하게 될까? GSC가 들어 있는 주변 환경에서? 일종의 샹그릴라이다.

삶과 죽음

19세기에 발생학자 A. 바이스만은 죽음이 결코 불가피한 것이 아니라고 주장했다. 오히려 다세포 생물이 되기 위한 적응 형질이라고 보았다. 그는 "분열을 통해서 증식하는" 단세포 생물은 성장이 "노화에 따른 죽음으로 이어지지 않는다"라고 추론했다. 그리고 죽음은 다세포 생물에게서 출현한 것이라고 했다. 점점 더 복잡해지면서 "영원한 삶이 불리해진" 특수하게 분화한 유형의 세포들이 너무 많아지면서, 몸이 "진정한 생명의 보유자인 생식세포의 2차 부속물이 되었기 때문"이라고 했다 (Weismann 1889). 물론 이론상 몸은 종을 지속시키는 쪽으로 자기 역할을 다 한 뒤에도 오랫동안 존속할 수 있다. 그러나 자연은 잔인할 만치 효율적이며, 바이스만이 말했듯이 "개체가 무한정 존속한다면 아무런 목적도 없는 사치가 될 것이다." 따라서 어떤 의미에서 보면, GSC는 몸에서 불멸성에 가장 가까운 무엇인가를 간직한 유일한 세포라고 할 수 있다. 초파리가 일단 성체가 되면, 이 세포들은 알이나 정자를 만들고 둘은 결합되어 배아를 형성한다. 따라서 GSC, 아니 적어도 그 DNA 중 절반은 계속 살아남는다.

그러나 생명은 어떤 원천에서 출현한다. 젊은 초파리 성체의 난소소관이나 정소의 밑동 끝에 있는 GSC가 난자나 정자만 만든다면, GSC 창고는 금방 비워지고 초파리는 불임이 될 것이다. 이 문제의 해결책은 두 가지 소원 중에서 하나를 두 가지 소원을 더 말할 수 있게 해달라고 비는 사람에 비유할 수 있다. GSC가 분열하여 세포 두 개가 될 때, 하나로는 난자나 정자를 만들고 다른 하나는 GSC로 머물러 있게 한다면, 새로운 난자나 정자를 무한정 생산할 수 있다. 금방 수긍이 가는 해법처럼 보이지만, 여기서 또다른 의문이 제기된다. 줄기세포가 분열할 때, 두 딸세포는 아마 일란성 쌍둥이처럼 똑같을 것이다. 그렇다면 우리는 이런 질문을 할 수밖에 없다. 과연 무엇이 두 딸세포 중 어느 하나는 난자나 정자가 되도록 하고, 다른 하나는 줄기세포로 남아 있도록 유도하는 것일까?

낙원을 정의하기

우리 사람들은 으레 혈구(血球)를 잃는다. 혈액에서 자연스럽게 죽어 사라지는 것도 있고, 생리를 통해서 잃는 혈구도 있으며, 베이거나 멍들거나 물집 같은 외상을 통해서 사라지는 것도 있다. 그러나 혈액은 고갈되지 않는다. 우리는 계속 혈액을 만든다. 적어도 1960년대 무렵에 포유류의 "조혈(hematopoiesis)", 즉 혈액 생성 분야의 전문가들은 혈구를 더 많이 만드는 이 능력이 골수와 몇몇 특수한 부위에 정상적으로 들어 있는 세포들이 지닌 특성임을 알고 있었다. 방사선을 쬐어서 혈액 생성 능력을 없앤 생쥐나 쥐에게 정상인 쥐의 "조혈모세포(hematopoietic stem cell)", 즉 조혈 줄기세포를 이식하자, 혈액 생성 능력이 복구된다는 점을 통해서 이 세포의 능력이 명확해졌다(Ford and Micklem 1963; Ford et al. 1956).

더 나아가 연구자들은 이런 연구들로부터 이식하는 자리가 중요한 것이 아님을 알아차렸다. 혈액 전구(前驅) 세포들은 골수, 지라, 가슴샘 같은 특정한 부위를 찾아들어가서 "집"으로 삼을 것이다. 즉 그곳에 자리를 잡는다. 그런 뒤에만 증식을 하면서 새 혈구를 생성한다. 같은 종류의 세포가 허파 같은 다른 부위로 들어가면, 그 세포는 같은 행동을 보이지 않는다. 즉 "집에 들어간다"는 상황 자체에 세포가 머물면서 증식하여 새로운 혈구를 생성하도록 유도하는 무엇인가가 있는 듯했다 (Trentin 1970).

실험생물학자 J. J. 트렌틴은 1970년에 골수를 비롯한 집 안에, 조혈모세포의 집 역할을 할 독특한 능력을 부여하는 "조혈 유도 미세환경(hematopoietic inductive microenvironment)"이 있다는 견해를 내놓았다. 1970년대 말에, 또다른 혈액 연구자인 R. 스코필드는 이 특수한 미세환경에 "적소(niche, 오목)"라는 이름을 붙였다(Schofield 1978). 그 용어는 곧 굳어져서 모든 줄기세포를 둘러싸고 있는 미세환경을 가리키는 데에 널리 쓰이게 되었다. 초파리생물학자 H. 린은 줄기세포 적소를 이 세포들이 거주하는 "목가적인 은신처, 샹그릴라"라고 묘사한다(Lin 2002). 린은 적소에 자리한 줄기세포가 "자기 재생과 낙원을 떠나서 분화하고 늙어갈 수많은 딸세포를 생성하면서 번성한다"라고 말한다(Lin 2002). 다시 말해서, 적소는 줄기세포에게 두 가지 소원을 들어주는 장소이다. 그대로 남아 있는 동시에 다른 무엇인가가 될 수 있도록 허용한다.

초파리 난소는 목적이 전혀 다르지만, 즉 혈액세포가 아니라 초파리 알을 만드는 기관이지만, 난소 자체, 특히 그 안에 있는 "생식실(germarium)"이라는 구조는 혈액 생성을 다룰 때 이야기한 내용들과 비슷한 점이 많다. 생식실을 이루는 세포들의 조직 체계는 눌러쓴 뜨개질로 짠 겨울 방한모자에 비유할 수 있다. 방울술에 해당하는 맨 끝 부위에는 "말단 섬유세포(terminal filament cell)"라는 세포들이 들어 있다. 모자의 덮개 쪽은 "덮개세포(cap cell)"로 이루어져 있다. 그리고 모자의 옆쪽은 "속집세포(inner sheath cell)"로 이루어져 있고, 이 세포들이 GSC를 에워싸고 있다. 세포들이 모인 이 자그마한 덩어리 안에서는 세포들 사이의 정확한 위치가 대단히 중요한 역할을 한다. GSC가 둘로 분열하면, 딸세포 중의 하나는 덮개세포와 그대로 온전히 접촉을 하고 있는 위치에 놓이고, 다른 하나는 이 접촉을 잃는 위치에 놓인다. 덮개세포와 접촉을 유지하는 세포는 GSC로 남는다. 반면에 더 먼 쪽에 놓인 세포는 이윽고 난자가 된다. 초파리 정소에서도 비슷한 양상이 펼쳐진다. 정소에서는 "허브세포(hub cell)"가 GSC와 붙어 있다(Kiger et al. 2001; Tulina and Matunis 2001). 여기서 의문이 떠오른다. GSC가 덮개세포에 가까이 놓여 있는지 여부에 뭐 그렇게 특별한 점이 있어서, 막 분열한 줄기세포 중의 하나는 줄기세포 상태를 유지하고 다른 하나는 난자를 만들게 되는 것일까?

포유동물 체계의 줄기세포 적소 연구는 한마디로 "고군분투"라고 묘사할 수 있다(Lin 2002). 그에 비해서 초파리 생식실은 비교적 다루기가 쉽다. 1990년대에 H. 린과 A. C. 스프래들링 연구진은 다양한 방법을 써서 초파리의 GSC와 그 적소를 연구했다. 정밀 레이저로 생식실의 특정한 세포를 죽이고, 다른 초파리의 난소에 있던 세포를 이식하고, Hh 경로의 신호 전달을 켜거나 끄는 유전적 교란을 일으키는 것 등이 포함되었다(Lin and Spradling 1993; Forbes et al. 1996). 연구진은 GSC 주변의 세포들을 레이저로 떼어내자, 즉 적소 세포들을 죽이자, 모든 GSC가 난자를 형성함으로써 GSC 창고가 금방 고갈된다는 것을 발견했다. 더 나아가 연구자들은 유전 분석을 통해서 적소 내에서 GSC를 유지하려면 적소 세포들에게 어떤 유전자들이 필요한지를 파악했다. 적소 세포에 교란을 일으켰을 때, 레이저로 그 세포들을 없앴을 때와 같은 효과를 일으키는 유전자가 바로 그것이라고 추론할 수 있었다. 이런 연구들은 줄기세포 적소라는 것이 있으며, 그 유지 과정에 특정한 유전자—특정한 신호 전달 경로를 비롯한 세포 활동들—가 중요한 역할을 한다는 명확한 실험 증거를 최초로 제시했다. 다른 유형의 세포들에서 세포들 사이의 의사소통에 관여하는 경로들 중의 상당수가 적소와 GSC 사이의 의사소통에 관여한다는 것이 드러났다. Hh 경로도 그러했다(Lin 2002). 제7장에서 말한 piRNA 체계를 통한 전이인자 이동 억제에 필요한 유전자들도 GSC 적소와 관련이 있다(Szakmary et al. 2005; Jin, Flynt, and Lai 2013). 한 예로, piwi 유전자를 교란하면, GSC 증식이 통제 불능 상태에 빠질 수 있다.

초파리의 난소와 정소에서 적소와 GSC의 관계를 분자유전학적으로 상세히 연구함으로써, GSC가 어떻게 적소에 남아 있고, 적소 세포에서 GSC로 어떤 신호가 보내지고, 그 신호들이 난자나 정자를 형성할지, 줄기세포로 남아 있을지 결정하는 일에 어떻게 영향을 미치는지가 더 상세히 밝혀지고 있다(Greenspan, de Cuevas, and Matunis 2015). 다른 많은 생물학적 사건들처럼, 유전자와 경로 측면에서 초파리를 통해서 밝혀낸 것들 중에서 상당수는 다른 동물들의 줄기세포 적소에서 일어나는 일과도 관련이 있음이 드러났다. 1994년에는 이식 실험을 통해서 생쥐에게서 GSC를 지원하는 줄기세포 적소가 존재한다는 것이 밝혀졌으며(Brinster and Zimmermann 1994), 2012년에는 생쥐 수컷의 GSC 체계를 체외에서 재구성하는 데에 성공함으로써 새로운 실험이 가능해졌다(Kanatsu-Shinohara et al. 2012). 게다가 비록 초파리보다 더 어렵기는 하지만, 생쥐에게서도 조직 특이적 방식으로 유전자 기능을 조작하는 것이 가능하다.

연구자들은 이 방식을 적용함으로써, 포유동물 조혈모세포 적소의 조직 체계, 나아가 조혈 적소 세포가 줄기세포와 의사소통을 하고 상호작용 하는 분자 메커니즘이 초파리의 GSC 적소에서 발견한 내용과 공통점이 많다는 사실을 알아냈다(Merchant et al. 2010).

성체 내의 연속성

줄기세포 적소의 역할, 더 일반적으로 줄기세포의 기능은 혈액, 난자, 정자에만 한정된 것이 아니다. 많은 유형의 세포들은 세포 상실이나 손상 위험을 안고 있으며, 따라서 자기 재생 메커니즘이 필요하다. 위기에 맞서서 "항상성(homeostasis)", 즉 동일한 상태를 유지하는 적극적인 체계가 필요하다. 피부는 베이거나 벗겨질 수 있고, 창자는 과식하면 한계까지 늘어난다. 따라서 생물의 생존 자체는 수선 체계에 달려 있다. 피부, 창자 등에 있는 줄기세포 저장소들은 이런 조직들에 미리 준비되어 있는 자원을 제공한다. 이런 줄기세포들은 적소 내에 줄기세포 집단을 유지하는 한편으로 분열하여 새로운 피부세포나 창자세포를 형성할 수 있다. 우리는 이런 과정이 세밀하게 조절되어야 한다는 것을 납득할 수 있다. 우리는 햇볕에 탄 뒤에 피부가 5배 두꺼워지거나, 창자에서 세포가 마구 증식하여 창자를 막는 일이 일어나기를 원하지 않는다. 그래서 자기 재생 과정은 줄기세포에만 한정되어 일어나고 줄기세포의 분열은 세밀하게 통제된다. 초파리의 난소, 정소, 창자, 신경계는 모두 줄기세포와 조직 항상성을 살펴보기에 유용한 실험 환경이 되어왔다(Homem and Knoblich 2012; Jiang and Edgar 2011; Greenspan, de Cuevas, and Matunis 2015). 어느 줄기세포 적소에서 어떤 일이 일어나는지를 이해하기 시작함에 따라서, 우리는 어느 한 부위에서의 활성이 생물 몸의 다른 부위들에서 일어나는 활동들과 조율될 가능성이 있다는 점도 이해하기 시작했다. L. E. 오브라이언과 D. 빌더는 2013년에 창자 같은 조직에는 적소와 줄기세포 덩어리가 여러 개 들어 있으며, 각각은 자체 조절되는 한편으로 그 기관 전체에 걸쳐서 조율되어야 한다고 주장했다. 그들은 이렇게 말했다. "줄기세포 생물학의 다음 과제는 줄기세포-적소 단위들을 해당 기관 전체 수준에서 조율하는 더 고차원적인 과정들을 이해하는 것이다"(O'Brien and Bilder 2013).

나이를 먹음에 따라서 줄기세포와 조직 항상성—유지 과정—에 어떤 일이 일어나는지를 살펴보는 일에도 연구자들의 관심이 쏠리고 있다. 2011년과 2012년에 M. 레라와 D. W. 워커 연구진은 초파리 먹이에 파란 색소를 첨가한 뒤, 초파리의 투명한 배를 통해서 들여다보이는 것처럼 파란 색소가 성체의 창자를 이루는 단순한 관 안에서만 움직이는지, 아니면 몸 전체를 파란색으로 바꾸는지 살펴보았다. 후자라면 창자에 새는 곳이 있음을 의미했다(Rera et al. 2011; Rera, Clark, and Walker 2012). 스머프 검사(Smurf assay)라고 불리는 이 실험(Rera, Clark, and Walker 2012)은 창자 손상 여부를 빨리 정확하게 알아낼 수 있다. 그런 뒤에는 해부한 초파리 창자에서 줄기세포 분열과 신호 전달 경로 활성 같은 것들을 더 상세히 분석하거나, 먹이와 창자 세포를 분리하는 점액층을 전자현미경으로 촬영하는 등의 후속 연구를 할 수 있다. 초파리가 나이를 먹음에 따라 창자의 투과성이 점점 커진다는 것이 드러나 있으며, 그것이 말년에 "죽음으로 이어지는" 일련의 사건들 중의 하나일 수도 있다(Mueller et al. 2016). 게다가 "스머핑(Smurfing)"(검사에서 파랗게 변하는 것)이 초파리 창자를 직접 교란했을 때만이 아니라, 뇌 외상을 입은 초파리들

중에서도 나타나곤 하므로, 창자 투과성은 죽음이 임박했음을 보여주는 일반적인 징표일 수도 있다(Katzenberger, Ganetzky, and Wassarman 2015). 첨단 장비도, 해부도, 값비싼 시약도 전혀 필요 없는 스머프 검사는 그 뒤로 다른 두 초파리 종인 드로소필라 모자벤시스(*Drosophila mojavensis*)와 먹초파리(*D. virilis*)뿐만 아니라, 선충과 제브라피시에도 사용되었다(Dambroise et al. 2016). 새로운 검사법은 새로운 질문을 낳는다. 그리고 그런 질문에 답하면 다시 새로운 질문이 튀어나온다.

세대 사이의 연속성

초기 파리 방 집단의 연구를 통해서도 어느 정도 밝혀지기는 했지만, 우리 염색체—우리 DNA—는 정보라는 형태로 연속성을 제공한다. 형질, 행동, 활성은 유전체에 암호로 담겨서 부모에게서 자식으로 전달된다. 생물학자들이 (유전학적인 의미에서) 우리가 부모나 조부모로부터 물려받지 않는다고 생각하는 것 중의 하나는 개인적 경험이다. 사람인 우리는 언어와 추론을 통해서 남들의 이야기와 역경으로부터 무엇인가를 배운다. 생각은 의사소통을 통해서 "밈(meme)"으로서 "바이러스처럼" 퍼지고 전달된다. 그러나 이런 유형의 정보, 즉 좋든 나쁘든 간에 우리의 인생 경험은 유전자에 새겨지지는 않는다는 것이 널리 받아들여진 개념이다. 즉 우리의 경험은 유전암호를 바꾸지 않는다. 대신에 진화가 생명의 문장들을 서서히 편집한다. 개체군은 시간이 흐르면서 진화할 수 있는 반면, 개체가 부모뿐만 아니라 자식에게 영향을 미칠 가능성이 있는 어떤 환경 스트레스에 반응하여 금세 유전 가능한 변화를 일으킬 방법은 전혀 없다는 것이다.

이런 개념이 대체로 맞기는 하지만, 개인의 경험이 DNA로 전해지지 않는다는 개념에 예외가 없는 것은 아니다. 우리는 초파리를 비롯한 몇몇 종을 연구한 끝에, 생물이 막바지에 덧붙이듯이 유전 가능한 변화를 일으킬 방법들이 있다는 것을 알아냈다. 바로 "세대간(transgenerational)" 효과라고 하는 변화이다. 이런 유전 가능한 변화는 DNA에 직접적으로 일어난 염기쌍 서열 변화로부터 나오는 것이 아니라, 제6장에서 설명한 염색체에 찍히는 후성유전학적 표지라는 형태로 DNA를 변형시킴으로써 일어난다. 즉 어떤 유전자를 켜지고 끌지에 영향을 미치는 식으로이다. 다양한 스트레스는 그 스트레스를 받는 당사자의 자식에게 어떤 유전자들이 켜고 꺼질지에 영향을 미칠 변화를 일으킬 수 있다. 예를 들면, 부모의 기아나 비만 경험이 특정한 유전자 부분집합에 있는 후성유전학적 표지들에 변화를 일으킬 수 있음을 시사하는 증거들이 있다. 그런 표지가 GSC에 생긴다면, 그 효과는 유전되어서 자식의 특정한 유전자 집합의 발현 수준에 영향을 미치고, 따라서 생리, 면역 등 부모가 받은 스트레스와 관련이 있는 과정들에 변화를 일으킬 수 있다. 이런 효과들이 우리가 유전을 이해하는 관점에 근본적인 영향을 미치고, 인간의 건강과도 관련이 있을 수 있기는 하지만, 2017년에 F. 치아브렐리와 G. 카발리 연구진은 "이런 유형의 유전을 담당하는 원리와 분자 메커니즘을 우리는 거의 모르고 있다"라고 썼다(Ciabrelli et al. 2017).

세대간 효과를 연구하려고 하면, 특정한 난제들과 마주친다. 생활사가 긴 생물의 유전 분석을 수행할 때 접하는 난제들에다가 세대간 연구에 따른 난제들이 겹치면서 상황이 더 복잡해진다. 후자는 우리가 찾으려고 하는 표현형이 스트레스를 가하거나 다른 어떤 처리를 한 뒤에 두 세대 이상에 걸쳐서 나타날 것이기 때문이다. 게다가 관찰된 표현형이

DNA 서열에 일어나는 진정한 돌연변이의 효과에 비해 더 미묘하고 다양할 수 있으므로, 관찰된 효과가 맞는지 확신을 얻으려면 더 많은 개체들을 관찰해야 한다. 따라서 생활사가 짧고 많은 자식들을 낳을 수 있는 초파리야말로 이 분야의 연구를 촉진하는 데에 제격이다. 연구자들은 초파리에게서 먹이 변화에 반응하여 세대간 효과가 나타난다는 증거를 발견해왔으며, 어떤 요인들이 관여하는지 더 깊이 이해하기 위해서 특정한 유전형들이 이런 효과에 미치는 영향을 조사하고 있다(Dew-Budd, Jarnigan, and Reed 2016; Somer and Thummel 2014; Brookheart and Duncan 2016a; 2016b). 폴리콤 단백질(제6장 참조)의 관여 여부 같은 세대간 효과의 구체적인 메커니즘을 연구하는 사람들은 그런 연구에 유용한 "후성계통(epiline)"이라고 이름붙인 특수한 초파리 계통들을 개발해왔다(Ciabrelli et al. 2017). 또 면역학 분야에서는 세대간 효과와 관련 주제 쪽으로 새로운 발견들이 이루어짐으로써, 곤충이 특정한 위협에 반응하는 능력과 그 위협으로부터 자식을 보호하는 능력 측면을 보는 기존의 전통적인 관점을 재고해야 하는 상황이 벌어졌다(Pigeault et al. 2016; Tidbury, Pedersen, and Boots 2011). 곤충은 새로운 위협에 그냥 속수무책으로 당하는 것이 아니다. 일부 병원체에 노출될 때면 곤충은 다음번 감염 때 더 강하게 대처하는 반응을 일으킬 수 있도록 어떤 변화가 일어나고, 이 변화는 자식에게도 보호 효과를 일으키는 듯하다. 전자를 세대내 "점화(priming)", 후자를 세대간 점화라고 한다. 다른 분야에서도 그랬지만, 이 분야에서도 초파리 체계에서 배운 것이 다른 종 연구를 통해서 알아낸 것들과 통합됨으로써, 종들을 연계한 접근법의 상승효과를 통해서 새로운 분야의 발전 속도를 높인다.

삶의 속도와 생각의 (불)연속성

항상성을 유지하는 줄기세포를 갖추고 있고, 부모로부터 다양한 능력까지 물려받는다고 해도, 우리는 필연적으로 나이를 먹으면서 쇠퇴하고 이윽고 죽음에 이르는 듯하다. 노화는 20세기 전반기에 연구자 R. 펄이 푹 빠져들었던 주제 중의 하나였다. 펄은 미국에서 생물통계학과 빅데이터 과학을 옹호한 초기 인물에 속했다. 그는 집단 수준에서 자료를 종합하는 일에 관심이 있었다. 그래서 노화 관련 연구들 전반을 살펴보기로 결심했을 때, 그는 개별 사례가 아니라 현재 우리가 집단의 평균수명이라고 부르는 것에 주목했다. 그는 그 척도를 "삶의 존속기간 (duration of life)"이라고 했다(Pearl 1928). 그 분야에 뛰어들기에 앞서, 그는 그런 연구에 적합한 생물이 뭐가 있을까 조사했다. 그는 바라는 기준을 네 가지 제시했다. "(1) 그 동물은 사망률 통계를 적절히 신속히 얻을 수 있도록 수명이 짧아야 한다; (2) 출생률 통계가 사망률 통계보다 뒤처지는 일이 없도록, 포획된 상태에서도 자유롭게 번식을 해야 한다; (3) 연구실에서 기르는 일이 비교적 간단해야 한다; (4) 유전학적으로 꽤 상세히 알려져 있어야 한다"(Pearl 1928). 익숙하게 들리지 않는가? 펄은 잠시 생쥐를 붙들고 씨름하다가, 이윽고 1919년에 초파리를 대상으로 연구하기로 결심했다. 나중에 그는 이렇게 썼다. "우리가 연구를 시작하기 전까지, 정상적인 삶의 존속기간을 체계적인 방식으로 실험한 연구가 거의 이루어진 적이 없었다. 매우 신기한 점은 그나마 이루어진 연구는 대부분 초파리를 재료로 삼았다"(Pearl 1928). 펄은 R. R. 하이드가 1913년에 한 수명의 유전 연구를 언급했다. 하이드는 수명이 짧은 초파리 계통을 기술했는데, 펄은 "개체수가 너무 적었다"라고 하이드의 연구를 비판했다(Pearl 1928). 펄은 한 후속 연구에서 초파리 1만 마리를 알에서부터 죽을 때까지 추적했다. 개체수가 곧 힘이었다.

펄의 초파리 연구가 끼친 영향 중의 하나는 수명이 유전적 통제하에 있다는, 즉 우리 유전자가 우리가 얼마나 오래 살 수 있는지에 영향을 미친다는 명확한 증거를 제시했다는 것이다. 많은 개체수를 든든한 배경으로 삼아서이다(Pearl 1922; 1928). 현재 우리는 이 개념을 당연시한다. 예를 들면, 현재 사람이 100세까지 사는 능력에 유전적 차이가 어떤 기여를 하는지 유전체에서 단서를 찾기 위해서, 100세를 넘긴 사람들의 유전체를 조사하는 연구가 진행되고 있다. 초파리 분야에서 연구자들은 어느 유전자에 돌연변이가 일어났을 때 초파리가 단명하거나 장수하는지를 파악해왔으며, 수명을 늘려줄 분자 메커니즘을 이해하는 연구도 시작했다. 신호 전달 경로, 전사인자, 기타 분자들이 어떤 관련이 있는지도 포함된다. 초파리 연구는 심지어 수명 연장의 가능한 전략들까지 가리키는 시점에 와 있다. 2015년 L. 파트리지 연구진이 발표한 트라메티닙(trametinib)이라는 약물로 인슐린 신호 전달 경로의 활성에 변화를 일으키면 초파리의 수명을 늘릴 수 있다는 연구 결과가 한 예이다(Slack et al. 2015).

펄이 내놓은 개념 중에는 생물의 노화 속도가 "삶의 속도(rate of living)", 즉 대사와 관련이 있다는 이론도 있었다. 생전에 그는 그 이론으로 가장 유명했다(Pearl 1928). 설령 이 이론이 "초파리에게서 최초로" 나왔다고 말할 수 있다고 할지라도—펄이 이 분야에서 캔털루프 멜론에 이르기까지 다양한 연구를 했다는 점을 생각할 때에, 정확히 그렇다고 장담하기는 어렵지만—그다지 큰 영예는 아닐 것이다. 삶의 속도 가설은 그의 생전에는 큰 영향력을 발휘했지만, 그 뒤로는 불신을 받았다.

정반대로 당시에는 그다지 받아들여지지 않았던 개념과 견해였다가 나중에 타당하다고 입증되면서 받아들여진 것들도 있다. 한 예로, 일부 연구자들은 그가 적절한 음주가 술을 아예 안 마시거나 과음하는 것에 비해서 건강에 도움이 된다고 주장했고, 흡연이 건강에 나쁘다고 주장한 최초의 인물이라고 본다(Goldman 2002; Pearl 1924a; 1924b). 당시에는 많은 사람들이 이런 생각을 받아들이지 않았고, 펄의 주장은 오랫동안 공중 보건 분야에서 권고하는 내용에 아무런 영향도 미치지 못했다. 그러나 집단 수준의 자료가 쌓이고 다른 증거들이 모이면서 이 두 개념은 지지를 받게 되었다. 적절한 음주가 건강에 좋을 수 있고, 흡연이 건강에 나쁘다는 개념은 이윽고 널리 받아들여져서 전 세계의 공중 보건 정책에 영향을 미쳤다.

추구의 지속성

"삶의 속도"와 알코올이나 흡연이 건강에 미치는 효과에 관한 펄의 연구가 이윽고 외면당하거나 받아들여졌다는 이 사례는 어떤 연구가 장기적으로 어떤 궤적을 그릴 수 있는지를 잘 보여준다. 어떤 과학적 개념이나 가설이 제기된 시점과 충분히 증거 자료가 쌓여서 확신을 가지고 거부하거나 받아들일 수 있게 되기까지는 수십 년이 걸릴 수 있다. 게다가 탐구를 계속하다 보면, 명확해 보였던 것이 다시 모호해지거나, 서로 동떨어져 보였던 연구 분야들이 수렴되는 사례도 많다. 초파리에게서 시작된 연구를 통해서 우리는 모든 생물들이 공통의 유전자, 신호, 경로, 복합체, 메커니즘, 그리고 진화 경로를 통해서 얼마나 깊이 연결되어 있는지를 새롭게 이해해왔다. 유전자는 홀로 행동하거나 단 한 번만 활동하는 것이 아니라, 연결망을 이루어서, 생활사의 각 단계에서, 여러 조직과 기관에서 반복하여 활동한다. 진화가 내놓은 해결책은 단 한 번만 적용되는 것이 아니라, 발달 과정에서 그리고 진화 시간에 걸쳐서 새로운 맥락들에서 되풀이하여 적용된다. 생물은 어떤 완벽하게 차단되고 격리된 세계에서 살아가는 것이 아니라, 서로서로 그리고 공생생물, 기생생물, 포식자와 상호작용한다. 개체와 그들이 모인 종은 번식을 통해서 긴 세월에 걸쳐 존속하며, 각 세대는 이전 세대의 반영인 동시에 갈라짐이다.

궁극적으로 한 생물을 진정으로 이해하려면—더 복잡한 우리 자신의 단순한 대리자인 이 작은 초파리에게서조차 건강, 노화, 죽음을 이해하려면—지금 알고 있는 것보다 훨씬 더 많은 정보가 필요하다. 잉태 순간부터 궁극적으로 죽음에 이르기까지의 모든 사건을 이해해야 한다. 한 개체의 생활사 전체를 이해해야 한다. 해부구조, 생리, 대사 전체를 다 파악해야 한다. 염색체, 유전자, RNA, 단백질, 신호, 세포, 기관의 각각의 역할과 통합된 역할을 전부 알아야 한다. 발생 동안 생물을 형성하고 나이가 들면서 변하는 양상을 다 파악해야 한다. 그리고 이런 일들을 해내려고—처음으로—애쓸 때, 초파리보다 더 나은 체계가 과연 있을까? 복잡한 다세포 생물의 전체를 담은 포괄적인 그림을 그리고자 한다면, 유전자 하나하나, 세포 하나하나, 매순간의 변화를 알고자 한다면, 복잡한 다세포 생물의 생애 전체에 걸쳐 어떤 일이 일어나는지를 살펴보고자 한다면? 모든 구성요소들의 목록을 만들고 설명서 전체, 삶의 모든 이야기, 모든 각주, 부록, 달라질 수 있었을 결말들을 다 읽고자 한다면?

우리는 그런 탐사가 우리에게 가르쳐줄 모든 것을 다 알 수는 없다.

그러나 그런 노력으로부터 새로운 정보를 배울 것이라고 합리적으로 예측할 수 있다. 모든 실험에서 나온 것, 모든 선별 검사, 측정, 분석에서 나오는 것을 다 알 수는 없다. 하지만 그중 많은 것들로부터 배울 수 있다. C. 스턴의 말을 빌리자면 이렇다. "진보는 과거의 성취들을 토대로 할 때 가장 잘 이루어지곤 한다. 새로운 질문은 지난 실험을 토대로 할 때 가장 잘 물을 수 있고, 때로 답은 이미 이용할 수 있는 정보 덕분에 가능해진다"(Stern 1954). 물론 이 한 종을 완전히 이해하려는 노력은 각 초파리 연구자가 크거나 작은 어떤 기여를 하면서, 그리고 매번 새로운 기술 발전이 일어날 때마다 촉진되기도 하면서, 이미 한 세기 넘게 이루어지고 있다. 계속 노력이 이어짐으로써, 우리는 흥분되는 새로운 진리와 사소한 발견을 모두 이룰 것이다. 전체적으로 볼 때, 우리는 이 놀라운 생물, 드로소필라 멜라노가스테르라는 이 작은 초파리를 더 깊이 이해하는 동시에 다른 곤충들, 다른 동물들, 식물들, 균류, 미생물 등 다른 무수한 생물들도 더 깊이 이해하게 된다. 우리 자신도 말이다.

에필로그

발생학자 E. G. 콩클린은 1929년에 이렇게 썼다. "거의 모든 생물학적 문제는 여러 측면에서 접근할 수 있고, 최종 해결에는 많은 방법들이 필요하다"(Conklin 1929). 초파리 연구는 생물들 사이에 어떤 유전자와 유전자의 기능이 동일하고 다른지를 포함하여, 생명 체계에 관한 정보를 밝혀낸다는 공통의 목표를 가지고 이루어지는 더 큰 규모의 전반적인 노력의 일부로 생각할 때에 가장 가치가 있다. 내가 아는 한 초파리나 다른 어느 한 종에 관한 문헌만을 읽는 연구자는 없다. 그런 형태의 지적 고립은 지적인 자살이나 다름 없을 것이다. 근시안적으로 어느 한 종에 초점을 맞추는—초파리처럼 매혹적인 종이라고 해도—대신에, 우리는 다양한 종을 이용하여 얻은 것들을 배우고 빌려오고 추가한다. 각 지식은 발전을 촉진하는 새로운 지식들의 집단 물결에 추가되는 몇 방울의 물이다. 이와 관련하여, 초파리를 연구하는 우리 중 많은 사람들은 자신을 "파리 인간"이라고 여기는 한편으로, 다른 연구 집단의 일부에도 속한다고 본다. 우리는 자신을 생화학, 세포학, 발생학, 유전학, 생태학, 곤충학, 진화생물학, 신경과학, 생리학, 집단생물학 등에 속한 연구자라고도 규정할 것이다. 연구 주제의 조사에 쓰는 실험 생물을 통해서가 아니라, 그 주제를 통해서 정의되는 집단의 일원으로서 말이다.

초파리 연구와 다른 체계들의 연구 사이를 연계하는 것이 중요함을 강조하는 한편으로, 여기에서 내가 고른 "최초들"이 결코 초파리 연구의 핵심이자 전부는 아니라는 점도 강조하고 싶다. 우선 "최초"가 정의하기가 쉽지 않다는 점을 기꺼이 인정하련다. 발견을 하고도 몰랐거나, 선취권 경쟁이 벌어지거나, 엉뚱한 사람에게 영예가 넘어가는 사례가 많기 때문이다. 또 "최초"가 한 분야 내에서든 바깥에서든 간에, 성공의 유일하거나 원칙적인 척도가 되어서는 안 된다. 2015년에 G. M. 루빈은 이렇게 말한 바 있다. "우리는 우리 중 누군가가 어떤 결과를 먼저 발표하는지 여부가 아니라, 초파리 연구 전체의 가치를 남들이 어떻게 보느냐에 따라서 부침을 거듭하는 운명 공동체이다"(Rubin 2015). 그렇다면 그 가치란 무엇일까? 출범한 지 100년이 넘은(그리고 발표된 논문이 10만 편에 달하는) 초파리 연구는 우리에게 어떤 가치가 있는 것일까? 물론 나의 견해는 편향되어 있겠지만, 증거를 살펴보면 초파리 연구가 여러 분야에 지속적인 영향을 미쳐왔으며 앞으로도 계속 그러할 잠재력을 지니고 있다는 쪽의 손을 들어줄 수밖에 없다고 느낀다. 초파리로부터 배운 것들이 인간의 생물학, 건강, 질병을 이해하는 데에 기여한다는 것도 포함되지만, 거기에서 그치지 않는다.

게다가 나는 이 책에서 초파리로부터 우리가 얼마나 많은 것들을 알아냈는지에 주로 초점을 맞추어왔지만, 아직도 수많은 수수께끼들이 남아 있다. 연구자들은 화이트 유전자에서도 놀라운 사실들을 새롭게 밝히고 있다. 21세기 초에 그 유전자는 눈에 색깔을 띠게 하는 데에 필요하다는 사실이 밝혀진 이래로, 시각과 별개로 수컷의 구애 행동에 관여하고(Lee et al. 2008; Krstic, Boll, and Noll 2013; Anaka et al. 2008; Zhang and Odenwald 1995), 당분 함량이 높은 먹이에 반응하여 인슐린 내성이 발달하는 데에도 관여한다는(Navrotskaya et al. 2016) 등의 역할이 추가로 밝혀졌다. 마찬가지로 Hh, Toll/TLR, PCP 경로 같은 "유명한" 신호 전달 경로들의 기능도 아직 완전히 밝혀진 것이 아니다. 지금도 기존에 파악된 경로의 구성요소들과 상호작용하는 새로운 유전자들의 목록이 계속 늘어나고, 경로들 사이의 새로운 연결 양상도 드러나고 하면서, 새로운 기능들이 계속 밝혀지고 있다. 이런 흐름들은 우리가 지금까지 찾아내고 이해하고 파악한 상호의존성과 상호작용이 그저 시작에 불과했음을 시사한다(Baena-Lopez, Nojima, and Vincent 2012; Grusche, Richardson, and Harvey 2010; Doroquez and Rebay 2006). 게다가 유전 선별 검사, 약물 선별 검사 등의 방법들과 조합하여 새로운 정보를 밝혀낼 수 있는 새로운 표현형 검사법—새로운 실험방법—과 새로운 인간 질병의 초파리 모델 계통을 개발하는 일도 여전히 활발하게 이루어지고 있다.

새로 개발된 검사법이나 방법, 그리고 단순히 이미 했던 검사를 더 정확하게 다시 할 수 있도록 해주는 기술 발전에 힘입어서, 이미 잘 알고 있는 유전자들과 데이터베이스에 "기능 모름"이라고 적혀 있는 놀라울 만치 많은 초파리(그리고 인간) 유전자들에 관해서 더 많은 것들을 알아냄으로써, 더 많은 유전자들에서 더 많은 역할들을 찾아낼 가능성이 점점 높아지고 있다. 비교적 최근에 나타난 사례들을 보면 잘 알 수 있다. 히포 신호 전달 경로는 유전체 이후 시대에야 밝혀졌다. 세포 속을 돌아다니는 뱀에 비유할 수 있는 "사이토오피디움(cytoophidium)"이라는 새로운 세포 내 구조가 초파리를 비롯한 여러 생물들에게서 발견되었다(Liu 2010; Noree et al. 2010; Ingerson-Mahar et al. 2010; Aughey and Liu 2015). 초파리 연구를 통해서 아연이 콩팥 결석의 형성에 관여한다는 것이 드러났다(Chi et al. 2015). 이전까지 곤충에게는 없다고 여겨졌던 인간의 렙

틴(leptin)에 상응하는 초파리 단백질이 발견되었다(Rajan and Perrimon 2012). 이런 사례들은 생물학과 생명의학 교과서들을 계속 고쳐 쓰게 만들고 있다. 지금도 전문가들이 우리의 이해 수준이 한정되어 있다거나, 시작 단계에 있다거나, 메커니즘을 전혀 모르고 있다고 말하는 분야들이 많이 있다. 히포 신호 전달 경로가 밝혀진 뒤임에도 불구하고 2015년에도 생물의 크기가 어떻게 결정되는가 하는 문제에서 우리의 이해 수준이 "기껏해야 초보적"이라는 평가가 나온 바 있다(Hariharan 2015).

종합하자면, 충분한 지식을 갖춘 사람이라면 우리가 초파리에 관한 모든 것을 알고 있다거나 다른 생물들과 관련지어서 초파리가 제공할 수 있는 모든 것을 이미 다 알아냈다고 주장할 사람은 한 명도 없다. 우리는 100년에 걸친 연구로 초파리의 모든 것을 밝혀냈다고 자만하는 대신에, 정반대의 결론을 내려야 함을 깨닫고 있다. 놀라움과 깨달음으로 가득했던 100년이 넘는 세월 앞에서 우리는 더욱 분발해야 함을, 초파리 연구에 더욱 매진함으로써 이 경이로운 체계를 앞으로 100년 더 넘게 활용해야 한다는 것을 깨닫는다. 그때가 된다고 해도, 아마 이 체계의 유용성은 소진되지 않을 것이다. 이제 막 탐구를 시작한 영역들은 특히 그럴 것이다. 머지않아 유망한 결과가 나올 가능성이 높은 암, 면역 기능, 신경퇴행성 질환을 비롯하여, 생물 개체 수준의 인간 질병 모델을 이용하여 치료제 발견과 검사를 하는 분야가 그렇다. 수명과 손상 회복 등 건강 관련 척도들에 노화와 식단이 미치는 영향을 연구하는 분야도 그렇다. 기생벌이나 장 내 미생물총 관련 연구를 비롯하여 종간 상호작용의 유전학적 연구 분야도 그렇다. 우주여행 같은 극단적인 조건이 생물에 미치는 영향을 연구하는 분야도 그렇다. 이 각각의 사례에서 초파리는 후속 연구를 위한 편리하면서 이미 잘 연구가 되어 있는 모델 체계를 제공한다.

게다가 초파리 연구 이야기는 호기심에서 시작된 연구가 엄청난 가치가 있음을 잘 보여준다. 나중에 생명의학에 엄청난 영향을 미치게 된 연구 중의 상당수는 원래 인간 질병을 염두에 두고 시작한 것이 아니었다. 인간 질병과 관련이 있을 것이라는 생각조차 하지 못했던 것도 많았다. 그저 호기심과 흥미에서, 진리를 밝혀내려는 욕망, 어떤 생물학적 과정에 우연히 관심이 쏠려서 "어떻게 하는 거지?"라는 질문의 해답을 찾고 싶은 욕구에서 시작된 것들이다. 사람의 건강과 관련이 있다는 사실은 나중에야 드러났다. 그러니 설령 인류 사회가 새로운 지식을 얻는 일 자체가 아니라, 인간의 건강을 이해하고 질병의 치료법으로 이어질 가능성만을 기준으로 생물학 연구에 가치를 부여하기로 결정한다고 할지라도, 우리는 여전히 기초적이면서 호기심에 이끌려서 다양한 생물을 연구하는 일을 지원하게 될 것이다. 질병과의 연관성이 아직 드러나지 않은 상태라 해도 말이다. 어떤 주제를 연구할지, 아니 그런 연구에서 어떤 모델 체계를 사용할지를 제한한다면, 우리는 당장은 모호하지만 미래에 새롭게 연결이 이루어질 가능성을 차단할 위험에 놓인다.

초파리 연구 분야에 뛰어든 뒤로 20여 년 동안, 그리고 인간 유전체 계획의 완성에서 유전학 연구 도구인 크리스퍼 체계의 급속한 발전에 이르기까지 생물학에서 이루어진 온갖 혁신들을 목격하면서도, 나는 여전히 초파리의 매력에 흠뻑 빠진 "파리 인간"으로 남아 있다. 생물학 연구는 인간의 관심, 가치, 영향에서 벗어날 수 없다. 그리고 그 분야의 우리 같은 사람들에게는 다행스럽게도, 생물학 연구는 이따금 흥분을 불러일으키는 놀라운 결과를 내놓곤 한다. 단 하나의 모델 체계를 연구하여 얼마나 많은 것들을 얻었는지를 짤막하게 소개하는 이 책을 읽고서 모델 생물 연구를 지지하는 사람들이 더 늘어나고, 그중 적어도 일부가 초파리에게 흥미를 느껴서 우리의 동료가 될 마음을 먹었으면 좋겠다는 것이 나의 자그마한 바람이다. 어떤 문제에 흥미를 느껴서, 그 질문에 가장 적합한 어떤 실험동물이나 생물들을 골라서 유전적 접근법을 비롯한 방법들을 적용하고 싶은 독자가 혹시 있지 않을까?

지금까지 이 많은 것들을 알아냈음에도, 우리에게는 아직 알아내야 할 것이 훨씬 더 많이 남아 있다.

부록 A

초파리 덫 만들기

비록 연구자들이 실험실에서 초파리가 달아나는 일이 없도록 매우 신경을 쓰고 있지만, 그래도 달아나는 녀석들이 나타나기 마련이다. 그리고 풀려난 초파리들은 냄새에 이끌려서 식당이나 효모 연구실처럼 자신을 환영하지 않는 곳으로 향할 것이다. 초파리 연구자들은 연구실에 살충제를 뿌리고 싶어하지 않는다. 어쨌거나 우리가 가장 많은 시간을 공들여서 하는 일은 초파리를 계속 살아 있게 하는 것이다. 유전 교배 실험을 비롯하여 다양한 연구를 할 수 있도록 말이다. 그러나 가장 헌신적인 초파리 연구자도 달아난 초파리가 사람들을 성가시게 만들 수 있음을 인정한다. 그래서 우리는 배양병에서 달아난 초파리를 포획하는 효과적인 전략을 개발했다. 연구실 곳곳에 단순한 초파리 덫을 배치하는 것이다.

이 방법은 가정에서 원치 않는 초파리를 없애거나, 연구에 필요한 야생 초파리를 채집하는 데에도 쓸 수 있다. 2014년 종을 조사하는 바이오스캔(BioSCAN) 계획의 일환으로서, 캘리포니아 로스앤젤레스의 자원자들은 자기 집 뒤뜰에 초파리 덫을 설치했다. 이렇게 뒤뜰에서 채집한 곤충들로부터 벼룩파리 신종이 몇 가지 발견되었다(Twilley 2015). 그리고 아메리카 대륙에서 발견된 적이 없던 종인 드로소필라 플라보히르타(*Drosophila flavohirta*)가 로스앤젤레스에 자리를 잡았다는 사실도 드러났다(Grimaldi et al. 2015).

　덫을 만들려면 다음과 같은 재료가 필요하다. 빈 병, 종이, 고무줄이나 테이프, 과즙, 사이다, 샴페인, 포도주, 레드와인 식초, 으깬 바나나, 물렁거리는 포도, 푹 익은 망고 등 초파리가 좋아할 만한 찻숟가락 하나 분량의 먹이. 재료를 위의 그림과 같이 설치한 뒤, 초파리가 자주 나타나는 곳에 둔다. 종이를 원뿔 모양으로 말아서 끝에 작은 구멍을 뚫는 것이 핵심이다. 병을 그냥 열어놓으면 덫이 아니라 초파리 먹이통이 될 뿐이다. 원뿔의 구멍은 작은 초파리가 겨우 지나갈 정도의 크기여야 한다. 초파리는 미끼에 끌려서 병 안으로 들어간다. 일단 들어가면, 빠져나오려고 하지 않을 것이다. 설령 빠져나오려고 시도한다고 해도, 원래 들어왔던 작은 구멍을 찾아내지 못한다.

　이 덫은 초파리를 생포하는 방법이다. 잡은 초파리를 제거하려면, 며칠 이내에 병을 밀봉한 뒤 버려야 한다. 깜박 잊고 방치하면, 덫에서 다음 세대의 초파리들이 자라날 가능성이 높다. 덫을 버리기 전에, 혹시 호기심이 동해서 어떤 종이 잡혔는지, 아니면 어떤 특이하거나 흥미로운 특징을 지닌 녀석이 잡혔는지 관찰하고 싶은 마음이 들 수도 있다. 초파리를 배양하기로 마음먹는다면, 바나나를 얇게 잘라서 빵 효모를 뿌린 뒤에 먹이로 준 뒤, 공기가 통할 수 있도록 천을 병 위에 덮어서 고무줄로 막으면 된다. 먹이가 말라붙지 않도록 하고, 초파리가 열이나 추위에 너무 오래 노출되지 않도록 주의하자. 자세히 살펴보기 위해서 초파리를 마취하려면, 5-10분 동안 초파리 병을 얼음에 올려놓으면 된다. 먹이가 너무 질척거리면, 마취된 초파리가 먹이에 들러붙지 않도록 병을 옆으로 눕힌다. 아니면 깔때기를 써서 초파리들을 다른 빈 병으로 옮긴 뒤에 얼음에 올려놓아도 된다. 밀개로는 작은 그림붓이나 화장할

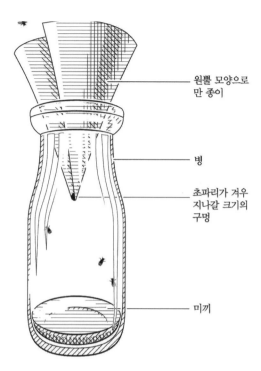

원뿔 모양으로
만 종이

병

초파리가 겨우
지나갈 크기의
구멍

미끼

초파리 덫. 사과 주스, 포도주,
식초나 푹 익은 바나나, 포도, 망
고 조각이 좋은 미끼가 된다.

때 쓰는 붓 같은 것을 이용하면 된다. 그리고 돋보기나 카메라에 끼우는
접사 렌즈, 또는 스마트폰에 끼우는 현미경을 쓰면 더 자세히 살펴볼
수 있다. 먹이 제조법과 동영상 교육 자료 등 더 알고 싶은 정보가 있다
면 온라인에서 얼마든지 찾을 수 있다. 누가 알겠는가? 경이로운 연구로
이어질 어떤 자연 발생한 돌연변이나 흥미로운 행동이나, 다른 어떤 우
연한 발견을 하게 될지 말이다.

부록 B

인간과 초파리의 상응하는 신체 기관

사람의 세포, 조직, 기관	초파리 성체의 상응하는 세포, 조직, 기관
신경계와 감각계	
뇌와 중추신경계(CNS)	뇌와 CNS
말초신경계(PNS)	PNS
척수	배신경삭
신경근육 이음부(NMJs), 신경과 근육세포가 연 결된 부위	NMJs 구조와 구성요소가 비슷한 NMJ
눈(색각)	겹눈(색각)(Montell 2012), 수정체 포함(Charlton-Perkins et al. 2011)
귀(청각)	더듬이의 여러 부위(존스턴 기관) (Albert and Gopfert 2015; Ishikawa and Kamikouchi 2015; Senthilan et al. 2012)
코(후각)	더듬이 셋째 마디(funiculus)와 위턱수염(Martin et al. 2013; Stocker 1994)
맛봉오리	주둥이 입술, 다리와 날개의 끝, 암컷의 배 끝에 있는 맛 감각기(Montell 2009; Stocker 1994); 상세 지도(Freeman and Dahanukar 2015)
피부(촉각)	털 같은 강모(감각모)(Lumpkin et al. 2010)
순환계, 혈관계, 림프계	
동맥	등혈관(앞쪽 부분)(Zikova et al. 2003)

심장	규칙적으로 수축하는 심장세포를 갖춘 등혈관(뒤쪽 부분)(Bodmer 1995; Zikova et al. 2003)
혈관계와 허파(갈래진 구조, 산소 교환 역할)	기관계(갈래진 구조, 산소 교환 역할)(Andrew and Ewald 2010; Roeder et al. 2012)
림프샘	림프샘(Evans et al. 2003; Gold and Bruckner 2014)
자기 재생하는 혈액 전구세포(조혈모세포), 그로부터 유래한 혈구	자기 재생하는 혈액세포와 림프 거주 혈액세포, 그로부터 유래한 혈구(Evans et al. 2003; Gold and Bruckner 2014; Meister and Lagueux 2003)

소화, 해독, 지방 저장, 지방 대사 체계

침샘	침샘
위장	중간창자(Lemaitre and Miguel-Aliaga 2013; Singh et al. 2011)
큰창자, 곧은창자, 항문	뒤창자, 곧은창자, 항문(Apidianakis and Rahme 2011)
장 점막	위식막(Lemaitre and Miguel-Aliaga 2013)
콩팥	말피기관(Beyenbach, Skaer, and Dow 2010)
콩팥 발세포	심장 주위 배설세포(Gee et al. 2015; Weavers et al. 2009)
간(해독 역할)	지방체와 말피기관(해독 역할)(Yang et al. 2007)
간(지방 저장 역할)과 백색 지방 조직	지방체(지방 저장 역할)(Arrese and Soulages 2010)
간(지방 대사 역할)	편도세포(Chatterjee et al. 2014; Gutierrez et al. 2007)

호르몬과 호르몬샘 체계

간(IGF-1 생산)	지방체(Dilp6 생산)(Okamoto et al. 2009; Slaidina et al. 2009)
췌장(인슐린 생산과 분비)	뇌의 인슐린 생산 세포(IPC)(Rulifson et al. 2002)
신경내분비계	뇌간부, 외측부, 고리샘 연결부(Pfeiffer and Homberg 2014)
내분비샘	고리샘(앞가슴샘, 알라타체, 측심체)(Pfeiffer and Homberg 2014)
갑상샘	알라타체(Flatt et al. 2006; Gade, Hoffmann, and Spring 1997)

전립샘	부속샘(Ito et al. 2014)
혈액, 피부, 면역계	
피부	큐티클(Patterson et al. 2013)
대식세포	무정형혈구(Gold and Bruckner 2014)
근육계	
뼈대근 (예: 다리, 팔의 근육)	근육(예: 다리, 날개)
민무늬근 (예: 소화계를 감싼 근육)	내장근(예: 소화계를 둘러싼 근육)
부속지	
팔과 다리	다리, 평형곤, 날개
생식계	
난소	난소
정소(고환)	정소

부록 C

초파리를 대상으로 이루어지는 대표적인 유전 선별 검사

초파리 연구자들은 오랜 세월 여러 유전 선별 검사들을 해왔으며, 전반적인 선별 검사 전략의 일환으로서 다양한 유전학적 기법들을 초파리에게 쓸 수 있다. D. 세인트 존스턴의 논문 "유전적 선별 검사의 기법과 설계: 초파리"는 사례를 들어서 초파리 유전 선별 검사와 기법을 잘 설명한다(St Johnston 2002). 유전적 접근법을 전체적으로 개괄한 문헌도 있다(Venken and Bellen 2012). 다음은 다양한 생물학적 주제들을 이해하는 데에 기여한 여러 선별 검사 전략과 방법들 중에서 선별한 것이다.

초파리 만들기

비샤우스와 뉘슬라인폴하르트는 1980년에 논문 "초파리의 몸마디 수와 극성에 영향을 미치는 돌연변이들"이라는 논문에서, EMS 돌연변이 생성 선별 검사를 통해서 애벌레 발달을 교란하는 치사(lethal) 돌연변이들을 분리해냈다고 적었다. 돌연변이가 일어났을 때 해당 표현형을 생성할 수 있는 모든 유전자를 찾아내는, 즉 "포화시키는" 것을 목표로 한 최초의 선별 검사였다(Nüsslein-Volhard and Wieschaus 1980; Wieschaus and Nüsslein-Volhard 2016). 쉽바흐와 비샤우스는 1989년과 1991년 논문에서 이 분석을 확장하여 암컷이 정상적으로 발달하는 자식을 낳는 데에 필요한 비치사(nonlethal) 유전자 돌연변이들을 찾아냈다("모계 효과" 유전자)(Schüpbach and Wieschaus 1989; 1991). 페리먼 연구진은 1989년과 1996년에 "우성 암컷 불임" 기법을 써서 이 분석을 더 확장하여 암컷이 정상적으로 발달하는 자식을 낳는 데에 필요한 필수 유전자들을 찾아냈다(Perrimon, Engstrom, and Mahowald 1989; Perrimon et al. 1996). 이런 선별 검사들은 제3장에 실려 있다.

초파리처럼 행동하기

R. J. 코노프카와 S. 벤저는 1971년에 EMS 돌연변이 생성 선별 검사를 통해서 낮과 밤의 활동 주기가 달라진 피리어드(period) 유전자 돌연변이 초파리를 찾아냈다는 논문 "초파리의 시계 돌연변이"를 발표했다. 선별 검사를 통해서 하루 주기 리듬 같은 복잡한 행동에 영향을 미치는 단일 유전자 돌연변이를 찾아낼 수 있음을 보여준 논문이었다(Konopka and Benzer 1971). 1980년 D. 스즈키 연구진은 EMS 선별 검사를 써서 비행, 활동 수준, 스트레스 민감성 등 다양한 행동 결함을 지닌 초파리들을 분리했다고 발표했다(Homyk, Szidonya, and Suzuki 1980). 1989년 C. 우다드와 J. 칼슨 연구진은 EMS와 X선을 이용한 선별 검사로 후각에 영향을 미치는 돌연변이를 찾아냈다(Woodard et al. 1989). 벤저 연구진은 하루 주기 리듬을 조절하는 분자 메커니즘을 파악했고, 더 넓게 보면 유전자가 행동에 어떻게 영향을 미치는지를 새로운 관점에서 살펴볼 문을 열었다(제8장 참조; [Benzer 1971]). J. C. 홀, M. 로스배시, M. W. 영은 피리어드 유전자의 서열 분석(Zehring et al. 1984; Bargiello et al. 1984)과 하루 주기 리듬의 제어에 필요한 피리어드 같은 유전자들의 후속 연구를 통해서 노벨 생리의학상을 받았다(Nobel Media 2017).

초파리처럼 취하기

1998년 U. 헤버라인 연구진은 "초파리의 에탄올 해독……"이라는 논문에서 민감성을 바꾸어서 알코올에 취하게 하는 P-인자라는 전이인자가 삽입된 초파리 계통을 선별 검사를 통해서 찾아냈다고 발표했다. 연구진은 이 선별 검사를 하기 위해서, 초파리들을 "취도 측정기"라는 분류 장치에 넣었다. 더 취한 초파리일수록 장치 바닥으로 떨어질 확률이 더 높다(Moore et al. 1998). 이 선별 검사를 거쳐서 첫 논문에 실린 돌연변이는 당시 칩데이트(cheapdate)라는 이름이 붙여졌는데, 앞서서 발견된 앰니식(amnesiac)이라는 유전자의 돌연변이 대립 유전자임이 드러났다. 이 선별 검사와 후속 연구들을 통해서 초파리를 알코올과 약물 중독의 유전적 구성요소를 연구하는 데에 활용할 수 있음이 드러났다(제8장 참조).

유전자 활성 높이기

1998년 P. 뢰스 연구진은 삽입 지점에 인접한 유전자를 켜거나 발현을 증진시키는 능력을 지닌 P-인자를 개발하여, 그 인자가 무작위적으로 삽입된 초파리 집합을 생성한 뒤("EP" 집단), 눈의 발달에 영향을 미치는 것들을 선별 검사한 결과를 담은 "초파리의 체계적인 기능 획득 유전학"을 발표했다(Rørth et al. 1998). 이런 연구는 유전자의 기능을 약화시키거나 없애는 더 전형적인 순행 또는 역행 유전 선별 검사를 보완한다. 유전자를 껐을 때에 어떤 일이 일어나는지를 관찰하는 것에 비해서, 유전자의 활성을 유도하거나 증진시켰을 때에 더 많은 정보나 추가 정보를 제공하는 유전자들이 있다. 더 최근에는 초파리에 크리스퍼 활성화 기법을 적용함으로써 특정한 표적이나 몸 전체에 활성을 일으키면서 선별 검사를 할 수 있게 되었다(Lin et al. 2015).

쉽게 찾을 수 있는 것을 찾아보기

쉽게 눈에 띄고 특징이 잘 드러나는 외부 구조가 초파리의 생존이나 번식에 반드시 필요한 것은 아닐지라도, 눈은 돌연변이 표현형을 골라내기에 편리한 조직 역할을 한다. 1991년 M. A. 사이먼과 G. M. 루빈 연구진은 눈의 표면 질감에 영향을 미치는 세븐리스(sevenless) 유전자의 돌연변이 표현형을 더 악화시키는 돌연변이들을 골라나기 위해서 우성 변경인자 선별 검사를 했다(제3장 참조; [Simon et al. 1991]). 그들은 사람의 암 관련 유전자인 RAS의 병렬 상동인 초파리 유전자가 세븐리스(Sevenless) 수용체가 받는 신호의 전달에 참여한다는 것을 알아냈다. 2001년 I. K. 하리하란 연구진은 "FRT-FLP"(Golic and Lindquist 1989)라는 유전학적 기법을 이용한 선별 검사를 통해서 한쪽 눈의 조직에만 돌연변이가 일어난 초파리를 찾아냈다(Moberg et al. 2001). 다른 세 연구진들도 비슷한 선별 검사를 통해서 신체 기관의 크기를 조절하는 데에 필요한 유전자들을 찾아냈다(제4장 참조; [Pagliarini and Xu 2003; Xu et al. 1995; Tapon et al. 2001]). 2006년 U. 바너지 연구진은 한쪽 눈에만 돌연변이가 있는 돌연변이를 찾아내는 데에 쓰인 그 방법으로, 세포의 에너지 발전소인 미토콘드리아에 영향을 미치는 돌연변이를 찾아냈다(Liao et al. 2006).

무엇이 살고 있는지 보기

동형 접합 돌연변이 초파리가 성체 때까지 살아남는다고 해서 반드시 그 초파리가 모든 면에서 "정상"이라는 의미는 아니다. 돌연변이를 지니지만 생존할 수 있다고 알려진 초파리 집합은 행동 차이 같은 성체 돌연변이 표현형의 선별 검사를 위한 예비 검사 집단을 제공할 수 있다. 2003

년에 W. D. 트레이시 연구진은 뢰스 EP 집단(Rørth et al. 1998) 중에서 생존 가능한 동형 접합 돌연변이를 지닌 계통들을 써서 고통에 대한 반응 양상이 달라진 초파리들을 찾아냈다(Tracey et al. 2003). 2006년 K. M. 베킹엄 연구진은 또다른 동형 접합 생존 가능한 돌연변이 초파리 집단인 주커 집단(Zuker collection)(Koundakjian et al. 2004)을 써서 중력에 대한 반응 양상이 달라진 초파리들을 찾아냈다(Armstrong et al. 2006). A. 세갈 연구진은 주커 집단을 수면에 영향을 미치는 돌연변이를 선별하는 데에 이용했다(Wu et al. 2008).

배양 세포를 이용하기

초파리 "배양 세포"는 초파리(배아 같은)에게서 떼어내어 몸속 조건을 모사한 영양액(배지)에서 키울 때에 다소 무한정 성장하고 분열할 수 있는 세포를 말한다(Echalier 1997). 2003년 A. 키거와 N. 페리먼 연구진은 RNAi를 이용한 최초의 전장 유전자 선별 검사를 통해서 RNA 발현 수준이 낮은 초파리 배양 세포를 찾아냈다(Kiger et al. 2003). 2006년 몇몇 연구진은 초파리 배양 세포에 쓰인 것과 동일한 접근법을 써서 오랫동안 탐구했지만 발견하지 못했던 칼슘 통로 활성을 통제하거나 거기에 관여하는 단백질을 만드는 유전자들을 찾아냈다(Feske et al. 2006; Vig et al. 2006; Zhang et al. 2006). 또 K. 배슬러, P. A. 비치, M. 보트로스, N. 페리먼, M. P. 자이틀러 같은 연구자들이 보여주었듯이, 이 접근법은 Hh, Wnt, JAK/STAT 같은 신호 전달 경로의 새로운 구성요소들을 찾아내는 데에도 효과가 있었다(Baeg, Zhou, and Perrimon 2005; DasGupta et al. 2005; Muller et al. 2005; Nybakken et al. 2005; Lum et al. 2003; Vidal et al. 2010).

빛나게 하기

형광 단백질을 만드는 유전자는 특정한 기관이나 세포에서 발현될 수 있으며, 형광 단백질은 자외선을 비추면 빛을 낸다. 따라서 형광 단백질이 발현되는 세포의 위치나 수의 변화를 이용한 선별이 가능하다. 2003년 R. A. 파글리아리니와 T. 수는 눈 조직에만 돌연변이가 있는 초파리를 만들고, 그 조직을 녹색 형광 단백질로 표시를 한 뒤, 다른 부위들에 형광 신호가 나타나는지를 살핌으로써 암이 전이되는 것과 비슷하게 그 세포들에 다른 조직을 침입하는 능력을 부여하는 돌연변이가 있는지 조사했다(Pagliarini and Xu 2003). 또다른 네 연구진은 형광 단백질을 이용한 대규모 선별 검사를 통해서 심장을 만드는 데에 필요한 새로운 유전자를 찾아냈다. 녹색 형광 단백질을 심장 전구 세포의 표지로 삼아서 그 유전자가 발현되는 심장 전구 세포들을 살폈다. 한 연구진은 추가로 붉게 빛나는 형광 단백질 표지도 사용했다(Tao, Christiansen, and Schulz 2007; Yi et al. 2006; Hollfelder, Frasch, and Reim 2014; Drechsler et al. 2013). 이런 선별 검사들을 통해서 찾아낸 유전자 중의 일부는 심장 세포 외 기질의 형성이나 안정성에 필요한 것들이었다(Frasch 2016).

살찌게 하기

비만과 당뇨병에 관심이 커지는 추세에 발맞춘다는 의도도 얼마간 있겠지만(제4장 참조), 초파리 연구자들은 지방 축적의 변화, 혈당 수치의 변화, 기타 관련된 표현형의 변화에 유전자가 어떤 기여를 하는지 조사하고 있다. 2010년 J. M. 페닝거 연구진은 RNA 농도를 줄이는 RNAi를 이용한 초파리 전장 유전체 선별 검사를 통해서 "비만증", 즉 지방 축적에 관여하는 유전자들을 찾아냈다(Pospisilik et al. 2010). 그 선별 검사와 후속 검사들은 Hh 경로가 초파리와 포유동물의 지방세포 형성에 관여한다는 것을 보여주었고, 사람의 비만과 관련이 있을 법한 후보 유전자들의 긴 목록을 제시했다. 그 선별 검사는 유전체 이후 시대에 들어서 초파리가 생리와 대사, 특히 사람의 질병과 관련된 모델로서 중시되고 있음을 보여주는 많은 사례들 중의 하나이다.

줄기세포에 초점을 맞추기

초파리는 줄기세포의 기능을 조사하는 데 탁월한 체계이다. 줄기세포는 죽어 사라지는 세포를 채움으로써 수선하고, 건강을 유지하고, 번식을 할 수 있게 해준다(제10장 참조). 2011년 J. A. 노블리치 연구진은 신경계와 관련된 줄기세포의 일종인 신경모세포(neuroblast)에서만 RNAi 인자가 발현되도록 하는 선별 검사를 했다(Neumüller et al. 2011). 2014년 페리먼 연구진은 RNAi 선별 검사를 통해서 난소에서 생식 줄기세포를 찾아냈다(Yan et al. 2014). 그리고 2016년 C. 퉁 연구진은 정소를 대상으로 비슷한 생식 줄기세포 선별 검사를 했다(Yu et al. 2016). 이런 선별 검사 연구 결과를 비교하면, 줄기세포들의 기능에 공통적으로 필요한 유전자와 특정한 줄기세포 유형에만 필요한 유전자를 파악하는 데에 도움이 될 수 있다.

범위를 좁힌 뒤, 낚기

전장 유전체 선별 검사가 실용적이지 못할 때도 많다. 발견의 기회를 지나치게 한정하지 않으면서 초기 검사 대상 집단의 크기를 줄이는 방법은 여러 가지가 있다. 먼저 돌연변이를 지니지만 생존 가능한 초파리들을 대상으로 선별 검사를 하는 것은 검사할 초파리의 수를 줄이는 좋은 전략 중의 하나이다. S. 바트와 W. D. 존스가 2016년에 내놓은 연구 결과는 또 한 가지 접근법의 유용성을 잘 보여준다. 연구진은 "2단계(two-tiered)" 선별 검사를 했다. 먼저 단백질 암호 유전자를 조절하는 작은 RNA 분자인 특정한 마이크로 RNA(miRNA)를 발현시키면서 그 발현의 효과를 관찰했다. 이어서 그 결과를 이용하여 miRNA가 표적으로 삼을 만한 유전자들의 범위를 좁혔다. 그런 뒤 RNAi를 써서 그 표적 유전자들이 감각 뉴런에서 후각 수용체의 발현에 관여하는지를 조사했다(Bhat and Jones 2016).

초조하게 하기

2014년, H. J. 벨렌 연구진은 EMS를 돌연변이원으로 써서 치사를 일으키는 X 염색체의 열성 돌연변이들을 찾아낸 뒤, 신경계에 영향을 끼치는 돌연변이들을 선별했다. 그 기준에 들어맞는 유전자는 165개로 드러났다(Yamamoto et al. 2014). 이 유전자들 중 상당수는 사람의 질병과 관련이 있는 병렬 상동 유전자들이었다. 연구진은 초파리에게서 얻은 이 결과가 지금껏 혼란스러웠던 사람의 유전 장애들에 관한 새로운 정보를 제공할 수 있지 않을까 생각했다.

이런 사례들이 잘 보여주듯이, 대규모로 전장 유전체 선별 검사를 해도 찾아낼 수 있는 돌연변이 표현형의 수와 쓸 수 있는 접근법의 종류는 경이로울 만치 다양하다. 유전적 교란, 실험 자동화, 화상과 영상 촬영과 분석, 형광 탐침의 부착과 검출 같은 새로운 혁신 사례들은 초파리의 차세대 유전 선별 검사에 기여하고 있다. 유전 선별 검사 뒤에는 다음과 같은 실험들이 포함된다. 관찰된 표현형에 얼마나 많은, 어떤 유전자들이 관여하는지를 찾아낸다. 일차 선별 검사를 통해서 파악한 유전자들을 추가 검사를 통해서 재검사한다. 초파리와 다른 종들의 병렬 상동 유전자들에게서 이미 알려진 사항들을 새로운 결과와 비교한다. 어떤 새로운 발견이 이루어졌는지, 더 넓은 관점에서 그것이 어떤 의미를 가질지를 파악한다. 그렇게 나온 결과들은 당연히 더 많은 질문들로 이어질 것이고, 초기 연구에서 찾아낸 돌연변이의 변경인자를 찾아내는 검사 등 궁극적으로 또다른 선별 검사가 이루어질지 모른다. 유전학자에게 좌우명이 있다면, 이렇지 않을까? 선별하고, 확인하고, (이전의 지식과) 통합하고, 반복하라.

추천 도서

Endless Forms Most Beautiful, Sean B. Carroll

Essays Upon Heredity, August Weismann

FlyBook, an article series in the journal Genetics

Heredity and Variation, L. C. Dunn

A History of Genetics, A. H. Sturtevant

The Life of the Fly, Jean-Henri Fabre

Lords of the Fly, Robert E. Kohler

The Making of a Fly, Peter A. Lawrence

The Natural History of Flies, Harold Oldroyd

Time, Love, Memory, Jonathan Weiner

약어 목록

ADHD	attention deficit hyperactivity disorder	주의력 결핍 과다행동 장애
Ago3	*Argonaute 3* (gene)	아거노트 3 (유전자)
Ago3	Argonaute 3 (protein)	아거노트 3 (단백질)
ALS	amyotrophic lateral sclerosis	근위축측삭경화증
AMPs	antimicrobial peptides	항균펩티드
ANT-C	*Antp* Complex	Antp 복합체
Antp	*Antennapedia* (gene)	안테나페디아 (유전자)
Antp	Antennapedia (protein)	안테나페디아
ATP	adenosine triphosphate	아데노신삼인산
bor	*belphegor*	벨페고르
BX-C	*Bithorax* Complex	바이소락스 복합체
C. elegans	*Caenorhabditis elegans*	예쁜꼬마선충
CFTR	*Cystic fibrosis transmembrane conductance regulator* (human gene)	
		낭성섬유증 막횡단 전도 조절인자
ci	*cubitus interruptus* (gene)	쿠비투스 인테룹투스 (유전자)
Ci	Cubitus interruptus (protein)	쿠비투스 인테룹투스 (단백질)
cM	centiMorgan	센티모건
CMT2B	Charcot-Marie-Tooth disease type 2B	샤르코마리투스병 2B형
CRISPR	clustered regularly interspaced short palindromic repeats	크리스퍼
dach	*dachshund* (gene)	닥스훈트 (유전자)
Dach	Dachshund (protein)	닥스훈트 (단백질)
DDT	dichlorodiphenyltrichloroethane	디클로로디페닐트리클로로에탄
dgo	*diego* (gene)	디에고 (유전자)
Dgo	Diego (protein)	디에고 (단백질)
DHH	*desert hedgehog* (human gene)	데저트 헤지호그 (인간 유전자)
Dilps	*Drosophila* insulin-like peptides	초파리 인슐린 유사 펩티드
DIS	*Drosophila* Information Service	초파리 정보 서비스
DNA	deoxyribonucleic acid	데옥시리보 핵산
ds	*dachsous* (gene)	댁서스 (유전자)

Ds	Dachsous (protein)	댁서스 (단백질)
dsh	*disheveled* (gene)	디셰벌드 (유전자)
Dsh	Disheveled (protein)	디셰벌드 (단백질)
EMS	ethyl methanesulfonate	에틸 메틸설포네이트
ENCODE	encyclopedia of DNA elements	DNA 요소 백과사전
ERG	electroretinogram	망막전위도
esc	*extra sex combs*	엑스트라 섹스 콤스
evo-devo	evolutionary developmental biology	진화발생생물학
ey	*eyeless* (gene)	아이리스 (유전자)
Ey	Eyeless (protein)	아이리스 (단백질)
eya	*eyes absent* (gene)	아이즈 앱슨트 (유전자)
Eya	Eyes absent (protein)	아이즈 앱슨트 (단백질)
EYA	human Ey / Eya-related transcriptional pathway	
		사람 Ey / Eya 연관 전사 경로
F_1	first filial generation (offspring of the P_0)	자손 1세대
F_2	second filial generation (grandchildren of the P_0)	자손 2세대
FDA	U.S. Food and Drug Administration	미국 식품의약청
fj	*four-jointed* (gene)	포 조인티드 (유전자)
Fj	Four-jointed (protein)	포 조인티드 (단백질)
FLP	yeast flippase protein	효모 플립파아제 단백질
FlyMAD	Fly Mind Altering Device	초파리 마음 바꾸는 장치
fmi / stan	*flamingo / starry night* (gene)	플라밍고 / 스타리나잇 (유전자)
Fmi	Flamingo / Starry night (protein)	플라밍고 / 스타리나잇 (단백질)
FRT	flippase recognition target	플립파아제 인식 표적
Fw	Furrowed (protein)	퓨로드 (단백질)
Fy	Fuzzy (protein)	퍼지 (단백질)
fz	*frizzled* (gene)	프리즐드 (유전자)
Fz	Frizzled (protein)	프리즐드 (단백질)
FZDs	Frizzled-related receptors	프리즐드 연관 수용체
GSCs	germline stem cells	생식 줄기세포
hh	*hedgehog* (gene)	헤지호그 (유전자)
Hh	Hedgehog (protein)	헤지호그 (단백질)
Hh	pathway Hh signal transduction pathway	Hh 신호 전달 경로
Hox	Homeobox domain-containing	호메오박스
IHH	*Indian hedgehog* (human gene)	인디언 헤지호그 (인간 유전자)

In	Inturned	(protein)	인턴드 (단백질)
IPCs	insulin-producing cells		인슐린 생산 세포
iPSCs	induced pluripotent stem cells		유도 만능 줄기 세포
JO	Johnston's organ		존스턴 기관
K⁺	potassium ion		포타슘 이온
m	miniature (gene)		미니어처 (유전자)
miRNAs	micro RNAs		마이크로 RNA
mm	millimeters		밀리미터
Msc	Multiple sex comb (mutation in Scr)		멀티플 섹스 콤
mwh	multiple wing hairs (gene)		멀티플 윙 헤어 (유전자)
Mwh	Multiple wing hairs (protein)		멀티플 윙 헤어 (단백질)
NIH	U.S. National Institutes of Health		미국 국립보건원
P₀	parental group (parents of the F₁)		부모 세대
PAX	paired box domain-containing		페어드박스 도메인 포함
Pc	Polycomb		폴리콤
PCP	planar cell polarity		평판 세포 극성
pk	prickle (gene)		프리클 (유전자)
Pk	Prickle (protein)		프리클 (단백질)
PRC	Polycomb repressive complex		폴리콤 억제 복합체
ptc	patched (gene)		패치드 (유전자)
Ptc	Patched (protein)		패치드 (단백질)
r	rudimentary (gene)		루디멘터리 (유전자)
RNA	ribonucleic acid		리보 핵산
RNAi	RNA interference		RNA 간섭
ROK	Rho-associated kinase (protein)		로 연관 키나아제 (단백질)
Scr	Sex combs reduced		섹스 콤스 리듀스드
Scx	Sex combs extra		섹스 콤스 엑스트라
SHH	Sonic hedgehog (human gene)		소닉 헤지호그 (인간 유전자)
SMART	somatic mutation and recombination test		세포 돌연변이와 재조합 검사
smo	smoothened		스무던드
Smo	Smoothened protein		스무던드 단백질
SMO	human Smoothened protein		인간 스무던드 단백질
so	sine oculis (gene)		시네 오쿨리스 (유전자)
So	Sine oculis (protein)		시네 오쿨리스 (단백질)

Sos	*Son of sevenless* (gene)	선 오브 세븐리스 (유전자)
Sos	Son of sevenless (protein)	선 오브 세븐리스 (단백질)
TBI	traumatic brain injury	외상 뇌 손상
TLR	Toll-like receptor	톨 유사 수용체
toy	*twin of eyeless* (gene)	트윈 오브 아이리스 (유전자)
Toy	Twin of eyeless (protein)	트윈 오브 아이리스 (단백질)
trp	*transient receptor potential* (gene)	일시적 수용체 전위 (유전자)
TRP	Transient Receptor Potential (protein)	일시적 수용체 전위 (단백질)
TRP family	TRP-related gene or protein family	TRP 연관 유전자 또는 단백질군
TrxG	Trithorax Group	트리소락스 그룹
TSS	transcription start site	전사 시작 지점
UAS	upstream activation sequence	상류 활성화 서열
UDN	NIH Undiagnosed Diseases Network	미진단 질병 네트워크
v	*vermilion* (gene)	버밀리언 (유전자)
Vang	*Van Gogh* (gene)	반 고흐 (유전자)
Vang	Van Gogh (protein)	반 고흐 (단백질)
w	*white* (gene)	화이트 (유전자)
Wnt	Drosophila wingless and mouse int1-related	초파리 윙리스와 생쥐 int1 연관
y	*yellow* (gene)	옐로 (유전자)

참고 문헌

Adams, M. D., S. E. Celniker, R. A. Holt, C. A. Evans, J. D. Gocayne, P. G. Amanatides, S. E. Scherer, et al. 2000. "The genome sequence of *Drosophila melanogaster*." *Science* 287 (5461): 2185–95. doi: 10.1126/science.287.5461.2185.

Alaraby, M., B. Annangi, A. Hernandez, A. Creus, and R. Marcos. 2015. "A comprehensive study of the harmful effects of ZnO nanoparticles using *Drosophila melanogaster* as an in vivo model." *J Hazard Mater* 296:166–74. doi: 10.1016/j.jhazmat.2015.04.053.

Alaraby, M., E. Demir, A. Hernandez, and R. Marcos. 2015. "Assessing potential harmful effects of CdSe quantum dots by using *Drosophila melanogaster* as in vivo model." *Sci Total Environ* 530–31:66–75. doi: 10.1016/j.scitotenv.2015.05.069.

Alberi, L., S. E. Hoey, E. Brai, A. L. Scotti, and S. Marathe. 2013. "Notch signaling in the brain: in good and bad times." *Ageing Res Rev* 12 (3): 801–14. doi: 10.1016/j.arr.2013.03.004.

Albert, J. T., and M. C. Gopfert. 2015. "Hearing in *Drosophila*." *Curr Opin Neurobiol* 34:79–85. doi: 10.1016/j.conb.2015.02.001.

Alderson, T. 1965. "Chemically induced delayed germinal mutation in *Drosophila*." *Nature* 207 (993): 164–67. doi: 10.1038/207164a0.

Alpatov, W. W., and Raymond Pearl. 1929. "Experimental studies on the duration of life. XII. Influence of temperature during the larval period and adult life on the duration of the life of the imago of *Drosophila melanogaster*." *American Naturalist* 63 (684): 37–67. doi: 10.1086/280236.

Amoyel, M., and E. A. Bach. 2014. "Cell competition: how to eliminate your neighbours." *Development* 141 (5): 988–1000. doi: 10.1242/dev.079129.

Anaka, M., C. D. MacDonald, E. Barkova, K. Simon, R. Rostom, R. A. Godoy, A. J. Haigh, I. A. Meinertzhagen, and V. Lloyd. 2008. "The *white* gene of *Drosophila melanogaster* encodes a protein with a role in courtship behavior." *J Neurogenet* 22 (4): 243–76. doi: 10.1080/01677060802309629.

Anderson, D. J., and R. Adolphs. 2014. "A framework for studying emotions across species." *Cell* 157 (1): 187–200. doi: 10.1016/j.cell.2014.03.003.

Anderson, K. V., G. Jürgens, and C. Nüsslein-Volhard. 1985. "Establishment of dorsal-ventral polarity in the Drosophila embryo: genetic studies on the role of the *Toll* gene product." *Cell* 42 (3): 779–89. doi: 10.1016/0092-8674(85)90274-0.

Andrew, D. J., and A. J. Ewald. 2010. "Morphogenesis of epithelial tubes: insights into tube formation, elongation, and elaboration." *Dev Biol* 341 (1): 34–55. doi: 10.1016/j.ydbio.2009.09.024.

Angus, J. 1974. "Genetic control of activity, preening, and the response to a shadow stimulus in *Drosophila melanogaster*." *Behav Genet* 4 (4): 317–29. doi: 10.1007/BF01066153.

Anholt, R. R., and T. F. Mackay. 2012. "Genetics of aggression." *Annu Rev Genet* 46:145–64. doi: 10.1146/annurev-genet-110711-155514.

Apidianakis, Y., and L. G. Rahme. 2011. "*Drosophila melanogaster* as a model for human intestinal infection and pathology." *Dis Model Mech* 4 (1): 21–30. doi: 10.1242/dmm.003970.

Arctic Desert and Tropic Information Center. 1944. The mosquito and fly problem in the Arctic. U.S. Army Air Forces, Arctic. New York: Arctic, Desert and Tropic Information Center as reproduced by the Training Aids Division, Office of the Assistant Chief of Air Staff, Training Headquarters Army Air Forces.

Armstrong, J. D., M. J. Texada, R. Munjaal, D. A. Baker, and K. M. Beckingham. 2006. "Gravitaxis in *Drosophila melanogaster*: a forward genetic screen." *Genes Brain Behav* 5 (3): 222–39. doi: 10.1111/j.1601-183X.2005.00154.x.

Arrese, E. L., and J. L. Soulages. 2010. "Insect fat body: energy, metabolism, and regulation." *Annu Rev Entomol* 55:207–25. doi: 10.1146/annurev-ento-112408-085356.

Ashburner, M., and R. Drysdale. 1994. "FlyBase—the *Drosophila* genetic database." *Development* 120 (7): 2077–79.

Aso, Y., D. Hattori, Y. Yu, R. M. Johnston, N. A. Iyer, T. T. Ngo, H. Dionne, L. F. Abbott, R. Axel, H. Tanimoto, and G. M. Rubin. 2014. "The neuronal architecture of the mushroom body provides a logic for associative learning." *Elife* 3:e04577. doi: 10.7554/eLife.04577.

Atwood, S. X., R. J. Whitson, and A. E. Oro. 2014. "Advanced treatment for basal cell carcinomas." *Cold Spring Harb Perspect Med* 4 (7): a013581. doi: 10.1101/cshperspect.a013581.

Auerbach, C., J. M. Robson, and J. G. Carr. 1947. "The chemical production of mutations." *Science* 105 (2723): 243–47. doi: 10.1126/science.105.2723.243.

Aughey, G. N., and J. L. Liu. 2015. "Metabolic regulation via enzyme filamentation." *Crit Rev Biochem Mol Biol* 51 (4): 282–93. doi: 10.3109/10409238.2016.1172555.

Auluck, P. K., H. Y. Chan, J. Q. Trojanowski, V. M. Lee, and N. M. Bonini. 2002. "Chaperone suppression of alpha-synuclein toxicity in a *Drosophila* model for Parkinson's disease." *Science* 295 (5556): 865–68. doi: 10.1126/science.1067389.

Azuma, N., Y. Yamaguchi, H. Handa, K. Tadokoro, A. Asaka, E. Kawase, and M. Yamada. 2003. "Mutations of the PAX6 gene detected in patients with a variety of optic-nerve malformations." *Am J Hum Genet* 72 (6): 1565–70. doi: 10.1086/375555.

Baeg, G. H., R. Zhou, and N. Perrimon. 2005. "Genome-wide RNAi analysis of JAK/STAT signaling components in *Drosophila*." *Genes Dev* 19 (16): 1861–70. doi: 10.1101/gad.1320705.

Baena-Lopez, L. A., H. Nojima, and J. P. Vincent. 2012. "Integration of morphogen signalling within the growth regulatory network." *Curr Opin Cell Biol* 24 (2): 166–72. doi: 10.1016/j.ceb.2011.12.010.

Baets, J., P. De Jonghe, and V. Timmerman. 2014. "Recent advances in Charcot-Marie-Tooth disease." *Curr Opin Neurol* 27 (5): 532–40. doi: 10.1097/WCO.00 00000000000131.

Baillon, L., and K. Basler. 2014. "Reflections on cell competition." *Semin Cell Dev Biol* 32:137–44. doi: 10.1016/j.semcdb.2014.04.034.

Balbiani, E. G. 1881. "Sur la structure du noyau des cellules salivaires chez les larves de *Chironomus*." *Zoologische Anzeiger* 4:637–641.

Bargiello TA, Jackson FR, Young MW. 1984. "Restoration of circadian behavioural rhythms by gene transfer in *Drosophila*." *Nature* 312 (5996): 752–54. doi: 10.1038/312752a0.

Barrows, W. M. 1907. "The reactions of the Pomace fly, *Drosophila ampelophila* loew, to odorous substances." *Journal of Experimental Zoology* 4 (4): 515–37. doi: 10.1002/jez.1400040403.

Barzel, B., and A. L. Barabasi. 2013. "Universality in network dynamics." *Nat Phys* 9. doi: 10.1038/nphys2741.

Bateson, W. 1909. *Mendel's Principles of Heredity*. Cambridge: At the University Press.

Bath, D. E., J. R. Stowers, D. Hormann, A. Poehlmann, B. J. Dickson, and A. D. Straw. 2014. "FlyMAD: rapid thermogenetic control of neuronal activity in freely walking *Drosophila*." *Nat Methods* 11 (7): 756–62. doi: 10.1038/ nmeth.2973.

Beal, M. F. 2001. "Experimental models of Parkinson's disease." *Nat Rev Neurosci* 2 (5): 325–34. doi: 10.1038/35072550.

Beckage, N. E. 2007. *Insect Immunology*. Vol. 1. New York: Academic Press.

Beira, J. V., and R. Paro. 2016. "The legacy of *Drosophila* imaginal discs." *Chromosoma* 125 (4): 573–92. doi: 10.1007/s00412-016-0595-4.

Bellaiche, Y., I. The, and N. Perrimon. 1998. "Tout-velu is a *Drosophila* homologue of the putative tumour suppressor EXT-1 and is needed for Hh diffusion." *Nature* 394 (6688): 85–88. doi: 10.1038/27932.

Bellen, H. J., and S. Yamamoto. 2015. "Morgan's legacy: fruit flies and the functional annotation of conserved genes." *Cell* 163 (1): 12–14. doi: 10.1016/j. cell.2015.09.009.

Benzer, S. 1971. "From the gene to behavior." *JAMA* 218 (7): 1015–22. doi: 10.1001/jama.1971.03190200047010.

Berman, G. J., D. M. Choi, W. Bialek, and J. W. Shaevitz. 2014. "Mapping the stereotyped behaviour of freely moving fruit flies." *J R Soc Interface* 11 (99). doi: 10.1098/rsif.2014.0672.

Berry-Kravis, E., D. Hessl, S. Coffey, C. Hervey, A. Schneider, J. Yuhas, J. Hutchison, et al. 2009. "A pilot open label, single dose trial of fenobam in adults with fragile X syndrome." *J Med Genet* 46 (4): 266–71. doi: 10.1136/jmg.2008.063701.

Berry-Kravis, E., A. Sumis, C. Hervey, M. Nelson, S. W. Porges, N. Weng, I. J. Weiler, and W. T. Greenough. 2008. "Open-label treatment trial of lithium to target the underlying defect in fragile X syndrome." *J Dev Behav Pediatr* 29 (4): 293–302. doi: 10.1097/DBP.obo13e31817dc447.

Beyenbach, K. W., H. Skaer, and J. A. Dow. 2010. "The developmental, molecular, and transport biology of Malpighian tubules." *Annu Rev Entomol* 55:351–74. doi: 10.1146/annurev-ento-112408-085512.

Bharucha, K. N. 2009. "The epicurean fly: using *Drosophila melanogaster* to study metabolism." *Pediatr Res* 65 (2): 132–37. doi: 10.1203/PDR.obo13e31819f1c68.

Bhat, S., and W. D. Jones. 2016. "An accelerated miRNA-based screen implicates Atf-3 in *Drosophila* odorant receptor expression." *Sci Rep* 6:20109. doi: 10.1038/srep20109.

Bian, G., Y. Xu, P. Lu, Y. Xie, and Z. Xi. 2010. "The endosymbiotic bacterium *Wolbachia* induces resistance to dengue virus in *Aedes aegypti*." *PLoS Pathog* 6 (4): e1000833. doi: 10.1371/journal.ppat.1000833.

Bodmer, R. 1995. "Heart development in *Drosophila* and its relationship to vertebrates." *Trends Cardiovasc Med* 5 (1): 21–28. doi: 10.1016/1050-1738 (94)00032-Q.

Boekhoff-Falk, G. 2005. "Hearing in *Drosophila*: development of Johnston's organ and emerging parallels to vertebrate ear development." *Dev Dyn* 232 (3): 550–58. doi: 10.1002/dvdy.20207.

Bohni, R., J. Riesgo-Escovar, S. Oldham, W. Brogiolo, H. Stocker, B. F. Andruss, K. Beckingham, and E. Hafen. 1999. "Autonomous control of cell and organ size by CHICO, a *Drosophila* homolog of vertebrate IRS1–4." *Cell* 97 (7): 865–75. doi: 10.1016/S0092-8674(00)80799-0.

Bonilla-Ramirez, L., M. Jimenez-Del-Rio, and C. Velez-Pardo. 2011. "Acute and chronic metal exposure impairs locomotion activity in *Drosophila melanogaster*: a model to study Parkinsonism." *Biometals* 24 (6): 1045–57. doi: 10.1007/s10534-011-9463-0.

Bonvini, S. J., M. A. Birrell, J. A. Smith, and M. G. Belvisi. 2015. "Targeting TRP channels for chronic cough: from bench to bedside." *Naunyn Schmiedebergs Arch Pharmacol* 388 (4): 401–20. doi: 10.1007/s00210-014-1082-1.

Boulan, L., M. Milan, and P. Leopold. 2015. "The systemic control of growth." *Cold Spring Harb Perspect Biol* 7 (12). doi: 10.1101/cshperspect.a019117.

Boulanger, N., L. Ehret-Sabatier, R. Brun, D. Zachary, P. Bulet, and J. L. Imler. 2001. "Immune response of *Drosophila melanogaster* to infection with the flagellate parasite *Crithidia* spp." *Insect Biochem Mol Biol* 31 (2): 129–37. doi: 10.1016/S0965-1748(00)00096-5.

Brand, A. H., and N. Perrimon. 1993. "Targeted gene expression as a means of altering cell fates and generating dominant phenotypes." *Development* 118 (2): 401–15. http://dev.biologists.org/content/118/2/401.

Bridges, C. B. 1914. "Direct proof through non-disjunction that the sex-linked genes of drosophila are borne by the X-chromosome." *Science* 40 (1020): 107–9. doi: 10.1126/science.40.1020.107.

Bridges, C. B. 1935. "Salivary chromosome maps with a key to the banding of the chromosomes of *Drosophila melanogaster.*" *Journal of Heredity* 26 (2): 60–64. doi: 10.1093/oxfordjournals.jhered.a104022.

Bridges, C. B., and K. S. Brehme. 1944. *The mutants of Drosophila melanogaster.* Carnegie Institution of Washington publication. Washington, DC: Carnegie Institution of Washington.

Bridges, C. B., and T. H. Morgan. 1923. *The third-chromosome group of mutant characters of Drosophila melanogaster.* Carnegie Institution of Washington publication. Washington, DC: Carnegie Institution of Washington.

Brinster, R. L., and J. W. Zimmermann. 1994. "Spermatogenesis following male germ-cell transplantation." *Proc Natl Acad Sci U S A* 91 (24): 11298–302. http://www.pnas.org/content/91/24/11298.

Brookheart, R. T., and J. G. Duncan. 2016a. "*Drosophila melanogaster*: an emerging model of transgenerational effects of maternal obesity." *Mol Cell Endocrinol* 435:20–28. doi: 10.1016/j.mce.2015.12.003.

Brookheart, R. T., and J. G. Duncan. 2016b. "Modeling dietary influences on offspring metabolic programming in *Drosophila melanogaster.*" *Reproduction* 152 (3): R79–90. doi: 10.1530/REP-15-0595.

Brown, G. E., A. L. Mitchell, A. M. Peercy, and C. L. Robertson. 1996. "Learned helplessness in *Drosophila melanogaster*?" *Psychol Rep* 78 (3 Pt 1): 962. doi: 10.2466/pr0.1996.78.3.962.

Brown, J. B., and S. E. Celniker. 2015. "Lessons from modENCODE." *Annu Rev Genomics Hum Genet* 16:31–53. doi: 10.1146/annurev-genom-090413-025448.

Brush, S. G. 1978. "Nettie M. Stevens and the discovery of sex determination by chromosomes." *Isis* 69 (247): 163–72. doi: 10.1086/352001.

Bryant, C. E., S. Orr, B. Ferguson, M. F. Symmons, J. P. Boyle, and T. P. Monie. 2015. "International Union of Basic and Clinical Pharmacology. XCVI. Pattern recognition receptors in health and disease." *Pharmacol Rev* 67 (2): 462–504. https://doi.org/10.1124/pr.114.009928.

Bryant, P. J. 1971. "Regeneration and duplication following operations in situ on the imaginal discs of *Drosophila melanogaster.*" *Dev Biol* 26 (4): 637–51. https://doi.org/10.1016/0012-1606(71)90146-1.

Bryant, P. J., and P. Simpson. 1984. "Intrinsic and extrinsic control of growth in developing organs." *Quarterly Review of Biology* 59 (4): 387–415. http://www.jstor.org/stable/2828261.

Burglin, T. R., and M. Affolter. 2016. "Homeodomain proteins: an update." *Chromosoma* 125 (3): 497–521. doi: 10.1007/s00412-015-0543-8.

Burke, C., K. Trinh, V. Nadar, and S. Sanyal. 2017. "AxGxE: using flies to interrogate the complex etiology of neurodegenerative disease." *Curr Top Dev Biol* 121:225–51. doi: 10.1016/bs.ctdb.2016.07.007.

Bush, A. I. 2013. "The metal theory of Alzheimer's disease." *J Alzheimers Dis* 33 Suppl 1:S277–81. doi: 10.3233/JAD-2012-129011.

C. elegans Sequencing Consortium. 1998. "Genome sequence of the nematode *C. elegans*: a platform for investigating biology." *Science* 282 (5396): 2012–18.

Calendar, R. 1970. "The regulation of phage development." *Annu Rev Microbiol* 24:241–96. doi: 10.1146/annurev.mi.24.100170.001325.

Cardon, L. R., and T. Harris. 2016. "Precision medicine, genomics and drug discovery." *Hum Mol Genet.* doi: 10.1093/hmg/ddw246.

Carmona, E. R., C. Inostroza-Blancheteau, V. Obando, L. Rubio, and R. Marcos. 2015. "Genotoxicity of copper oxide nanoparticles in *Drosophila melanogaster*." *Mutat Res Genet Toxicol Environ Mutagen* 791:1–11. doi: 10.1016/j.mrgentox.2015.07.006.

Carpenter, D., D. M. Stone, J. Brush, A. Ryan, M. Armanini, G. Frantz, A. Rosenthal, and F. J. de Sauvage. 1998. "Characterization of two patched receptors for the vertebrate hedgehog protein family." *Proc Natl Acad Sci U S A* 95 (23): 13630–34. doi: 10.1073/pnas.95.23.13630.

Carpenter, G. H. 1928. *The biology of insects.* Series of Biological Handbooks. New York: Macmillan.

Carroll, S. B. 2005. *Endless forms most beautiful: the new science of evo devo and the making of the animal kingdom.* New York: Norton.

Carroll, T. J., and J. Yu. 2012. "The kidney and planar cell polarity." *Curr Top Dev Biol* 101:185–212. doi: 10.1016/B978-0-12-394592-1.00011-9.

Casal, J., P. A. Lawrence, and G. Struhl. 2006. "Two separate molecular systems, Dachsous/Fat and Starry night/Frizzled, act independently to confer planar cell polarity." *Development* 133 (22): 4561–72. doi: 10.1242/dev.02641.

Casas-Tinto, S., M. Torres, and E. Moreno. 2011. "The flower code and cancer development." *Clin Transl Oncol* 13 (1): 5–9. doi: 10.1007/s12094-011-0610-4.

Chae, J., M. J. Kim, J. H. Goo, S. Collier, D. Gubb, J. Charlton, P. N. Adler, and W. J. Park. 1999. "The *Drosophila* tissue polarity gene *starry night* encodes a member of the protocadherin family." *Development* 126 (23): 5421–29. http://dev.biologists.org/content/126/23/5421.

Chakravarti, L., E. H. Moscato, and M. S. Kayser. 2017. "Unraveling the neurobiology of sleep and sleep disorders using *Drosophila*." *Curr Top Dev Biol* 121:253–285. doi: 10.1016/bs.ctdb.2016.07.010.

Chao, H. T., M. Davids, E. Burke, J. G. Pappas, J. A. Rosenfeld, A. J. McCarty, T. Davis, L. et al. 2017. "A syndromic neurodevelopmental disorder caused by de novo variants in EBF3." *Am J Hum Genet* 100 (1): 128–137. doi: 10.1016/j. ajhg.2016.11.018.

Charlton-Perkins, M., N. L. Brown, and T. A. Cook. 2011. "The lens in focus: a comparison of lens development in *Drosophila* and vertebrates." *Mol Genet Genomics* 286 (3–4): 189–213. doi: 10.1007/s00438-011-0643-y.

Chatterjee, D., S. D. Katewa, Y. Qi, S. A. Jackson, P. Kapahi, and H. Jasper. 2014. "Control of metabolic adaptation to fasting by dILP6-induced insulin signaling in *Drosophila* oenocytes." *Proc Natl Acad Sci U S A* 111 (50): 17959–64. doi: 10.1073/pnas.1409241111.

Cherry, S., E. J. Jin, M. N. Ozel, Z. Lu, E. Agi, D. Wang, W. H. Jung, et al. 2013. "Charcot-Marie-Tooth 2B mutations in *rab7* cause dosage-dependent neuro-degeneration due to partial loss of function." *Elife* 2:e01064. doi: 10.7554/eLife.01064.

Chi, T., M. S. Kim, S. Lang, N. Bose, A. Kahn, L. Flechner, S. D. Blaschko, et al. 2015. "A *Drosophila* model identifies a critical role for zinc in mineralization for kidney stone disease." *PLoS One* 10 (5): e0124150. doi: 10.1371/journal. pone.0124150.

Chiang, A. S., C. Y. Lin, C. C. Chuang, H. M. Chang, C. H. Hsieh, C. W. Yeh, C. T. Shih, et al. 2011. "Three-dimensional reconstruction of brain-wide wiring net-works in *Drosophila* at single-cell resolution." *Curr Biol* 21 (1): 1–11. doi: 10.1016/j.cub.2010.11.056.

Chifiriuc, M. C., A. C. Ratiu, M. Popa, and A. A. Ecovoiu. 2016. "Drosophotoxi-cology: an emerging research area for assessing nanoparticles interaction with living organisms." *Int J Mol Sci* 17 (2): 36. doi: 10.3390/ijms17020036.

Chintapalli, V. R., J. Wang, and J. A. Dow. 2007. "Using FlyAtlas to identify better *Drosophila melanogaster* models of human disease." *Nat Genet* 39 (6): 715–20. doi: 10.1038/ng2049.

Chouhan, A. K., C. Guo, Y. C. Hsieh, H. Ye, M. Senturk, Z. Zuo, Y. Li, et al. 2016. "Uncoupling neuronal death and dysfunction in *Drosophila* models of neuro-degenerative disease." *Acta Neuropathol Commun* 4 (1): 62. doi: 10.1186/s40478-016-0333-4.

Chouinard, S. W., G. F. Wilson, A. K. Schlimgen, and B. Ganetzky. 1995. "A potas-sium channel beta subunit related to the aldo-keto reductase superfamily is encoded by the *Drosophila* Hyperkinetic locus." *Proc Natl Acad Sci U S A* 92 (15): 6763–67. http://www.pnas.org/content/92/15/6763.

Christiaens, J. F., L. M. Franco, T. L. Cools, L. De Meester, J. Michiels, T. Wensel-eers, B. A. Hassan, E. Yaksi, and K. J. Verstrepen. 2014. "The fungal aroma gene ATF1 promotes dispersal of yeast cells through insect vectors." *Cell Rep* 9 (2): 425–32. doi: 10.1016/j.celrep.2014.09.009.

Christie, K. W., and D. F. Eberl. 2014. "Noise-induced hearing loss: new animal models." *Curr Opin Otolaryngol Head Neck Surg* 22 (5): 374–83. doi: 10.1097/MOO.0000000000000086.

Christie, K. W., E. Sivan-Loukianova, W. C. Smith, B. T. Aldrich, M. A. Schon, M. Roy, B. C. Lear, and D. F. Eberl. 2013. "Physiological, anatomical, and behavioral changes after acoustic trauma in *Drosophila melanogaster*." *Proc Natl Acad Sci U S A* 110 (38): 15449–54. doi: 10.1073/pnas.1307294110.

Ciabrelli, F., F. Comoglio, S. Fellous, B. Bonev, M. Ninova, Q. Szabo, A. Xuereb, et al. 2017. "Stable Polycomb-dependent transgenerational inheritance of chromatin states in *Drosophila*." *Nat Genet* 49 (6): 876–86. doi: 10.1038/ng.3848.

Clark, I. E., M. W. Dodson, C. Jiang, J. H. Cao, J. R. Huh, J. H. Seol, S. J. Yoo, B. A. Hay, and M. Guo. 2006. "*Drosophila pink1* is required for mitochondrial function and interacts genetically with *parkin*." *Nature* 441 (7097): 1162–66. doi: 10.1038/nature04779.

Claveria, C., G. Giovinazzo, R. Sierra, and M. Torres. 2013. "Myc-driven endogenous cell competition in the early mammalian embryo." *Nature* 500 (7460): 39–44. doi: 10.1038/nature12389.

Cohan, F. M., and A. A. Hoffmann. 1986. "Genetic divergence under uniform selection. II. Different responses to selection for knockdown resistance to ethanol among *Drosophila melanogaster* populations and their replicate lines." *Genetics* 114 (1): 145–64. http://www.genetics.org/content/114/1/145.

Cong, L., F. A. Ran, D. Cox, S. Lin, R. Barretto, N. Habib, P. D. Hsu, et al. 2013. "Multiplex genome engineering using CRISPR/Cas systems." *Science* 339 (6121): 819–23. doi: 10.1126/science.1231143.

Conklin, E. G. 1929. "Problems of development." *American Naturalist* 63 (684): 5–36. doi: 10.1086/280235.

Cooley, L., R. Kelley, and A. Spradling. 1988. "Insertional mutagenesis of the Drosophila genome with single P elements." *Science* 239 (4844): 1121–28. doi: 10.1126/science.2830671.

Cooper, A. A., A. D. Gitler, A. Cashikar, C. M. Haynes, K. J. Hill, B. Bhullar, K. Liu, et al. 2006. "Alpha-synuclein blocks ER-Golgi traffic and Rab1 rescues neuron loss in Parkinson's models." *Science* 313 (5785): 324–28. doi: 10.1126/science.1129462.

Cosens, D. J., and A. Manning. 1969. "Abnormal electroretinogram from a *Drosophila* mutant." *Nature* 224 (5216): 285–87. doi: 10.1038/224285a0.

Coulom, H., and S. Birman. 2004. "Chronic exposure to rotenone models sporadic Parkinson's disease in *Drosophila melanogaster*." *J Neurosci* 24 (48): 10993–98. doi: 10.1523/jneurosci.2993-04.2004.

Crosby, M. A., L. S. Gramates, G. Dos Santos, B. B. Matthews, S. E. St Pierre, P. Zhou, A. J. Schroeder, et al. 2015. "Gene model annotations for *Drosophila melanogaster*: the rule-benders." *G3 (Bethesda)* 5 (8): 1737–49. doi: 10.1534/g3.115.018937.

Crow, J. F. 1954. "Analysis of a DDT-resistant strain of Drosophila." *Journal of Economic Entomology* 47:393–398. doi: 10.1093/jee/47.3.393.

Crow, J. F. 1957. "Genetics of insect resistance to chemicals." *Annual Review of Entomology* 2 (1): 227–246. doi: 10.1146/annurev.en.02.010157.001303.

Curran, C. H., and C. P. Alexander. 1934. *The families and genera of North American Diptera.* New York: C. H. Curran.

Curtin, J. A., E. Quint, V. Tsipouri, R. M. Arkell, B. Cattanach, A. J. Copp, D. J. Henderson, N. et al. 2003. "Mutation of *Celsr1* disrupts planar polarity of inner ear hair cells and causes severe neural tube defects in the mouse." *Curr Biol* 13 (13): 1129–33. doi: 10.1016/S0960-9822(03)00374-9.

Damann, N., T. Voets, and B. Nilius. 2008. "TRPs in our senses." *Curr Biol* 18 (18): R880–89. doi: 10.1016/j.cub.2008.07.063.

Dambroise, E., L. Monnier, L. Ruisheng, H. Aguilaniu, J. S. Joly, H. Tricoire, and M. Rera. 2016. "Two phases of aging separated by the Smurf transition as a public path to death." *Sci Rep* 6:23523. doi: 10.1038/srep23523.

Das, G., S. Lin, and S. Waddell. 2016. "Remembering components of food in *Drosophila.*" *Front Integr Neurosci* 10:4. doi: 10.3389/fnint.2016.00004.

Das, T., and R. Cagan. 2010. "*Drosophila* as a novel therapeutic discovery tool for thyroid cancer." *Thyroid* 20 (7): 689–95. doi: 10.1089/thy.2010.1637.

DasGupta, R., A. Kaykas, R. T. Moon, and N. Perrimon. 2005. "Functional genomic analysis of the Wnt-Wingless signaling pathway." *Science* 308 (5723): 826–33. doi: 10.1126/science.1109374.

Dävring, L. 1969. "The reaction of different *Drosophila* populations to treatment with pesticides." *Hereditas* 62 (3): 303–13. doi: 10.1111/j.1601-5223.1969. tb02240.x.

Dawson, A. G., P. Heidari, S. R. Gadagkar, M. J. Murray, and G. B. Call. 2013. "An airtight approach to the inebriometer: from construction to application with volatile anesthetics." *Fly (Austin)* 7 (2): 112–17. doi: 10.4161/fly.24142.

Dawson, T. M., H. S. Ko, and V. L. Dawson. 2010. "Genetic animal models of Parkinson's disease." *Neuron* 66 (5): 646–61. doi: 10.1016/j.neuron.2010.04.034.

de Beco, S., M. Ziosi, and L. A. Johnston. 2012. "New frontiers in cell competition." *Dev Dyn* 241 (5): 831–41. doi: 10.1002/dvdy.23783.

de la Cova, C., M. Abril, P. Bellosta, P. Gallant, and L. A. Johnston. 2004. "*Drosophila* Myc regulates organ size by inducing cell competition." *Cell* 117 (1): 107–16. doi: 10.1016/S0092-8674(04)00214-4.

Denell, R. E., and R. D. Frederick. 1983. "Homoeosis in *Drosophila*: a description of the Polycomb lethal syndrome." *Dev Biol* 97 (1): 34–47. doi: 10.1016/0012 -1606(83)90061-1.

Devenport, D. 2016. "Tissue morphodynamics: translating planar polarity cues into polarized cell behaviors." *Semin Cell Dev Biol* 55:99–110. doi: 10.1016/j. semcdb.2016.03.012.

Devineni, A. V., and U. Heberlein. 2010. "Addiction-like behavior in *Drosophila.*" *Communicative & Integrative Biology* 3 (4): 357–359. doi: 10.4161/ cib.3.4.11885.

Dew-Budd, K., J. Jarnigan, and L. K. Reed. 2016. "Genetic and sex-specific transgenerational dffects of a high fat diet in *Drosophila melanogaster*." *PLoS One* 11 (8): e0160857. doi: 10.1371/journal.pone.0160857.

Di-Poi, N., J. I. Montoya-Burgos, H. Miller, O. Pourquie, M. C. Milinkovitch, and D. Duboule. 2010. "Changes in *Hox* genes' structure and function during the evolution of the squamate body plan." *Nature* 464 (7285): 99–103. doi: 10.1038/nature08789.

Dong, B., and S. Hayashi. 2015. "Shaping of biological tubes by mechanical interaction of cell and extracellular matrix." *Curr Opin Genet Dev* 32:129–34. doi: 10.1016/j.gde.2015.02.009.

Donner, A. L., and R. L. Maas. 2004. "Conservation and non-conservation of genetic pathways in eye specification." *Int J Dev Biol* 48 (8–9): 743–53. doi: 10.1387/ijdb.041877ad.

Doolittle, W. F., P. Fraser, M. B. Gerstein, B. R. Graveley, S. Henikoff, C. Huttenhower, A. Oshlack, et al. 2013. "Sixty years of genome biology." *Genome Biol* 14 (4): 113. doi: 10.1186/gb-2013-14-4-113.

Doroquez, D. B., and I. Rebay. 2006. "Signal integration during development: mechanisms of EGFR and Notch pathway function and cross-talk." *Crit Rev Biochem Mol Biol* 41 (6): 339–85. doi: 10.1080/10409230600914344.

dos Santos, G., A. J. Schroeder, J. L. Goodman, V. B. Strelets, M. A. Crosby, J. Thurmond, D. B. Emmert, W. M. Gelbart, and the FlyBase Consortium. 2015. "FlyBase: introduction of the *Drosophila melanogaster* Release 6 reference genome assembly and large-scale migration of genome annotations." *Nucleic Acids Res* 43 (Database issue): D690–97. doi: 10.1093/nar/gku1099.

Drayna, D. 2006. "Is our behavior written in our genes?" *N Engl J Med* 354 (1): 7–9. doi: 10.1056/NEJMp058215.

Drechsler, M., A. C. Schmidt, H. Meyer, and A. Paululat. 2013. "The conserved ADAMTS-like protein Lonely heart mediates matrix formation and cardiac tissue integrity." *PLoS Genet* 9 (7): e1003616. doi: 10.1371/journal.pgen.1003616.

Drosophila 12 Genomes Consortium. 2007. "Evolution of genes and genomes on the *Drosophila* phylogeny." *Nature* 450 (7167): 203–18. doi: 10.1038/nature06341.

Duncan, I. M. 1982. "Polycomblike: a gene that appears to be required for the normal expression of the bithorax and antennapedia gene complexes of *Drosophila melanogaster*." *Genetics* 102 (1): 49–70. http://www.genetics.org/content/102/1/49.

Dunn, L. C. 1934. *Heredity and variation: continuity and change in the living world*. University Series Highlights of Modern Knowledge: Genetics. New York: The University Society.

Dunne, A., N. A. Marshall, and K. H. Mills. 2011. "TLR based therapeutics." *Curr Opin Pharmacol* 11 (4): 404–11. doi: 10.1016/j.coph.2011.03.004.

Eaton, S. 1997. "Planar polarization of *Drosophila* and vertebrate epithelia." *Curr Opin Cell Biol* 9 (6): 860–66. doi: 10.1016/S0955-0674(97)80089-0.

Eberl, D. F., and G. Boekhoff-Falk. 2007. "Development of Johnston's organ in *Drosophila*." *Int J Dev Biol* 51 (6–7): 679–87. doi: 10.1387/ijdb.072364de.

Echalier, G. 1997. *Drosophila Cells in Culture*. San Diego: Academic Press.

Eddison, M., I. Le Roux, and J. Lewis. 2000. "Notch signaling in the development of the inner ear: lessons from *Drosophila*." *Proc Natl Acad Sci U S A* 97 (22): 11692–99. doi: 10.1073/pnas.97.22.11692.

Edwards, A. C., S. M. Rollmann, T. J. Morgan, and T. F. Mackay. 2006. "Quantitative genomics of aggressive behavior in *Drosophila melanogaster*." *PLoS Genet* 2 (9): e154. doi: 10.1371/journal.pgen.0020154.

Eiberg, H., J. Mohr, K. Schmiegelow, L. S. Nielsen, and R. Williamson. 1985. "Linkage relationships of paraoxonase (PON) with other markers: indication of PON-cystic fibrosis synteny." *Clin Genet* 28 (4): 265–71. doi: 10.1111/j.1399-0004.1985.tb00400.x.

Ekins, S., N. K. Litterman, R. J. Arnold, R. W. Burgess, J. S. Freundlich, S. J. Gray, J. J. Higgins, et al. 2015. "A brief review of recent Charcot-Marie-Tooth research and priorities." *F1000Res* 4:53. doi: 10.12688/f1000research.6160.1.

Evans, C. J., V. Hartenstein, and U. Banerjee. 2003. "Thicker than blood: conserved mechanisms in *Drosophila* and vertebrate hematopoiesis." *Dev Cell* 5 (5): 673–90. doi: 10.1016/S1534-5807(03)00335-6.

Fabre, J.-H.. 1915. *The life of the fly; with which are interspersed some chapters of autobiography*. Translated by A. Teixeira De Mattos. New York: Dodd, Mead and Company.

Fang, Y., and N. M. Bonini. 2015. "Hope on the (fruit) fly: the *Drosophila* wing paradigm of axon injury." *Neural Regen Res* 10 (2): 173–75. doi: 10.4103/1673-5374.152359.

Fanto, M., and H. McNeill. 2004. "Planar polarity from flies to vertebrates." *J Cell Sci* 117 (Pt 4): 527–33. doi: 10.1242/jcs.00973.

Feany, M. B., and W. W. Bender. 2000. "A *Drosophila* model of Parkinson's disease." *Nature* 404 (6776): 394–98. doi: 10.1038/35006074.

Fedeles, S., and A. R. Gallagher. 2013. "Cell polarity and cystic kidney disease." *Pediatr Nephrol* 28 (8): 1161–72. doi: 10.1007/s00467-012-2337-z.

Fernandez-Hernandez, I., E. Scheenaard, G. Pollarolo, and C. Gonzalez. 2016. "The translational relevance of *Drosophila* in drug discovery." *EMBO Rep* 17 (4): 471–472. doi: 10.15252/embr.201642080.

Ferrandon, D., J. L. Imler, C. Hetru, and J. A. Hoffmann. 2007. "The *Drosophila* systemic immune response: sensing and signalling during bacterial and fungal infections." *Nat Rev Immunol* 7 (11): 862–74. doi: 10.1038/nri2194.

Feske, S., Y. Gwack, M. Prakriya, S. Srikanth, S. H. Puppel, B. Tanasa, P. G. Hogan, R. S. Lewis, M. Daly, and A. Rao. 2006. "A mutation in Orai1 causes immune deficiency by abrogating CRAC channel function." *Nature* 441 (7090): 179–85. doi: 10.1038/nature04702.

Fitch, K. R., G. K. Yasuda, K. N. Owens, and B. T. Wakimoto. 1998. "Paternal effects in *Drosophila*: implications for mechanisms of early development." *Curr Top Dev Biol* 38:1–34. http://doi.org/10.1016/S0070-2153(08)60243-4.

Flatt, T., L. L. Moroz, M. Tatar, and A. Heyland. 2006. "Comparing thyroid and insect hormone signaling." *Integr Comp Biol* 46 (6): 777–94. doi: 10.1093/icb/icl034.

The FlyBase Consortium. 1994. "FlyBase—the *Drosophila* database." *Nucleic Acids Res* 22 (17): 3456–58. doi: 10.1093/nar/24.1.53.

Forbes, A. J., H. Lin, P. W. Ingham, and A. C. Spradling. 1996. "*hedgehog* is required for the proliferation and specification of ovarian somatic cells prior to egg chamber formation in *Drosophila*." *Development* 122 (4): 1125–35. http://dev.biologists.org/content/122/4/1125.

Ford, C. E., J. L. Hamerton, D. W. Barnes, and J. F. Loutit. 1956. "Cytological identification of radiation-chimaeras." *Nature* 177 (4506): 452–54. doi: 10.1038/177452a0.

Ford, C. E., and H. S. Micklem. 1963. "The thymus and lymph-nodes in radiation chimaeras." *Lancet* 281 (7277): 359–62. doi: 10.1016/S0140-6736(63)91385-0.

Frasch, M. 2016. "Genome-wide approaches to *Drosophila* heart development." *J Cardiovasc Dev Dis* 3 (2). doi: 10.3390/jcdd3020020.

Freeman, A., E. Pranski, R. D. Miller, S. Radmard, D. Bernhard, H. A. Jinnah, R. Betarbet, D. B. Rye, and S. Sanyal. 2012. "Sleep fragmentation and motor restlessness in a *Drosophila* model of Restless Legs Syndrome." *Curr Biol* 22 (12): 1142–48. doi: 10.1016/j.cub.2012.04.027.

Freeman, E. G., and A. Dahanukar. 2015. "Molecular neurobiology of *Drosophila* taste." *Curr Opin Neurobiol* 34:140–48. doi: 10.1016/j.conb.2015.06.001.

Frolov, R. V., A. Bagati, B. Casino, and S. Singh. 2012. "Potassium channels in *Drosophila*: historical breakthroughs, significance, and perspectives." *J Neurogenet* 26 (3–4): 275–90. doi: 10.3109/01677063.2012.744990.

Gade, G., K. H. Hoffmann, and J. H. Spring. 1997. "Hormonal regulation in insects: facts, gaps, and future directions." *Physiol Rev* 77 (4): 963–1032. http://physrev.physiology.org/content/77/4/963.

Gall, J. G. 2015. "The origin of in situ hybridization—A personal history." *Methods*. doi: 10.1016/j.ymeth.2015.11.026.

Garcia-Bellido, A., and P. Ripoll. 1978. "The number of genes in *Drosophila melanogaster*." *Nature* 273 (5661): 399–400. doi: 10.1038/273399a0.

Gee, H. Y., F. Zhang, S. Ashraf, S. Kohl, C. E. Sadowski, V. Vega-Warner, W. Zhou, et al. 2015. "KANK deficiency leads to podocyte dysfunction and nephrotic syndrome." *J Clin Invest* 125 (6): 2375–84. doi: 10.1172/JCI79504.

Gelling, C. 2016. "The evolution of Dark-fly." *Genes to Genomes* (blog), *Genetics Society of America,* Feb. 4. https://genestogenomes.org/the-evolution-of-dark -fly/.

Gelman, A., M. Rawet-Slobodkin, and Z. Elazar. 2015. "Huntingtin facilitates selective autophagy." *Nat Cell Biol* 17 (3): 214–15. doi: 10.1038/ncb3125.

Gibbs, B. C., R. R. Damerla, E. K. Vladar, B. Chatterjee, Y. Wan, X. Liu, C. Cui, et al. 2016. "*Prickle1* mutation causes planar cell polarity and directional cell migration defects associated with cardiac outflow tract anomalies and other structural birth defects." *Biol Open* 5 (3): 323–35. doi: 10.1242/bio.015750.

Gladstone, M., B. Frederick, D. Zheng, A. Edwards, P. Yoon, S. Stickel, T. DeLaney, D. C. Chan, D. Raben, and T. T. Su. 2012. "A translation inhibitor identified in a *Drosophila* screen enhances the effect of ionizing radiation and taxol in mammalian models of cancer." *Dis Model Mech* 5 (3): 342–50. doi: 10.1242/dmm.008722.

Goffeau, A., B. G. Barrell, H. Bussey, R. W. Davis, B. Dujon, H. Feldmann, F. Galibert, et al. 1996. "Life with 6000 genes." *Science* 274 (5287): 546, 563–67. doi: 10.1126/science.274.5287.546.

Gogna, R., K. Shee, and E. Moreno. 2015. "Cell competition during growth and regeneration." *Annu Rev Genet* 49:697–718. doi: 10.1146/annurev-genet -112414-055214.

Gold, K. S., and K. Bruckner. 2014. "*Drosophila* as a model for the two myeloid blood cell systems in vertebrates." *Exp Hematol* 42 (8): 717–27. doi: 10.1016/j. exphem.2014.06.002.

Goldman, I. L. 2002. "Raymond Pearl, smoking and longevity." *Genetics* 162 (3): 997–1001. http://www.genetics.org/content/162/3/997.

Golic, K. G., and S. Lindquist. 1989. "The FLP recombinase of yeast catalyzes site-specific recombination in the *Drosophila* genome." *Cell* 59 (3): 499–509. doi: 10.1016/0092-8674(89)90033-0.

Goriaux, C., E. Theron, E. Brasset, and C. Vaury. 2014. "History of the discovery of a master locus producing piRNAs: the flamenco/COM locus in *Drosophila melanogaster.*" *Front Genet* 5:257. doi: 10.3389/fgene.2014.00257.

Graf, U., S. K. Abraham, J. Guzman-Rincon, and F. E. Wurgler. 1998. "Antigenotoxicity studies in *Drosophila melanogaster.*" *Mutat Res* 402 (1–2): 203–9. doi: 10.1016/S0027-5107(97)00298-4.

Graf, U., F. E. Wurgler, A. J. Katz, H. Frei, H. Juon, C. B. Hall, and P. G. Kale. 1984. "Somatic mutation and recombination test in *Drosophila melanogaster.*" *Environ Mutagen* 6 (2): 153–88. doi: 10.1002/em.2860060206.

Greenleaf, A. L., L. M. Borsett, P. F. Jiamachello, and D. E. Coulter. 1979. "Alpha-amanitin-resistant *D. melanogaster* with an altered RNA polymerase II." *Cell* 18 (3): 613–22. doi: 10.1016/0092-8674(79)90116-8.

Greenspan, L. J., M. de Cuevas, and E. Matunis. 2015. "Genetics of gonadal stem cell renewal." *Annu Rev Cell Dev Biol* 31:291–315. doi: 10.1146/annurev-cell bio-100913-013344.

Grimaldi, D., P. S. Ginsberg, L. Thayer, S. McEvey, M. Hauser, M. Turelli, and B. Brown. 2015. "Strange little flies in the big city: exotic flower-breeding drosophilidae (Diptera) in urban Los Angeles." *PLoS One* 10 (4): e0122575. doi: 10.1371/journal.pone.0122575.

Grochowski, C. M., K. M. Loomes, and N. B. Spinner. 2016. "Jagged1 (JAG1): structure, expression, and disease associations." *Gene* 576 (1 Pt 3): 381–84. doi: 10.1016/j.gene.2015.10.065.

Grossman, T. R., A. Gamliel, R. J. Wessells, O. Taghli-Lamallem, K. Jepsen, K. Ocorr, J. R. Korenberg, et al. 2011. "Over-expression of DSCAM and COL6A2 cooperatively generates congenital heart defects." *PLoS Genet* 7 (11): e1002344. doi: 10.1371/journal.pgen.1002344.

Grusche, F. A., H. E. Richardson, and K. F. Harvey. 2010. "Upstream regulation of the Hippo size control pathway." *Curr Biol* 20 (13): R574–82. doi: 10.1016/j.cub.2010.05.023.

Guarnieri, D. J., and U. Heberlein. 2003. "*Drosophila melanogaster*, a genetic model system for alcohol research." *Int Rev Neurobiol* 54:199–228. doi: 10.1016/S0074-7742(03)54006-5.

Gubb, D., and A. Garcia-Bellido. 1982. "A genetic analysis of the determination of cuticular polarity during development in *Drosophila melanogaster*." *J Embryol Exp Morphol* 68:37–57. http://dev.biologists.org/content/68/1/37.

Gutierrez, E., D. Wiggins, B. Fielding, and A. P. Gould. 2007. "Specialized hepatocyte-like cells regulate *Drosophila* lipid metabolism." *Nature* 445 (7125): 275–80. doi: 10.1038/nature05382.

Hadorn, E. 1937. "Transplantation of gonads from lethal to normal larvae in *Drosophila melanogaster*." *Proceedings of the Society for Experimental Biology and Medicine* 36(5): 632–34. doi: 10.3181/00379727-36-9338P.

Hahn, I., M. Ronshaugen, N. Sanchez-Soriano, and A. Prokop. 2016. "Functional and Genetic Analysis of Spectraplakins in Drosophila." *Methods Enzymol* 569:373–405. http://doi.org/10.1016/bs.mie.2015.06.022.

Halder, G., P. Callaerts, and W. J. Gehring. 1995. "Induction of ectopic eyes by targeted expression of the *eyeless* gene in *Drosophila*." *Science* 267 (5205): 1788–92. http://doi.org/10.1126/science.7892602.

Han, B. W., and P. D. Zamore. 2014. "piRNAs." *Curr Biol* 24 (16): R730–33. doi: 10.1016/j.cub.2014.07.037.

Hanesch, U., K. F. Fischbach, and M. Heisenberg. 1989. "Neuronal architecture of the central complex in *Drosophila melanogaster*." *Cell and Tissue Research* 257 (2): 343–366. doi: 10.1007/BF00261838.

Hannah-Alava, A. 1958. "Morphology and chaetotaxy of the legs of *Drosophila melanogaster*." *Journal of Morphology* 103 (2): 281–310. doi: 10.1002/jmor.1051030205.

Hannah-Alava, A. 1969. "Localization of *Pc* and *Scx*." *Drosophila Information Service* 44:75–76.

Hanson, F. B. 1928. "The effect of X-rays in producing return gene mutations." *Science* 67 (1744): 562–63. doi: 10.1126/science.67.1744.562.

Hardy, J., and A. Singleton. 2009. "Genomewide association studies and human disease." *N Engl J Med* 360 (17): 1759–68. doi: 10.1056/NEJMra 0808700.

Harel, T., W. H. Yoon, C. Garone, S. Gu, Z. Coban-Akdemir, M. K. Eldomery, J. E. Posey, et al. 2016. "Recurrent de novo and biallelic variation of ATAD3A, encoding a mitochondrial membrane protein, results in distinct neurological syndromes." *Am J Hum Genet* 99 (4): 831–45. doi: 10.1016/j. ajhg.2016.08.007.

Hariharan, I. K. 2015. "Organ size control: lessons from *Drosophila*." *Dev Cell* 34 (3): 255–65. doi: 10.1016/j.devcel.2015.07.012.

Harvey, K. F., C. M. Pfleger, and I. K. Hariharan. 2003. "The *Drosophila* Mst ortholog, *hippo*, restricts growth and cell proliferation and promotes apoptosis." *Cell* 114 (4): 457–67. doi: 10.1016/S0092-8674(03)00557-9.

Haynie, J. L. 1983. "The maternal and zygotic roles of the gene *Polycomb* in embryonic determination in *Drosophila melanogaster*." *Dev Biol* 100 (2): 399–411. doi: 10.1016/0012-1606(83)90234-8.

Hecht, J. T., D. Hogue, L. C. Strong, M. F. Hansen, S. H. Blanton, and M. Wagner. 1995. "Hereditary multiple exostosis and chondrosarcoma: linkage to chromosome II and loss of heterozygosity for EXT-linked markers on chromosomes II and 8." *Am J Hum Genet* 56 (5): 1125–31. https://www.ncbi.nlm.nih.gov/pmc /articles/PMC1801450/.

Hedges, L. M., J. C. Brownlie, S. L. O'Neill, and K. N. Johnson. 2008. "*Wolbachia* and virus protection in insects." *Science* 322 (5902): 702. doi: 10.1126/ science.1162418.

Hemmi, H., T. Kaisho, O. Takeuchi, S. Sato, H. Sanjo, K. Hoshino, T. Horiuchi, H. Tomizawa, K. Takeda, and S. Akira. 2002. "Small anti-viral compounds activate immune cells via the TLR7 MyD88-dependent signaling pathway." *Nat Immunol* 3 (2): 196–200. doi: 10.1038/ni758.

Henderson, D. J., and B. Chaudhry. 2011. "Getting to the heart of planar cell polarity signaling." *Birth Defects Res A Clin Mol Teratol* 91 (6): 460–67. doi: 10.1002/bdra.20792.

Henikoff, S. 2015. "The genetic map enters its second century." *Genetics* 200:671–74. doi: 10.1534/genetics.115.178434.

Herman, M. M., J. Miquel, and M. Johnson. 1971. "Insect brain as a model for the study of aging. Age-related changes in *Drosophila melanogaster*." *Acta Neuropathol* 19 (3): 167–83. doi: 10.1007/BF00684595.

Hilgenboecker, K., P. Hammerstein, P. Schlattmann, A. Telschow, and J. H. Werren. 2008. "How many species are infected with *Wolbachia*?—A statistical analysis of current data." *FEMS Microbiol Lett* 281 (2): 215–20. doi: 10.1111/j.1574 -6968.2008.01110.x.

Hisahara, S., and S. Shimohama. 2010. "Toxin-induced and genetic animal models of Parkinson's disease." *Parkinsons Dis* 2011:951709. doi: 10.4061/2011/951709.

Hoffman-Falk, H., P. Einat, B. Z. Shilo, and F. M. Hoffmann. 1983. "*Drosophila melanogaster* DNA clones homologous to vertebrate oncogenes: evidence for a common ancestor to the *src* and *abl* cellular genes." *Cell* 32 (2): 589–98. doi: 10.1016/0092-8674(83)90478-6.

Hoffmann, A. A., B. L. Montgomery, J. Popovici, I. Iturbe-Ormaetxe, P. H. Johnson, F. Muzzi, M. Greenfield, et al. 2011. "Successful establishment of *Wolbachia* in *Aedes* populations to suppress dengue transmission." *Nature* 476 (7361): 454–57. doi: 10.1038/nature10356.

Hoge, M. A. 1915. "Another gene in the fourth chromosome of *Drosophila*." *American Naturalist* 49:47–49. http://www.jstor.org/stable/2456099.

Holladay, C., M. Kulkarni, W. Minor, and A. Pandit. 2012. "Gene therapy." In *Tissue engineering: principles and practices,* edited by J. P. Fisher, A. G. Mikos, J. D. Bronzino and D. R. Peterson. Boca Raton, FL: CRC Press.

Hollfelder, D., M. Frasch, and I. Reim. 2014. "Distinct functions of the laminin beta LN domain and collagen IV during cardiac extracellular matrix formation and stabilization of alary muscle attachments revealed by EMS mutagenesis in *Drosophila*." *BMC Dev Biol* 14:26. doi: 10.1186/1471-213X-14-26.

Homem, C. C., and J. A. Knoblich. 2012. "*Drosophila* neuroblasts: a model for stem cell biology." *Development* 139 (23): 4297–310. doi: 10.1242/dev.080515.

Homyk, T., Jr., J. Szidonya, and D. T. Suzuki. 1980. "Behavioral mutants of *Drosophila melanogaster*. III. Isolation and mapping of mutations by direct visual observations of behavioral phenotypes." *Mol Gen Genet* 177 (4): 553–65. doi: 10.1007/BF00272663.

Housden, B. E., A. J. Valvezan, C. Kelley, R. Sopko, Y. Hu, C. Roesel, S. Lin, et al. 2015. "Identification of potential drug targets for tuberous sclerosis complex by synthetic screens combining CRISPR-based knockouts with RNAi." *Sci Signal* 8 (393): rs9. doi: 10.1126/scisignal.aab3729.

Hovhannisyan, A., M. Matz, and R. Gebhardt. 2009. "From teratogens to potential therapeutics: natural inhibitors of the Hedgehog signaling network come of age." *Planta Med* 75 (13): 1371–80. doi: 10.1055/s-0029-1185979.

Howard, L. O. 1901. *Mosquitoes; how they live; how they carry disease; how they are classified; how they may be destroyed.* New York: McClure, Phillips.

Hsieh, C. H., A. Shaltouki, A. E. Gonzalez, A. Bettencourt da Cruz, L. F. Burbulla, E. St Lawrence, B. Schule, D. Krainc, T. D. Palmer, and X. Wang. 2016. "Functional impairment in Miro degradation and mitophagy is a shared feature in familial and sporadic Parkinson's disease." *Cell Stem Cell.* 19(6): 709–724. doi: 10.1016/j.stem.2016.08.002.

Huang, X., Y. He, A. M. Dubuc, R. Hashizume, W. Zhang, J. Reimand, H. Yang, et al. 2015. "EAG2 potassium channel with evolutionarily conserved function as a brain tumor target." *Nat Neurosci* 18 (9): 1236–46. doi: 10.1038/nn.4088.

Hughes, C. L., and T. C. Kaufman. 2002. "Exploring the myriapod body plan: expression patterns of the ten Hox genes in a centipede." *Development* 129 (5): 1225–38. http://dev.biologists.org/content/129/5/1225.

Ibarra-Laclette, E., E. Lyons, G. Hernandez-Guzman, C. A. Perez-Torres, L. Carretero-Paulet, T. H. Chang, T. Lan, et al. 2013. "Architecture and evolution of a minute plant genome." *Nature* 498 (7452): 94–98. doi: 10.1038/nature12132.

Ingerson-Mahar, M., A. Briegel, J. N. Werner, G. J. Jensen, and Z. Gitai. 2010. "The metabolic enzyme CTP synthase forms cytoskeletal filaments." *Nat Cell Biol* 12 (8): 739–46. doi: 10.1038/ncb2087.

International Glossina Genome Initiative. 2014. "Genome sequence of the tsetse fly (*Glossina morsitans*): vector of African trypanosomiasis." *Science* 344 (6182): 380–86. doi: 10.1126/science.1249656.

Ishikawa, Y., and A. Kamikouchi. 2015. "Auditory system of fruit flies." *Hear Res.* 338:1–8. doi: 10.1016/j.heares.2015.10.017.

Ito, S., T. Ueda, A. Ueno, H. Nakagawa, H. Taniguchi, N. Kayukawa, and T. Miki. 2014. "A genetic screen in *Drosophila* for regulators of human prostate cancer progression." *Biochem Biophys Res Commun* 451 (4): 548–55. doi: 10.1016/j.bbrc.2014.08.015.

Jackson, G. R., I. Salecker, X. Dong, X. Yao, N. Arnheim, P. W. Faber, M. E. MacDonald, and S. L. Zipursky. 1998. "Polyglutamine-expanded human huntingtin transgenes induce degeneration of *Drosophila* photoreceptor neurons." *Neuron* 21 (3): 633–42. doi: 10.1016/S0896-6273(00)80573-5.

Jacquemont, S., A. Curie, V. des Portes, M. G. Torrioli, E. Berry-Kravis, R. J. Hagerman, F. J. Ramos, et al. 2011. "Epigenetic modification of the *FMR1* gene in Fragile X syndrome is associated with differential response to the mGluR5 antagonist AFQ056." *Sci Transl Med* 3 (64): 64ra1. doi: 10.1126/scitranslmed.3001708.

Jan, L. Y., and Y. N. Jan. 1997. "Voltage-gated and inwardly rectifying potassium channels." *J Physiol* 505 (Pt2):267–82. doi:10.1111/j.1469-7793.1997.267bb.x.

Jansen R., J. D. Embden, W. Gaastra, and L. M. Schouls. 2002. "Identification of genes that are associated with DNA repeats in prokaryotes." *Mol Microbiol.* 43 (6): 1565–75. doi: 10.1046/j.1365-2958.2002.02839.x.

Jeffries, C. L., and T. Walker. 2015. "The potential use of *Wolbachia*-based mosquito biocontrol strategies for Japanese encephalitis." *PLoS Negl Trop Dis* 9 (6): e0003576. doi: 10.1371/journal.pntd.0003576.

Jellinger, K. A. 2013. "The relevance of metals in the pathophysiology of neurodegeneration, pathological considerations." *Int Rev Neurobiol* 110:1–47. doi: 10.1016/B978-0-12-410502-7.00002-8.

Jenett, A., G. M. Rubin, T. T. Ngo, D. Shepherd, C. Murphy, H. Dionne, B. D. Pfeiffer, et al. 2012. "A GAL4-driver line resource for *Drosophila* neurobiology." *Cell Rep* 2 (4): 991–1001. doi: 10.1016/j.celrep. 2012.09.011.

Jiang, H., and B. A. Edgar. 2011. "Intestinal stem cells in the adult *Drosophila* midgut." *Exp Cell Res* 317 (19): 2780–88. doi: 10.1016/j.yexcr.2011.07.020.

Jin, S., S. Martinek, W. S. Joo, J. R. Wortman, N. Mirkovic, A. Sali, M. D. Yandell, N. P. Pavletich, M. W. Young, and A. J. Levine. 2000. "Identification and characterization of a p53 homologue in *Drosophila melanogaster*." *Proc Natl Acad Sci U S A* 97 (13): 7301–6. doi: 10.1073/pnas.97.13.7301.

Jin, Z., A. S. Flynt, and E. C. Lai. 2013. "*Drosophila piwi* mutants exhibit germline stem cell tumors that are sustained by elevated Dpp signaling." *Curr Biol* 23 (15): 1442–48. doi: 10.1016/j.cub.2013.06.021.

Jinek, M., K. Chylinski, I. Fonfara, M. Hauer, J. A. Doudna, and E. Charpentier. 2012. "A programmable dual-RNA-guided DNA endonuclease in adaptive bacterial immunity." *Science* 337 (6096): 816–21. doi: 10.1126/science.1225829.

Johnson, R., and G. Halder. 2014. "The two faces of Hippo: targeting the Hippo pathway for regenerative medicine and cancer treatment." *Nat Rev Drug Discov* 13 (1): 63–79. doi: 10.1038/nrd4161.

Johnson, R. L., A. L. Rothman, J. Xie, L. V. Goodrich, J. W. Bare, J. M. Bonifas, A. G. Quinn, et al. 1996. "Human homolog of *patched*, a candidate gene for the basal cell nevus syndrome." *Science* 272 (5268): 1668–71. doi: 10.1126/science.272.5268.1668.

Johnston, L. A., D. A. Prober, B. A. Edgar, R. N. Eisenman, and P. Gallant. 1999. "*Drosophila myc* regulates cellular growth during development." *Cell* 98 (6): 779–90. doi: 10.1016/S0092-8674(00)81512-3.

Jousset, F. X., M. Bergoin, and B. Revet. 1977. "Characterization of the *Drosophila* C virus." *J Gen Virol* 34 (2): 269–83. doi: 10.1099/0022-1317-34-2-269.

Juraeva, D., J. Treutlein, H. Scholz, J. Frank, F. Degenhardt, S. Cichon, M. Ridinger, et al. 2015. "XRCC5 as a risk gene for alcohol dependence: evidence from a genome-wide gene-set-based analysis and follow-up studies in *Drosophila* and humans." *Neuropsychopharmacology* 40 (2): 361–71. doi: 10.1038/npp.2014.178.

Justice, R. W., O. Zilian, D. F. Woods, M. Noll, and P. J. Bryant. 1995. "The *Drosophila* tumor suppressor gene *warts* encodes a homolog of human myotonic dystrophy kinase and is required for the control of cell shape and proliferation." *Genes Dev* 9 (5): 534–46. doi: 10.1101/gad.9.5.534.

Kacsoh, B. Z., J. Bozler, M. Ramaswami, and G. Bosco. 2015. "Social communication of predator-induced changes in *Drosophila* behavior and germ line physiology." *Elife* 4: e07423. doi: 10.7554/eLife.07423.

Kacsoh, B. Z., Z. R. Lynch, N. T. Mortimer, and T. A. Schlenke. 2013. "Fruit flies medicate offspring after seeing parasites." *Science* 339 (6122): 947–50. doi: 10.1126/science.1229625.

Kain, J. S., C. Stokes, and B. L. de Bivort. 2012. "Phototactic personality in fruit flies and its suppression by serotonin and *white*." *Proc Natl Acad Sci U S A* 109 (48): 19834–39. doi: 10.1073/pnas.1211988109.

Kanatsu-Shinohara, M., K. Inoue, S. Takashima, M. Takehashi, H. Ogonuki, H. Morimoto, T. Nagasawa, A. Ogura, and T. Shinohara. 2012. "Reconstitution of mouse spermatogonial stem cell niches in culture." *Cell Stem Cell* 11 (4): 567–78. doi: 10.1016/j.stem.2012.06.011.

Kango-Singh, M., R. Nolo, C. Tao, P. Verstreken, P. R. Hiesinger, H. J. Bellen, and G. Halder. 2002. "Shar-pei mediates cell proliferation arrest during imaginal disc growth in *Drosophila*." *Development* 129 (24): 5719–30. doi: 10.1242/dev.00168.

Kaplan, W. D., and W. E. Trout, 3rd. 1969. "The behavior of four neurological mutants of *Drosophila*." *Genetics* 61 (2): 399–409. http://www.genetics.org/content/61/2/399.

Kasuya, J., H. Ishimoto, and T. Kitamoto. 2009. "Neuronal mechanisms of learning and memory revealed by spatial and temporal suppression of neurotransmission using *shibire*, a temperature-sensitive dynamin mutant gene in *Drosophila melanogaster*." *Front Mol Neurosci* 2:11. doi: 10.3389/neuro.02.011.2009.

Katzenberger, R. J., B. Ganetzky, and D. A. Wassarman. 2015. "The gut reaction to traumatic brain injury." *Fly (Austin)* 9 (2): 68–74. doi: 10.1080/19336934.2015.1085623.

Katzenberger, R. J., C. A. Loewen, R. T. Bockstruck, M. A. Woods, B. Ganetzky, and D. A. Wassarman. 2015. "A method to inflict closed head traumatic brain injury in *Drosophila*." *J Vis Exp* (100): e52905. doi: 10.3791/52905.

Katzenberger, R. J., C. A. Loewen, D. R. Wassarman, A. J. Petersen, B. Ganetzky, and D. A. Wassarman. 2013. "A *Drosophila* model of closed head traumatic brain injury." *Proc Natl Acad Sci U S A* 110 (44): E4152–59. doi: 10.1073/pnas.1316895110.

Kaufman, T. C. 2017. "A short history and description of *Drosophila melanogaster* classical genetics: chromosome aberrations, forward genetic screens, and the nature of mutations." *Genetics* 206 (2): 665–689. doi: 10.1534/genetics.117.199950.

Kaun, K. R., A. V. Devineni, and U. Heberlein. 2012. "*Drosophila melanogaster* as a model to study drug addiction." *Hum Genet* 131 (6): 959–75. doi: 10.1007/s00439-012-1146-6.

Keebaugh, E. S., and T. A. Schlenke. 2014. "Insights from natural host-parasite interactions: the *Drosophila* model." *Dev Comp Immunol* 42 (1): 111–23. doi: 10.1016/j.dci.2013.06.001.

Kennerdell, J. R., and R. W. Carthew. 2000. "Heritable gene silencing in Drosophila using double-stranded RNA." *Nat Biotechnol* 18 (8): 896–98. doi: 10.1038/78531.

Kibar, Z., S. Salem, C. M. Bosoi, E. Pauwels, P. De Marco, E. Merello, A. G. Bassuk, V. Capra, and P. Gros. 2011. "Contribution of VANGL2 mutations to isolated neural tube defects." *Clin Genet* 80 (1): 76–82. doi: 10.1111/j.1399-0004.2010.01515.x.

Kibar, Z., E. Torban, J. R. McDearmid, A. Reynolds, J. Berghout, M. Mathieu, I. Kirillova, et al. 2007. "Mutations in VANGL1 associated with neural-tube defects." *N Engl J Med* 356 (14): 1432–37. doi: 10.1056/NEJMoa060651.

Kibar, Z., K. J. Vogan, N. Groulx, M. J. Justice, D. A. Underhill, and P. Gros. 2001. "Ltap, a mammalian homolog of *Drosophila* Strabismus/Van Gogh, is altered in the mouse neural tube mutant Loop-tail." *Nat Genet* 28 (3): 251–55. doi: 10.1038/90081.

Kiger, A. A., B. Baum, S. Jones, M. R. Jones, A. Coulson, C. Echeverri, and N. Perrimon. 2003. "A functional genomic analysis of cell morphology using RNA interference." *J Biol* 2 (4): 27. doi: 10.1186/1475-4924-2-27.

Kiger, A. A., D. L. Jones, C. Schulz, M. B. Rogers, and M. T. Fuller. 2001. "Stem cell self-renewal specified by JAK-STAT activation in response to a support cell cue." *Science* 294 (5551): 2542–45. doi: 10.1126/science.1066707.

Kilbey, B. J., D. J. MacDonald, C. Auerbach, F. H. Sobels, and E. W. Vogel. 1981. "The use of *Drosophila melanogaster* in tests for environmental mutagens." *Mutat Res* 85 (3): 141–46. doi: 10.1016/0165-1161(81)90029-7.

King, L. B., M. Koch, K. R. Murphy, Y. Velazquez, W. W. Ja, and S. M. Tomchik. 2016. "Neurofibromin loss of function drives excessive grooming in *Drosophila*." *G3 (Bethesda)* 6 (4): 1083–93. doi: 10.1534/g3.115.026484.

Kitada, T., S. Asakawa, N. Hattori, H. Matsumine, Y. Yamamura, S. Minoshima, M. Yokochi, Y. Mizuno, and N. Shimizu. 1998. "Mutations in the parkin gene cause autosomal recessive juvenile parkinsonism." *Nature* 392 (6676): 605–8. doi: 10.1038/33416.

Kitamoto, T. 2001. "Conditional modification of behavior in *Drosophila* by targeted expression of a temperature-sensitive shibire allele in defined neurons." *J Neurobiol* 47 (2): 81–92. doi: 10.1002/neu.1018.

Koana, T., M. O. Okada, M. Ikehata, and M. Nakagawa. 1997. "Increase in the mitotic recombination frequency in *Drosophila melanogaster* by magnetic field exposure and its suppression by vitamin E supplement." *Mutat Res* 373 (1): 55–60. doi: 10.1016/S0027-5107(96)00188-1.

Kohler, Robert E. 1994. *Lords of the fly: Drosophila genetics and the experimental life*. Chicago: University of Chicago Press.

Kolch, W., A. Kotwaliwale, K. Vass, and P. Janosch. 2002. "The role of Raf kinases in malignant transformation." *Expert Rev Mol Med* 4 (8): 1–18. doi: 10.1017/S1462399402004386.

Kongsuwan, K., Q. Yu, A. Vincent, M. C. Frisardi, M. Rosbash, J. A. Lengyel, and J. Merriam. 1985. "A *Drosophila Minute* gene encodes a ribosomal protein." *Nature* 317 (6037): 555–58. doi: 10.1038/317555a0.

Konopka, R. J., and S. Benzer. 1971. "Clock mutants of *Drosophila melanogaster*." *Proc Natl Acad Sci U S A* 68 (9): 2112–16. http://www.pnas.org/content/68/9/2112.

Korbel, J. O., T. Tirosh-Wagner, A. E. Urban, X. N. Chen, M. Kasowski, L. Dai, F. Grubert, et al. 2009. "The genetic architecture of Down syndrome phenotypes revealed by high-resolution analysis of human segmental trisomies." *Proc Natl Acad Sci U S A* 106 (29): 12031–36. doi: 10.1073/pnas.0813248106.

Koundakjian, E. J., D. M. Cowan, R. W. Hardy, and A. H. Becker. 2004. "The Zuker collection: a resource for the analysis of autosomal gene function in *Drosophila melanogaster*." *Genetics* 167 (1): 203–6. doi: 10.1534/genetics.167.1.203.

Kraaijeveld, A. R., and H. C. Godfray. 2009. "Evolution of host resistance and parasitoid counter-resistance." *Adv Parasitol* 70:257–80. doi: 10.1016/S0065-308X(09)70010-7.

Krstic, D., W. Boll, and M. Noll. 2013. "Influence of the White locus on the courtship behavior of *Drosophila* males." *PLoS One* 8 (10): e77904. doi: 10.1371/journal.pone.0077904.

Kumar, D. K., S. H. Choi, K. J. Washicosky, W. A. Eimer, S. Tucker, J. Ghofrani, A. Lefkowitz, et al. 2016. "Amyloid-beta peptide protects against microbial infection in mouse and worm models of Alzheimer's disease." *Sci Transl Med* 8 (340): 340ra72. doi: 10.1126/scitranslmed.aaf1059.

Kwon, Y., A. Vinayagam, X. Sun, N. Dephoure, S. P. Gygi, P. Hong, and N. Perrimon. 2013. "The Hippo signaling pathway interactome." *Science* 342 (6159): 737–40. doi: 10.1126/science.1243971.

Lack, J. B., C. M. Cardeno, M. W. Crepeau, W. Taylor, R. B. Corbett-Detig, K. A. Stevens, C. H. Langley, and J. E. Pool. 2015. "The *Drosophila* genome nexus: a population genomic resource of 623 *Drosophila melanogaster* genomes, including 197 from a single ancestral range population." *Genetics* 199 (4): 1229–41. doi: 10.1534/genetics.115.174664.

Lack, J. B., A. Yassin, Q. D. Sprengelmeyer, E. J. Johanning, J. R. David, and J. E. Pool. 2016. "Life history evolution and cellular mechanisms associated with increased size in high-altitude *Drosophila*." *Ecol Evol* 6 (16): 5893–906. doi: 10.1002/ece3.2327.

Lack, J. B., J. D. Lange, A. B. Tang, R. B. Corbett-Detig, and J. E. Pool. 2016. "A thousand fly genomes: an expanded *Drosophila* genome nexus." *bioRxiv*. doi: 10.1101/063537.

Lauth, M., A. Bergstrom, T. Shimokawa, and R. Toftgard. 2007. "Inhibition of GLI-mediated transcription and tumor cell growth by small-molecule antagonists." *Proc Natl Acad Sci U S A* 104 (20): 8455–60. doi: 10.1073/pnas.0609699104.

Lawrence, P. A. 1966. "Gradients in the insect segment: the orientation of hairs in the milkweed bug *Oncopeltus fasciatus*." *Journal of Experimental Biology* 44 (3): 607. http://jeb.biologists.org/content/44/3/607.

Lawrence, P. A. 1992. *The making of a fly: the genetics of animal design*. Oxford; Boston: Blackwell Scientific Publications.

Lawrence, P. A., and J. Casal. 2013. "The mechanisms of planar cell polarity, growth and the Hippo pathway: some known unknowns." *Dev Biol* 377 (1): 1–8. doi: 10.1016/j.ydbio.2013.01.030.

Lawrence, P. A., J. Casal, and G. Struhl. 2004. "Cell interactions and planar polarity in the abdominal epidermis of *Drosophila*." *Development* 131 (19): 4651–64. doi: 10.1242/dev.01351.

Le Mouellic, H., Y. Lallemand, and P. Brulet. 1992. "Homeosis in the mouse induced by a null mutation in the *Hox-3.1* gene." *Cell* 69 (2): 251–64. doi: 10.1016/0092-8674(92)90406-3.

Lee, H. G., Y. C. Kim, J. S. Dunning, and K. A. Han. 2008. "Recurring ethanol exposure induces disinhibited courtship in *Drosophila*." *PLoS One* 3 (1): e1391. doi: 10.1371/journal.pone.0001391.

Leibovitch, B. A., D. B. Campbell, K. S. Krishnan, and H. A. Nash. 1995. "Mutations that affect ion channels change the sensitivity of *Drosophila melanogaster* to volatile anesthetics." *J Neurogenet* 10 (1): 1–13. doi: 10.3109/01677069509083455.

Lemaitre, B., and I. Miguel-Aliaga. 2013. "The digestive tract of *Drosophila melanogaster*." *Annu Rev Genet* 47:377–404. doi: 10.1146/annurev-genet-111212-133343.

Lenz, S., P. Karsten, J. B. Schulz, and A. Voigt. 2013. "*Drosophila* as a screening tool to study human neurodegenerative diseases." *J Neurochem* 127 (4): 453–60. doi: 10.1111/jnc.12446.

Lessa, F. C., Y. Mu, W. M. Bamberg, Z. G. Beldavs, G. K. Dumyati, J. R. Dunn, M. M. Farley, et al. 2015. "Burden of *Clostridium difficile* infection in the United States." *N Engl J Med* 372 (9): 825–34. doi: 10.1056/NEJMoa1408913.

Lewis, E. B. 1956. "New mutants report." *Drosophila Information Service* 30:76–77.

Lewis, E. B. 1978. "A gene complex controlling segmentation in *Drosophila*." *Nature* 276 (5688): 565–70. doi: 10.1038/276565a0.

Lewis, E. B. 1982. "Control of body segment differentiation in *Drosophila* by the *bithorax* gene complex." *Prog Clin Biol Res* 85 Pt A:269–88.

Lewis, E. B. 1994. "Homeosis: the first 100 years." *Trends Genet* 10 (10): 341–43. doi: 10.1016/0168-9525(94)90117-1.

Lewis, E. B., and Bacher, F. 1968. "Method of feeding ethyl methane sulfonate (EMS) to *Drosophila* males." *Drosophila Information Service* 43:193.

Lewis, P. H. 1947. "New mutants report." *Drosophila Information Service* 21:69.

Li, J., W. Zhang, Z. Guo, S. Wu, L. Y. Jan, and Y. N. Jan. 2016. "A defensive kicking behavior in response to mechanical stimuli mediated by *Drosophila* wing margin bristles." *J Neurosci* 36 (44): 11275–82. doi: 10.1523/jneurosci.1416-16.2016.

Li, T., N. Giagtzoglou, D. F. Eberl, S. N. Jaiswal, T. Cai, D. Godt, A. K. Groves, and H. J. Bellen. 2016. "The E3 ligase Ubr3 regulates Usher syndrome and *MYH9* disorder proteins in the auditory organs of *Drosophila* and mammals." *Elife* 5:e15258. doi: 10.7554/eLife.15258.

Liao, T. S., G. B. Call, P. Guptan, A. Cespedes, J. Marshall, K. Yackle, E. Owusu-Ansah, et al. 2006. "An efficient genetic screen in *Drosophila* to identify nuclear-encoded genes with mitochondrial function." *Genetics* 174 (1): 525–33. doi: 10.1534/genetics.106.061705.

Lima, S. Q., and G. Miesenböck. 2005. "Remote control of behavior through genetically targeted photostimulation of neurons." *Cell* 121 (1): 141–52. doi: 10.1016/j.cell.2005.02.004.

Lin, H. 2002. "The stem-cell niche theory: lessons from flies." *Nat Rev Genet* 3 (12): 931–40. doi: 10.1038/nrg952.

Lin, H., and A. C. Spradling. 1993. "Germline stem cell division and egg chamber development in transplanted *Drosophila* germaria." *Dev Biol* 159 (1): 140–52. doi: 10.1006/dbio.1993.1228.

Lin, S., B. Ewen-Campen, X. Ni, B. E. Housden, and N. Perrimon. 2015. "In vivo transcriptional activation using CRISPR/Cas9 in *Drosophila*." *Genetics* 201 (2): 433–42. doi: 10.1534/genetics.115.181065.

Lindsley, D. L., E. H. Grell, and C. B. Bridges. 1967. *Genetic variations of Drosophila melanogaster.* Carnegie Institution of Washington Publication. Washington, DC: Carnegie Intstitution of Washington.

Lindsley, D. L. and G. G. Zimm. 1992. *The genome of Drosophila melanogaster.* San Diego: Academic Press.

Lipshitz, H. D. 2005. "From fruit flies to fallout: Ed Lewis and his science." *Dev Dyn* 232 (3): 529–46. doi: 10.1002/dvdy.20332.

Liu, J. L. 2010. "Intracellular compartmentation of CTP synthase in *Drosophila*." *J Genet Genomics* 37 (5): 281–96. doi: 10.1016/S1673-8527(09)60046-1.

Liu, L., Y. Li, R. Wang, C. Yin, Q. Dong, H. Hing, C. Kim, and M. J. Welsh. 2007. "*Drosophila* hygrosensation requires the TRP channels *water witch* and *nanchung*." *Nature* 450 (7167): 294–98. doi: 10.1038/nature06223.

Lu, X., and C. W. Sipe. 2016. "Developmental regulation of planar cell polarity and hair-bundle morphogenesis in auditory hair cells: lessons from human and mouse genetics." *Wiley Interdiscip Rev Dev Biol* 5 (1): 85–101. doi: 10.1002/wdev.202.

Lum, L., S. Yao, B. Mozer, A. Rovescalli, D. Von Kessler, M. Nirenberg, and P. A. Beachy. 2003. "Identification of Hedgehog pathway components by RNAi in *Drosophila* cultured cells." *Science* 299 (5615): 2039–45. doi: 10.1126/science.1081403.

Lumpkin, E. A., K. L. Marshall, and A. M. Nelson. 2010. "The cell biology of touch." *J Cell Biol* 191 (2): 237–48. doi: 10.1083/jcb.201006074.

Mackay, T. F., S. Richards, E. A. Stone, A. Barbadilla, J. F. Ayroles, D. Zhu, S. Casillas, et al. 2012. "The *Drosophila melanogaster* Genetic Reference Panel." *Nature* 482 (7384): 173–78. doi: 10.1038/nature10811.

Madabattula, S. T., J. C. Strautman, A. M. Bysice, J. A. O'Sullivan, A. Androschuk, C. Rosenfelt, K. Doucet, G. Rouleau, and F. Bolduc. 2015. "Quantitative analysis of climbing defects in a *Drosophila* model of neurodegenerative disorders." *J Vis Exp* (100): e52741. doi: 10.3791/52741.

Maheshwari, M., S. Bhutani, A. Das, R. Mukherjee, A. Sharma, Y. Kino, N. Nukina, and N. R. Jana. 2014. "Dexamethasone induces heat shock response and slows down disease progression in mouse and fly models of Huntington's disease." *Hum Mol Genet* 23 (10): 2737–51. doi: 10.1093/hmg/ddt667.

Maheshwari, P., and G. D. Eslick. 2015. "Bacterial infection and Alzheimer's disease: a meta-analysis." *J Alzheimers Dis* 43 (3): 957–66. doi: 10.3233/JAD-140621.

Mali, P., L. Yang, K. M. Esvelt, J. Aach, M. Guell, J. E. DiCarlo, J. E. Norville, and G. M. Church. 2013. "RNA-guided human genome engineering via Cas9." *Science* 339 (6121): 823–26. doi: 10.1126/science.1232033.

Marcos, R., and E. R. Carmona. 2013. "The wing-spot and the comet tests as useful assays detecting genotoxicity in *Drosophila*." *Methods Mol Biol* 1044:417–27. doi: 10.1007/978-1-62703-529-3_23.

Mark, G. E., R. J. MacIntyre, M. E. Digan, L. Ambrosio, and N. Perrimon. 1987. "*Drosophila melanogaster* homologs of the raf oncogene." *Mol Cell Biol* 7 (6): 2134–40. doi: 10.1128/MCB.7.6.2134.

Markstein, M., S. Dettorre, J. Cho, R. A. Neumüller, S. Craig-Muller, and N. Perrimon. 2014. "Systematic screen of chemotherapeutics in *Drosophila* stem cell tumors." *Proc Natl Acad Sci U S A* 111 (12): 4530–35. doi: 10.1073/pnas.1401160111.

Marshak-Rothstein, A. 2006. "Toll-like receptors in systemic autoimmune disease." *Nat Rev Immunol* 6 (11): 823–35. doi: 10.1038/nri1957.

Marshall, S. A. 2006. *Insects: their natural history and diversity: with a photographic guide to insects of eastern North America.* Buffalo, NY: Firefly Books.

Martin, F., T. Boto, C. Gomez-Diaz, and E. Alcorta. 2013. "Elements of olfactory reception in adult *Drosophila melanogaster*." *Anat Rec (Hoboken)* 296 (9): 1477–88. doi: 10.1002/ar.22747.

Martinelli, G., V. G. Oehler, C. Papayannidis, R. Courtney, M. N. Shaik, X. Zhang, A. O'Connell, et al. 2015. "Treatment with PF-04449913, an oral smoothened antagonist, in patients with myeloid malignancies: a phase 1 safety and pharmacokinetics study." *Lancet Haematology* 2 (8): e339-e346. doi: 10.1016/S2352-3026(15)00096-4.

Mathews, K. W., M. Cavegn, and M. Zwicky. 2017. "Sexual dimorphism of body size is controlled by dosage of the X-chromosomal gene *Myc* and by the sex-determining gene *tra* in *Drosophila*." *Genetics* 205 (3): 1215–28. doi: 10.1534/genetics.116.192260.

Mathieson, I., I. Lazaridis, N. Rohland, S. Mallick, N. Patterson, S. A. Roodenberg, E. Harney, et al. 2015. "Genome-wide patterns of selection in 230 ancient Eurasians." *Nature* 528 (7583): 499–503. doi: 10.1038/nature16152.

Matthews, B. B., G. dos Santos, M. A. Crosby, D. B. Emmert, S. E. St Pierre, L. S. Gramates, P. Zhou, et al. 2015. "Gene model annotations for *Drosophila melanogaster*: impact of high-throughput data." *G3 (Bethesda)* 5 (8): 1721–36. doi: 10.1534/g3.115.018929.

McBride, S. M., C. H. Choi, Y. Wang, D. Liebelt, E. Braunstein, D. Ferreiro, A. Sehgal, et al. 2005. "Pharmacological rescue of synaptic plasticity, courtship behavior, and mushroom body defects in a *Drosophila* model of fragile X syndrome." *Neuron* 45 (5): 753–64. doi: 10.1016/j.neuron.2005.01.038.

McGinnis, W. 1994. "A century of homeosis, a decade of homeoboxes." *Genetics* 137 (3): 607–11. https://www.ncbi.nlm.nih.gov/pmc/articles/PMC1206020/.

McGinnis, W., R. L. Garber, J. Wirz, A. Kuroiwa, and W. J. Gehring. 1984. "A homologous protein-coding sequence in *Drosophila* homeotic genes and its conservation in other metazoans." *Cell* 37 (2): 403–8. doi: 10.1016/0092-8674 (84)90370-2.

McGinnis, W., M. S. Levine, E. Hafen, A. Kuroiwa, and W. J. Gehring. 1984. "A conserved DNA sequence in homoeotic genes of the *Drosophila* Antennapedia and bithorax complexes." *Nature* 308 (5958): 428–33. doi: 10.1038/308428a0.

Meister, M., and M. Lagueux. 2003. "*Drosophila* blood cells." *Cell Microbiol* 5 (9): 573–80. doi: 10.1046/j.1462-5822.2003.00302.x.

Melander, A. L. 1914. "Can Insects become resistant to sprays?" *Journal of Economic Entomology* 7 (2): 167. doi: 10.1093/jee/7.2.167.

Merchant, A., G. Joseph, Q. Wang, S. Brennan, and W. Matsui. 2010. "Gli1 regulates the proliferation and differentiation of HSCs and myeloid progenitors." *Blood* 115 (12): 2391–96. doi: 10.1182/blood-2009-09-241703.

Merino, M. M., C. Rhiner, J. M. Lopez-Gay, D. Buechel, B. Hauert, and E. Moreno. 2015. "Elimination of unfit cells maintains tissue health and prolongs lifespan." *Cell* 160 (3): 461–76. doi: 10.1016/j.cell.2014.12.017.

Merz, B. 1989. "Walking, jumping, collaboration, and competition characterize race to cystic fibrosis gene." *JAMA* 262 (12): 1573–74. doi: 10.1001/jama.1989.03430120023006.

Milan, N. F., B. Z. Kacsoh, and T. A. Schlenke. 2012. "Alcohol consumption as self-medication against blood-borne parasites in the fruit fly." *Curr Biol* 22 (6): 488–93. doi: 10.1016/j.cub.2012.01.045.

Miller, C. 2000. "An overview of the potassium channel family." *Genome Biol* 1 (4): reviews0004. doi: 10.1186/gb-2000-1-4-reviews0004.

Mirth, C. K., and A. W. Shingleton. 2012. "Integrating body and organ size in *Drosophila*: recent advances and outstanding problems." *Front Endocrinol (Lausanne)* 3:49. doi: 10.3389/fendo.2012.00049.

Mitchell, C. L., R. D. Yeager, Z. J. Johnson, S. E. D'Annunzio, K. R. Vogel, and T. Werner. 2015. "Long-term resistance of *Drosophila melanogaster* to the mushroom toxin alpha-amanitin." *PLoS One* 10 (5): e0127569. doi: 10.1371/journal.pone.0127569.

Moberg, K. H., D. W. Bell, D. C. Wahrer, D. A. Haber, and I. K. Hariharan. 2001. "Archipelago regulates Cyclin E levels in *Drosophila* and is mutated in human cancer cell lines." *Nature* 413 (6853): 311–16. doi: 10.1038/35095068.

modENCODE Consortium, S. Roy, J. Ernst, P. V. Kharchenko, P. Kheradpour, N. Negre, M. L. Eaton, et al. 2010. "Identification of functional elements and regulatory circuits by *Drosophila* modENCODE." *Science* 330 (6012): 1787–97. doi: 10.1126/science.1198374.

Mohammad, F., S. Aryal, J. Ho, J. C. Stewart, N. A. Norman, T. L. Tan, A. Eisaka, and A. Claridge-Chang. 2016. "Ancient anxiety pathways influence *Drosophila* defense behaviors." *Curr Biol* 26 (7): 981–86. doi: 10.1016/j.cub.2016.02.031.

Montcouquiol, M., R. A. Rachel, P. J. Lanford, N. G. Copeland, N. A. Jenkins, and M. W. Kelley. 2003. "Identification of *Vangl2* and *Scrb1* as planar polarity genes in mammals." *Nature* 423 (6936): 173–77. doi: 10.1038/nature01618.

Montell, C. and G. M. Rubin. 1989. "Molecular characterization of the *Drosophila* *trp* locus: a putative integral membrane protein required for phototransduction." *Neuron* 2(4): 1313–23. doi: 10.1016/0896-6273(89)90069-X.

Montell, C. 2009. "A taste of the *Drosophila* gustatory receptors." *Curr Opin Neurobiol* 19 (4): 345–53. doi: 10.1016/j.conb.2009.07.001.

Montell, C. 2011. "The history of TRP channels, a commentary and reflection." *Pflugers Arch* 461 (5): 499–506. doi: 10.1007/s00424-010-0920-3.

Montell, C. 2012. "*Drosophila* visual transduction." *Trends Neurosci* 35 (6): 356–63. doi: 10.1016/j.tins.2012.03.004.

Moore, M. S., J. DeZazzo, A. Y. Luk, T. Tully, C. M. Singh, and U. Heberlein. 1998. "Ethanol intoxication in *Drosophila*: genetic and pharmacological evidence for regulation by the cAMP signaling pathway." *Cell* 93 (6): 997–1007. doi: 10.1016/S0092-8674(00)81205-2.

Moraes, F., and A. Goes. 2016. "A decade of human genome project conclusion: scientific diffusion about our genome knowledge." *Biochem Mol Biol Educ* 44 (3): 215–23. doi: 10.1002/bmb.20952.

Morata, G., and P. Ripoll. 1975. "Minutes: mutants of *Drosophila* autonomously affecting cell division rate." *Dev Biol* 42 (2): 211–21. doi: 10.1016/0012-1606(75)90330-9.

Moreira, L. A., I. Iturbe-Ormaetxe, J. A. Jeffery, G. Lu, A. T. Pyke, L. M. Hedges, B. C. Rocha,. 2009. "A *Wolbachia* symbiont in *Aedes aegypti* limits infection with dengue, Chikungunya, and *Plasmodium*." *Cell* 139 (7): 1268–78. doi: 10.1016/j.cell.2009.11.042.

Moreno, E., K. Basler, and G. Morata. 2002. "Cells compete for Decapentaplegic survival factor to prevent apoptosis in *Drosophila* wing development." *Nature* 416 (6882): 755–59. doi: 10.1038/416755a.

Morgan, T. H. 1910. "Sex limited inheritance in *Drosophila*." *Science* 32 (812): 120–22. doi: 10.1126/science.32.812.120.

Morgan, T. H. 1915. "The infertility of rudimentary winged females of *Drosophila* ampelophila." *American Naturalist* 49 (580): 240–50. http://www.jstor.org/stable/2455970.

Morgan, T. H. 1964. *The theory of the gene: Yale University Mrs. Hepsa Ely Silliman memorial lectures.* New York: Hafner.

Moroishi, T., C. G. Hansen, and K. L. Guan. 2015. "The emerging roles of YAP and TAZ in cancer." *Nat Rev Cancer* 15 (2): 73–79. doi: 10.1038/nrc3876.

Morton, R. A. 1993. "Evolution of *Drosophila* insecticide resistance." *Genome* 36 (1): 1–7. doi: 10.1139/g93-001.

Mozgova, I., and L. Hennig. 2015. "The Polycomb group protein regulatory network." *Annu Rev Plant Biol* 66:269–96. doi: 10.1146/annurev-arplant-043014-115627.

Mueller, L. D., P. Shahrestani, C. L. Rauser, and M. R. Rose. 2016. "The death spiral: predicting death in *Drosophila* cohorts." *Biogerontology* 17 (5–6): 805–16. doi: 10.1007/s10522-016-9639-7.

Muller, H. J. 1925. "The regionally differential effect of X rays on crossing over in autosomes of *Drosophila*." *Genetics* 10 (5): 470–507. https://www.ncbi.nlm.nih.gov/pmc/articles/PMC1200874/.

Muller, H. J. 1927. "Artificial transmutation of the gene." *Science* 66 (1699): 84–87. doi: 10.1126/science.66.1699.84.

Muller, H. J. 1928. "The measurement of gene mutation rate in *Drosophila*, its high variability, and its dependence upon temperature." *Genetics* 13 (4): 279–357. http://www.genetics.org/content/13/4/279.

Muller, H. J. 1949. "Progress and prospects in human genetics." *Am J Hum Genet* 1 (1): 1–18. https://www.ncbi.nlm.nih.gov/pmc/articles/PMC1716285/.

Muller, P., D. Kuttenkeuler, V. Gesellchen, M. P. Zeidler, and M. Boutros. 2005. "Identification of JAK/STAT signalling components by genome-wide RNA interference." *Nature* 436 (7052): 871–75. doi: 10.1038/nature03869.

Munoz-Soriano, V., Y. Belacortu, and N. Paricio. 2012. "Planar cell polarity signaling in collective cell movements during morphogenesis and disease." *Curr Genomics* 13 (8): 609–22. doi: 10.2174/138920212803759721.

Murthy, M. 2010. "Unraveling the auditory system of *Drosophila*." *Curr Opin Neurobiol* 20 (3): 281–87. doi: 10.1016/j.conb.2010.02.016.

Navrotskaya, V., G. Oxenkrug, L. Vorobyova, and P. Summergrad. 2016. "Attenuation of high sucrose diet-induced insulin resistance in ABC transporter deficient *white* mutant of *Drosophila melanogaster*." *Integr Obes Diabetes* 2 (2): 187–90. 10.15761/IOD.1000142.

Neckameyer, W. S., and P. Bhatt. 2016. "Protocols to study behavior in *Drosophila*." *Methods Mol Biol* 1478:303–20. doi: 10.1007/978-1-4939-6371-3-19.

Neher, E., B. Sakmann, and J. H. Steinbach. 1978. "The extracellular patch clamp: a method for resolving currents through individual open channels in biological membranes." *Pflügers Arch* 375 (2): 219–28. doi: 10.1007/BF00584247.

Neumüller, R. A., C. Richter, A. Fischer, M. Novatchkova, K. G. Neumüller, and J. A. Knoblich. 2011. "Genome-wide analysis of self-renewal in *Drosophila* neural stem cells by transgenic RNAi." *Cell Stem Cell* 8 (5): 580–93. doi: 10.1016/j.stem.2011.02.022.

Nilius, B., T. Voets, and J. Peters. 2005. "TRP channels in disease." *Sci STKE* 2005 (295): re8. doi: 10.1126/stke.2952005re8.

Nix, N. M., O. Burdine, and M. Walker. 2014. "Vismodegib: first-in-class Hedgehog pathway inhibitor for metastatic or locally advanced basal cell carcinoma." *J Adv Pract Oncol* 5 (4): 294–96. doi: 10.6004/jadpro.2014.5.4.7.

Nobel Media. 2016. "The Nobel Prize in Physiology or Medicine 1933." Accessed September 7. http://www.nobelprize.org/nobel_prizes/medicine/laureates /1933/.

Nobel Media. 2017. "The Nobel Prize in Physiology or Medicine 2017." Accessed October 2. https://www.nobelprize.org/nobel_prizes/medicine/laureates /2017/.

Noree, C., B. K. Sato, R. M. Broyer, and J. E. Wilhelm. 2010. "Identification of novel filament-forming proteins in *Saccharomyces cerevisiae* and *Drosophila melanogaster.*" *J Cell Biol* 190 (4): 541–51. doi: 10.1083/jcb.201003001.

Ntziachristos, P., J. S. Lim, J. Sage, and I. Aifantis. 2014. "From fly wings to targeted cancer therapies: a centennial for Notch signaling." *Cancer Cell* 25 (3): 318–34. doi: 10.1016/j.ccr.2014.02.018.

Nussbaum, R. L. 1998. "Putting the Parkin into Parkinson's." *Nature* 392 (6676): 544–45. doi: 10.1038/33271.

Nüsslein-Volhard, C. 1977. "Genetic analysis of pattern-formation in the embryo of *Drosophila melanogaster*: characterization of the maternal-effect mutant *Bicaudal.*" *Wilehm Roux Arch Dev Biol* 183 (3): 249–268. doi: 10.1007/ BF00867325.

Nüsslein-Volhard, C., and E. Wieschaus. 1980. "Mutations affecting segment number and polarity in *Drosophila.*" *Nature* 287 (5785): 795–801. doi: 10.1038/287795a0.

Nutt, J. G., and G. F. Wooten. 2005. "Clinical practice: diagnosis and initial management of Parkinson's disease." *N Engl J Med* 353 (10): 1021–27. doi: 10.1056/NEJMcp043908.

Nybakken, K., S. A. Vokes, T. Y. Lin, A. P. McMahon, and N. Perrimon. 2005. "A genome-wide RNA interference screen in *Drosophila melanogaster* cells for new components of the Hh signaling pathway." *Nat Genet* 37 (12): 1323–32. doi: 10.1038/ng1682.

Oba, Y., M. Ojika, and S. Inouye. 2004. "Characterization of *CG6178* gene product with high sequence similarity to firefly luciferase in *Drosophila melanogaster.*" *Gene* 329:137–45. doi: 10.1016/j.gene.2003.12.026.

O'Brien, L. E., and D. Bilder. 2013. "Beyond the niche: tissue-level coordination of stem cell dynamics." *Annu Rev Cell Dev Biol* 29:107–36. doi: 10.1146/ annurev-cellbio-101512-122319.

Oertel, W., and J. B. Schulz. 2016. "Current and experimental treatments of Parkinson disease: A guide for neuroscientists." *J Neurochem* 139 Suppl 1:325– 37. doi: 10.1111/jnc.13750.

Ojelade, S. A., T. Jia, A. R. Rodan, T. Chenyang, J. L. Kadrmas, A. Cattrell, B. Ruggeri, et al. 2015. "Rsu1 regulates ethanol consumption in *Drosophila* and humans." *Proc Natl Acad Sci U S A* 112 (30): E4085–93. doi: 10.1073/ pnas.1417222112.

Okamoto, N., N. Yamanaka, Y. Yagi, Y. Nishida, H. Kataoka, M. B. O'Connor, and A. Mizoguchi. 2009. "A fat body-derived IGF-like peptide regulates postfeeding growth in *Drosophila*." *Dev Cell* 17 (6): 885–91. doi: 10.1016/j. devcel.2009.10.008.

Oldroyd, H. 1965. *The natural history of flies*. World Naturalist. New York: Norton.

Organisti, C., I. Hein, I. C. Grunwald Kadow, and T. Suzuki. 2015. "Flamingo, a seven-pass transmembrane cadherin, cooperates with Netrin/Frazzled in *Drosophila* midline guidance." *Genes Cells* 20 (1): 50–67. doi: 10.1111/gtc.12202.

Owald, D., S. Lin, and S. Waddell. 2015. "Light, heat, action: neural control of fruit fly behaviour." *Philos Trans R Soc Lond B Biol Sci* 370 (1677): 20140211. doi: 10.1098/rstb.2014.0211.

Paabo, S. 2015. "The diverse origins of the human gene pool." *Nat Rev Genet* 16 (6): 313–14. doi: 10.1038/nrg3954.

Pagliarini, R. A., and T. Xu. 2003. "A genetic screen in *Drosophila* for metastatic behavior." *Science* 302 (5648): 1227–31. doi: 10.1126/science.1088474.

Panayidou, S., E. Ioannidou, and Y. Apidianakis. 2014. "Human pathogenic bacteria, fungi, and viruses in *Drosophila*: disease modeling, lessons, and shortcomings." *Virulence* 5 (2): 253–69. doi: 10.4161/viru.27524.

Pandey, U. B., and C. D. Nichols. 2011. "Human disease models in *Drosophila melanogaster* and the role of the fly in therapeutic drug discovery." *Pharmacol Rev* 63 (2): 411–36. doi: 10.1124/pr.110.003293.

Park, I. H., R. Zhao, J. A. West, A. Yabuuchi, H. Huo, T. A. Ince, P. H. Lerou, M. W. Lensch, and G. Q. Daley. 2008. "Reprogramming of human somatic cells to pluripotency with defined factors." *Nature* 451 (7175): 141–46. doi: 10.1038/nature06534.

Park, J., G. Lee, and J. Chung. 2009. "The PINK1-Parkin pathway is involved in the regulation of mitochondrial remodeling process." *Biochem Biophys Res Commun* 378 (3): 518–23. doi: 10.1016/j.bbrc.2008.11.086.

Park, J., S. B. Lee, S. Lee, Y. Kim, S. Song, S. Kim, E. Bae, et al. 2006. "Mitochondrial dysfunction in Drosophila *PINK1* mutants is complemented by *parkin*." *Nature* 441 (7097): 1157–61. doi: 10.1038/nature04788.

Parkinson, J. 2002. "An essay on the shaking palsy. 1817." *J Neuropsychiatry Clin Neurosci* 14 (2): 223–36; discussion 222. doi: 10.1176/jnp. 14.2.223.

Patterson, R. A., M. T. Juarez, A. Hermann, R. Sasik, G. Hardiman, and W. McGinnis. 2013. "Serine proteolytic pathway activation reveals an expanded ensemble of wound response genes in *Drosophila*." *PLoS One* 8 (4): e61773. doi: 10.1371/journal.pone.0061773.

Payne, F. 1910. "Forty-nine generations in the dark." *Biological Bulletin* 18 (4): 188–90. http://www.journals.uchicago.edu/doi/10.2307/1536013.

Peairs, L. M., and D. Sanderson, 1941. *Insect Pests of Farm, Garden, and Orchard*. 4th ed. New York, London: J. Wiley & Sons; Chapman & Hall, Limited.

Pearl, R. 1922. *The biology of death: being a series of lectures delivered at the Lowell Institute in Boston in December 1920*. Monographs on Experimental Biology. Philadelphia; London: J.B. Lippincott.

Pearl, R. 1924a. "Alcohol and Life Duration." *Br Med J* 1 (3309): 948–50.

Pearl, R. 1924b. "The Influence of Alcohol on Duration of Life." *Proc Natl Acad Sci U S A* 10 (6): 231–37. http://www.jstor.org/stable/85135.

Pearl, R. 1928. *The rate of living, being an account of some experimental studies on the biology of life duration.* New York: Knopf.

Peek, M. Y., and G. M. Card. 2016. "Comparative approaches to escape." *Curr Opin Neurobiol* 41:167–73. doi: 10.1016/j.conb.2016.09.012.

Peltan, A., L. Briggs, G. Matthews, S. T. Sweeney, and D. F. Smith. 2012. "Identification of *Drosophila* gene products required for phagocytosis of *Leishmania donovani*." *PLoS One* 7 (12): e51831. doi: 10.1371/journal.pone.0051831.

Pendse, J., P. V. Ramachandran, J. Na, N. Narisu, J. L. Fink, R. L. Cagan, F. S. Collins, and T. J. Baranski. 2013. "A *Drosophila* functional evaluation of candidates from human genome-wide association studies of type 2 diabetes and related metabolic traits identifies tissue-specific roles for *dHHEX*." *BMC Genomics* 14:136. doi: 10.1186/1471-2164-14-136.

Penzo-Méndez, A. I., Y. J. Chen, J. Li, E. S. Witze, and B. Z. Stanger. 2015. "Spontaneous cell competition in immortalized mammalian cell lines." *PLoS One* 10 (7): e0132437. doi: 10.1371/journal.pone.0132437.

Penzo-Méndez, A. I., and B. Z. Stanger. 2014. "Cell competition in vertebrate organ size regulation." *Wiley Interdiscip Rev Dev Biol* 3 (6): 419–27. doi: 10.1002/wdev.148.

Perkins, J. H. 1977. "Edward Fred Knipling's sterile-male technique for control of the screwworm fly." *Environmental Review* 2 (5): 19–37. doi: 10.2307/3984405.

Perkins, L. A., I. Larsen, and N. Perrimon. 1992. "*corkscrew* encodes a putative protein tyrosine phosphatase that functions to transduce the terminal signal from the receptor tyrosine kinase torso." *Cell* 70 (2): 225–36. doi: 10.1016/0092-8674(92)90098-W.

Perkins, L. A., M. R. Johnson, M. B. Melnick, and N. Perrimon. 1996. "The non-receptor protein tyrosine phosphatase Corkscrew functions in multiple receptor tyrosine kinase pathways in Drosophila." *Dev Biol* 180 (1): 63–81. doi: 10.1006/dbio.1996.0285.

Perrimon, N., L. Engstrom, and A. P. Mahowald. 1984. "The effects of zygotic lethal mutations on female germ-line functions in *Drosophila*." *Dev Biol* 105 (2): 404–14. doi: 10.1016/0012-1606(84)90297-5.

Perrimon, N., L. Engstrom, and A. P. Mahowald. 1989. "Zygotic lethals with specific maternal effect phenotypes in *Drosophila melanogaster*. I. Loci on the X chromosome." *Genetics* 121 (2): 333–52. http://www.genetics.org/content/121/2/333.

Perrimon, N., A. Lanjuin, C. Arnold, and E. Noll. 1996. "Zygotic lethal mutations with maternal effect phenotypes in *Drosophila melanogaster*. II. Loci on the second and third chromosomes identified by P-element-induced mutations." *Genetics* 144 (4): 1681–92. http://www.genetics.org/content/144/4/1681.

Perry, T., P. Batterham, and P. J. Daborn. 2011. "The biology of insecticidal activity and resistance." *Insect Biochem Mol Biol* 41 (7): 411–22. http://doi.org/10.1016/j.ibmb.2011.03.003.

Pfeiffer, K., and U. Homberg. 2014. "Organization and functional roles of the central complex in the insect brain." *Annu Rev Entomol* 59:165–84. doi: 10.1146/annurev-ento-011613-162031.

Pfleger, C. M. 2017. "The Hippo Pathway: a master regulatory network important in development and dysregulated in disease." *Curr Top Dev Biol* 123:181–228. doi: 10.1016/bs.ctdb.2016.12.001.

Phillips, J. P., J. Willms, and A. Pitt. 1982. "Alpha-amanitin resistance in three wild strains of *Drosophila melanogaster*." *Can J Genet Cytol* 24 (2): 151–62. doi: 10.1139/g82-014.

Pierre, S., A. S. Bats, and X. Coumoul. 2011. "Understanding SOS (Son of Sevenless)." *Biochem Pharmacol* 82 (9): 1049–56. doi: 10.1016/j.bcp. 2011.07.072.

Pigeault, R., R. Garnier, A. Rivero, and S. Gandon. 2016. "Evolution of transgenerational immunity in invertebrates." *Proc Biol Sci* 283 (1839). doi: 10.1098/rspb.2016.1136.

Podratz, J. L., N. P. Staff, J. B. Boesche, N. J. Giorno, M. E. Hainy, S. A. Herring, M. T. Klennert, et al. 2013. "An automated climbing apparatus to measure chemotherapy-induced neurotoxicity in *Drosophila melanogaster*." *Fly (Austin)* 7 (3): 187–92. doi: 10.4161/fly.24789.

Poodry, C. A., and L. Edgar. 1979. "Reversible alteration in the neuromuscular junctions of *Drosophila melanogaster* bearing a temperature-sensitive mutation, shibire." *J Cell Biol* 81 (3): 520–27. doi: 10.1083/jcb.81.3.520.

Poodry, C. A., L. Hall, and D. T. Suzuki. 1973. "Developmental properties of *shibire*[ts1]: a pleiotropic mutation affecting larval and adult locomotion and development." *Dev Biol* 32 (2): 373–86. doi: 10.1016/0012-1606(73)90248-0.

Port, F., and S. L. Bullock. 2016. "Augmenting CRISPR applications in *Drosophila* with tRNA-flanked sgRNAs." *Nat Methods* 13 (10): 852–54. doi: 10.1038/nmeth.3972.

Port, F., H. M. Chen, T. Lee, and S. L. Bullock. 2014. "Optimized CRISPR/Cas tools for efficient germline and somatic genome engineering in *Drosophila*." *Proc Natl Acad Sci U S A* 111 (29): E2967–76. doi: 10.1073/pnas.1405500111.

Porteous, D. J., and J. R. Dorin. 1991. "Cystic fibrosis. 3. Cloning the cystic fibrosis gene: implications for diagnosis and treatment." *Thorax* 46 (1): 46–55. doi: 10.1136/thx.46.1.46.

Pospisilik, J. A., D. Schramek, H. Schnidar, S. J. Cronin, N. T. Nehme, X. Zhang, C. Knauf, et al. 2010. "*Drosophila* genome-wide obesity screen reveals Hedgehog as a determinant of brown versus white adipose cell fate." *Cell* 140 (1): 148–60. doi: 10.1016/j.cell.2009.12.027.

Psychiatric Genomics Consortium. 2017. "Psychiatric Genomics Consortium." Accessed September 24. http://www.med.unc.edu/pgc.

Puro, J., and T. Nygren. 1975. "Mode of action of a homoeotic gene in *Drosophila melanogaster*: localization and dosage effects of *Polycomb*." *Hereditas* 81 (2): 237–48. doi: 10.1111/j.1601-5223.1975.tb01038.x.

Quinonez, S. C., and J. W. Innis. 2014. "Human HOX gene disorders." *Mol Genet Metab* 111 (1): 4–15. doi: 10.1016/j.ymgme.2013.10.012.

Quiring, R., U. Walldorf, U. Kloter, and W. J. Gehring. 1994. "Homology of the *eyeless* gene of *Drosophila* to the *Small eye* gene in mice and *Aniridia* in humans." *Science* 265 (5173): 785–89. http://www.jstor.org/stable/2884323.

Rajan, A., and N. Perrimon. 2012. "*Drosophila* cytokine Unpaired 2 regulates physiological homeostasis by remotely controlling insulin secretion." *Cell* 151 (1): 123–37. doi: 10.1016/j.cell.2012.08.019.

Ramoni, R. B., J. J. Mulvihill, D. R. Adams, P. Allard, E. A. Ashley, J. A. Bernstein, W. A. Gahl, et al. 2017. "The Undiagnosed Diseases Network: accelerating discovery about health and disease." *Am J Hum Genet* 100 (2): 185–92. doi: 10.1016/j.ajhg.2017.01.006.

Rappuoli, R., C. W. Mandl, S. Black, and E. De Gregorio. 2011. "Vaccines for the twenty-first century society." *Nat Rev Immunol* 11 (12): 865–72. doi: 10.1038/nri3085.

Rera, M., S. Bahadorani, J. Cho, C. L. Koehler, M. Ulgherait, J. H. Hur, W. S. Ansari, T. Lo, Jr., D. L. Jones, and D. W. Walker. 2011. "Modulation of longevity and tissue homeostasis by the *Drosophila* PGC-1 homolog." *Cell Metab* 14 (5): 623–34. doi: 10.1016/j.cmet.2011.09.013.

Rera, M., R. I. Clark, and D. W. Walker. 2012. "Intestinal barrier dysfunction links metabolic and inflammatory markers of aging to death in *Drosophila*." *Proc Natl Acad Sci U S A* 109 (52): 21528–33. doi: 10.1073/pnas.1215849110.

Rideout, E. J., M. S. Narsaiya, and S. S. Grewal. 2015. "The sex determination gene *transformer* regulates male-female differences in *Drosophila* body size." *PLoS Genet* 11 (12): e1005683. doi: 10.1371/journal.pgen.1005683.

Rincon-Limas, D. E., K. Jensen, and P. Fernandez-Funez. 2012. "*Drosophila* models of proteinopathies: the little fly that could." *Curr Pharm Des.* 18 (8): 1108–22. doi: 10.2174/138161212799315894.

Ritossa, F. 1996. "Discovery of the heat shock response." *Cell Stress Chaperones* 1 (2): 97–98. http://www.jstor.org/stable/1601907.

Robinson, A. S. 2002. "Mutations and their use in insect control." *Mutat Res* 511 (2): 113–32. doi: 10.1016/S1383-5742(02)00006-6.

Robinson, S. W., P. Herzyk, J. A. Dow, and D. P. Leader. 2013. "FlyAtlas: database of gene expression in the tissues of *Drosophila melanogaster*." *Nucleic Acids Res* 41 (Database issue): D744–50. doi: 10.1093/nar/gks1141.

Roeder, T., K. Isermann, K. Kallsen, K. Uliczka, and C. Wagner. 2012. "A *Drosophila* asthma model—what the fly tells us about inflammatory diseases of the lung." *Adv Exp Med Biol* 710:37–47. doi: 10.1007/978-1-4419-5638-5_5.

Rogers, J., and R. A. Gibbs. 2014. "Comparative primate genomics: emerging patterns of genome content and dynamics." *Nat Rev Genet* 15 (5): 347–59. doi: 10.1038/nrg3707.

Rommens, J. M., M. C. Iannuzzi, B. Kerem, M. L. Drumm, G. Melmer, M. Dean, R. Rozmahel, et al. 1989. "Identification of the cystic fibrosis gene: chromosome walking and jumping." *Science* 245 (4922): 1059–65. doi: 10.1016/0168-9525(89)90154-6.

Rørth, P., K. Szabo, A. Bailey, T. Laverty, J. Rehm, G. M. Rubin, K. Weigmann, et al. 1998. "Systematic gain-of-function genetics in Drosophila." *Development* 125 (6): 1049–57. http://dev.biologists.org/content/125/6/1049.

Rubin, G. M. 2015. "FlyBook: A Preface." *Genetics* 201 (2): 343. doi: 10.1534/genetics.115.182220.

Rubin, G. M., and A. C. Spradling. 1982. "Genetic transformation of *Drosophila* with transposable element vectors." *Science* 218 (4570): 348–53. doi: 10.1126/science.6289436.

Rui, Y. N., Z. Xu, B. Patel, Z. Chen, D. Chen, A. Tito, G. David, et al. 2015. "Huntingtin functions as a scaffold for selective macroautophagy." *Nat Cell Biol* 17 (3): 262–75. doi: 10.1038/ncb3101.

Rulifson, E. J., S. K. Kim, and R. Nusse. 2002. "Ablation of insulin-producing neurons in flies: growth and diabetic phenotypes." *Science* 296 (5570): 1118–20. doi: 10.1126/science.1070058.

Ruppert, J. M., K. W. Kinzler, A. J. Wong, S. H. Bigner, F. T. Kao, M. L. Law, H. N. Seuanez, S. J. O'Brien, and B. Vogelstein. 1988. "The *GLI*-Kruppel family of human genes." *Mol Cell Biol* 8 (8): 3104–13. doi: 10.1128/MCB.8.8.3104.

Ruppert, J. M., B. Vogelstein, K. Arheden, and K. W. Kinzler. 1990. "*GLI3* encodes a 190-kilodalton protein with multiple regions of GLI similarity." *Mol Cell Biol* 10 (10): 5408–15. doi: 10.1128/MCB.10.10.5408.

Sadanandappa, M. K., and M. Ramaswami. 2013. "Fly model causes neurological rethink." *Elife* 2:e01820. doi: 10.7554/eLife.01820.

Saucedo, L. J., and B. A. Edgar. 2007. "Filling out the Hippo pathway." *Nat Rev Mol Cell Biol* 8 (8): 613–21. doi: 10.1038/nrm2221.

Savic, N., and G. Schwank. 2016. "Advances in therapeutic CRISPR/Cas9 genome editing." *Transl Res* 168:15–21. doi: 10.1016/j.trsl.2015.09.008.

Schmiegelow, K., H. Eiberg, L. C. Tsui, M. Buchwald, P. D. Phelan, R. Williamson, W. Warwick, E. Niebuhr, J. Mohr, M. Schwartz, and C. Koch. 1986. "Linkage between the loci for cystic fibrosis and paraoxonase." *Clin Genet* 29 (5): 374–77. doi: 10.1111/j.1399-0004.1986.tb00507.x.

Schneider, D., and M. Shahabuddin. 2000. "Malaria parasite development in a *Drosophila* model." *Science* 288 (5475): 2376–79. doi: 10.1126/science.288.5475.2376.

Schofield, R. 1978. "The relationship between the spleen colony-forming cell and the haemopoietic stem cell." *Blood Cells* 4 (1–2): 7–25.

Schubiger, G. 1971. "Regeneration, duplication and transdetermination in fragments of the leg disc of *Drosophila melanogaster*." *Dev Biol* 26 (2): 277–95. http://doi.org/10.1016/0012-1606(71)90127-8.

Schumann, G., L. J. Coin, A. Lourdusamy, P. Charoen, K. H. Berger, D. Stacey, S. Desrivieres, et al. 2011. "Genome-wide association and genetic functional studies identify autism susceptibility candidate 2 gene (AUTS2) in the regulation of alcohol consumption." *Proc Natl Acad Sci U S A* 108 (17): 7119–24. doi: 10.1073/pnas.1017288108.

Schüpbach, T., and E. Wieschaus. 1989. "Female sterile mutations on the second chromosome of *Drosophila melanogaster*. I. Maternal effect mutations." *Genetics* 121 (1): 101–17. http://www.genetics.org/content/121/1/101.

Schüpbach, T., and E. Wieschaus. 1991. "Female sterile mutations on the second chromosome of *Drosophila melanogaster*. II. Mutations blocking oogenesis or altering egg morphology." *Genetics* 129 (4): 1119–36. http://www.genetics.org/content/129/4/1119.

Scott, M. P., and A. J. Weiner. 1984. "Structural relationships among genes that control development: sequence homology between the Antennapedia, Ultrabithorax, and fushi tarazu loci of *Drosophila*." *Proc Natl Acad Sci U S A* 81 (13): 4115–19.

Seecof, R. 1968. "The sigma virus infection of *Drosophila melanogaster*." *Curr Top Microbiol Immunol* 42:59–93. 10.1007/978-3-642-46115-6_4.

Seligman, M. E., and S. F. Maier. 1967. "Failure to escape traumatic shock." *J Exp Psychol* 74 (1): 1–9. doi: 10.1037/h0024514.

Senthilan, P. R., D. Piepenbrock, G. Ovezmyradov, B. Nadrowski, S. Bechstedt, S. Pauls, M. Winkler, W. Mobius, J. Howard, and M. C. Gopfert. 2012. "*Drosophila* auditory organ genes and genetic hearing defects." *Cell* 150 (5): 1042–54. doi: 10.1016/j.cell.2012.06.043.

Senti, K. A., and J. Brennecke. 2010. "The piRNA pathway: a fly's perspective on the guardian of the genome." *Trends Genet* 26 (12): 499–509. doi: 10.1016/j.tig.2010.08.007.

Service, M. W. 2012. *Medical entomology for students*. 5th ed. Cambridge: Cambridge University Press.

Shih, C. T., O. Sporns, S. L. Yuan, T. S. Su, Y. J. Lin, C. C. Chuang, T. Y. Wang, C. C. Lo, R. J. Greenspan, and A. S. Chiang. 2015. "Connectomics-based analysis of information flow in the *Drosophila* brain." *Curr Biol* 25 (10): 1249–58. doi: 10.1016/j.cub.2015.03.021.

Shilo, B. Z. 2016. "New twists in Drosophila cell signaling." *J Biol Chem* 291 (15): 7805–8. doi: 10.1074/jbc.R115.711473.

Shulman, J. M. 2015. "*Drosophila* and experimental neurology in the post-genomic era." *Exp Neurol* 274 (Pt A): 4–13. doi: 10.1016/j.expneurol.2015.03.016.

Silies, M., D. M. Gohl, and T. R. Clandinin. 2014. "Motion-detecting circuits in flies: coming into view." *Annu Rev Neurosci* 37:307–27. doi: 10.1146/annurev-neuro-071013-013931.

Simon, J. C., and M. H. Dickinson. 2010. "A new chamber for studying the behavior of *Drosophila*." *PLoS One* 5 (1): e8793. doi: 10.1371/journal.pone.0008793.

Simon, M. A., D. D. Bowtell, G. S. Dodson, T. R. Laverty, and G. M. Rubin. 1991. "Ras1 and a putative guanine nucleotide exchange factor perform crucial steps in signaling by the sevenless protein tyrosine kinase." *Cell* 67 (4): 701–16. doi: 10.1016/0092-8674(91)90065-7.

Simon, M. A., T. B. Kornberg, and J. M. Bishop. 1983. "Three loci related to the src oncogene and tyrosine-specific protein kinase activity in *Drosophila*." *Nature* 302 (5911): 837–39. doi: 10.1038/302837a0.

Simons, M., and M. Mlodzik. 2008. "Planar cell polarity signaling: from fly development to human disease." *Annu Rev Genet* 42:517–40. doi: 10.1146/annurev.genet.42.110807.091432.

Simpson, P. 1979. "Parameters of cell competition in the compartments of the wing disc of *Drosophila*." *Dev Biol* 69 (1): 182–93. doi: 10.1016/0012-1606(79)90284-7.

Simpson, P., and G. Morata. 1981. "Differential mitotic rates and patterns of growth in compartments in the *Drosophila* wing." *Dev Biol* 85 (2): 299–308. http://doi.org/10.1016/0012-1606(81)90261-X.

Singh, R. S., and R. A. Morton. 1981. "Selection for malathion-resistance in *Drosophila melanogaster*." *Can J Genet Cytol* 23 (2): 355–69. doi: 10.1139/g81-038.

Singh, S. R., X. Zeng, Z. Zheng, and S. X. Hou. 2011. "The adult *Drosophila* gastric and stomach organs are maintained by a multipotent stem cell pool at the foregut/midgut junction in the cardia (proventriculus)." *Cell Cycle* 10 (7): 1109–20. doi: 10.4161/cc.10.7.14830.

Slack, C., N. Alic, A. Foley, M. Cabecinha, M. P. Hoddinott, and L. Partridge. 2015. "The Ras-Erk-ETS-signaling pathway is a drug target for longevity." *Cell* 162 (1): 72–83. doi: 10.1016/j.cell.2015.06.023.

Slaidina, M., R. Delanoue, S. Gronke, L. Partridge, and P. Leopold. 2009. "A *Drosophila* insulin-like peptide promotes growth during nonfeeding states." *Dev Cell* 17 (6): 874–84. doi: 10.1016/j.devcel.2009.10.009.

Soares, L., M. Parisi, and N. M. Bonini. 2014. "Axon injury and regeneration in the adult *Drosophila*." *Sci Rep* 4:6199. doi: 10.1038/srep06199.

Somer, R. A., and C. S. Thummel. 2014. "Epigenetic inheritance of metabolic state." *Curr Opin Genet Dev* 27:43–47. doi: 10.1016/j.gde.2014.03.008.

Soscia, S. J., J. E. Kirby, K. J. Washicosky, S. M. Tucker, M. Ingelsson, B. Hyman, M. A. Burton, et al. 2010. "The Alzheimer's disease-associated amyloid beta-protein is an antimicrobial peptide." *PLoS One* 5 (3): e9505. doi: 10.1371/journal.pone.0009505.

Speliotes, E. K., C. J. Willer, S. I. Berndt, K. L. Monda, G. Thorleifsson, A. U. Jackson, H. Lango Allen, et al. 2010. "Association analyses of 249,796 individuals reveal 18 new loci associated with body mass index." *Nat Genet* 42 (11): 937–48. doi: 10.1038/ng.686.

Spielmann, M., F. Brancati, P. M. Krawitz, P. N. Robinson, D. M. Ibrahim, M. Franke, J. Hecht, et al. 2012. "Homeotic arm-to-leg transformation associated with genomic rearrangements at the *PITX1* locus." *Am J Hum Genet* 91 (4): 629–35. doi: 10.1016/j.ajhg.2012.08.014.

Spierer, P., A. Spierer, W. Bender, and D. S. Hogness. 1983. "Molecular mapping of genetic and chromomeric units in *Drosophila melanogaster*." *J Mol Biol* 168 (1): 35–50. doi: 10.1016/S0022-2836(83)80321-0.

St Johnston, D. 2002. "The art and design of genetic screens: *Drosophila melanogaster*." *Nat Rev Genet* 3 (3): 176–88. doi: 10.1038/nrg751.

Stanton, B. Z., L. F. Peng, N. Maloof, K. Nakai, X. Wang, J. L. Duffner, K. M. Taveras, et al. 2009. "A small molecule that binds Hedgehog and blocks its signaling in human cells." *Nat Chem Biol* 5 (3): 154–56. doi: 10.1038/nchembio.142.

Stern, C. 1954. "Two or Three Bristles." *American Scientist* 42 (2): 212–47. http://www.jstor.org/stable/27826541.

Stickel, S. A., N. P. Gomes, B. Frederick, D. Raben, and T. T. Su. 2015. "Bouvardin is a radiation modulator with a novel mechanism of action." *Radiat Res* 184 (4): 392–403. doi: 10.1667/RR14068.1.

Stocker, R. F. 1994. "The organization of the chemosensory system in *Drosophila melanogaster*: a review." *Cell Tissue Res* 275 (1): 3–26. doi: 10.1007/BF00305372.

Struhl, G., J. Casal, and P. A. Lawrence. 2012. "Dissecting the molecular bridges that mediate the function of Frizzled in planar cell polarity." *Development* 139 (19): 3665–74. doi: 10.1242/dev.083550.

Strutt, D., and S. J. Warrington. 2008. "Planar polarity genes in the *Drosophila* wing regulate the localisation of the FH3-domain protein Multiple Wing Hairs to control the site of hair production." *Development* 135 (18): 3103–11. doi: 10.1242/dev.025205.

Strutt, H., and D. Strutt. 2005. "Long-range coordination of planar polarity in *Drosophila*." *Bioessays* 27 (12): 1218–27. doi: 10.1002/bies.20318.

Sturtevant, A. H. 1913. "The linear arrangement of six sex-linked factors in *Drosophila*, as shown by their mode of association." *Journal of Experimental Zoology* 14 (1): 43–59. doi: 10.1002/jez.1400140104.

Sturtevant, A. H. 1965. *A History of Genetics*. New York: Harper & Row.

Sublett, J. E., R. E. Entrekin, A. T. Look, and D. A. Reardon. 1998. "Chromosomal localization of the human smoothened gene (*SMOH*) to 7q32. 3 by fluorescence in situ hybridization and radiation hybrid mapping." *Genomics* 50 (1): 112–14. doi: 10.1006/geno.1998.5227.

Sudmant, P. H., S. Mallick, B. J. Nelson, F. Hormozdiari, N. Krumm, J. Huddleston, B. P. Coe, et al. 2015. "Global diversity, population stratification, and selection of human copy-number variation." *Science* 349 (6253): aab3761. doi: 10.1126/science.aab3761.

Szakmary, A., D. N. Cox, Z. Wang, and H. Lin. 2005. "Regulatory relationship among *piwi*, *pumilio*, and *bag-of-marbles* in *Drosophila* germline stem cell self-renewal and differentiation." *Curr Biol* 15 (2): 171–78. doi: 10.1016/j. cub.2005.01.005.

Takahashi, K., K. Tanabe, M. Ohnuki, M. Narita, T. Ichisaka, K. Tomoda, and S. Yamanaka. 2007. "Induction of pluripotent stem cells from adult human fibroblasts by defined factors." *Cell* 131 (5): 861–72. doi: 10.1016/j.cell.2007.11.019.

Takebe, N., L. Miele, P. J. Harris, W. Jeong, H. Bando, M. Kahn, S. X. Yang, and S. P. Ivy. 2015. "Targeting Notch, Hedgehog, and Wnt pathways in cancer stem cells: clinical update." *Nat Rev Clin Oncol* 12 (8): 445–64. doi: 10.1038/ nrclinonc.2015.61.

Tanimura, A., S. Dan, and M. Yoshida. 1998. "Cloning of novel isoforms of the human Gli2 oncogene and their activities to enhance tax-dependent transcription of the human T-cell leukemia virus type 1 genome." *J Virol* 72 (5): 3958– 64. http://jvi.asm.org/content/72/5/3958.

Tao, L., J. Zhang, P. Meraner, A. Tovaglieri, X. Wu, R. Gerhard, X. Zhang, et al. 2016. "Frizzled proteins are colonic epithelial receptors for *C. difficile* toxin B." *Nature.* doi: 10.1038/nature19799.

Tao, Y., A. E. Christiansen, and R. A. Schulz. 2007. "Second chromosome genes required for heart development in *Drosophila melanogaster*." *Genesis* 45 (10): 607–17. doi: 10.1002/dvg.20333.

Tapon, N., K. F. Harvey, D. W. Bell, D. C. Wahrer, T. A. Schiripo, D. Haber, and I. K. Hariharan. 2002. "*salvador* promotes both cell cycle exit and apoptosis in *Drosophila* and is mutated in human cancer cell lines." *Cell* 110 (4): 467–78. doi: 10.1016/S0092-8674(02)00824-3.

Tapon, N., N. Ito, B. J. Dickson, J. E. Treisman, and I. K. Hariharan. 2001. "The *Drosophila* tuberous sclerosis complex gene homologs restrict cell growth and cell proliferation." *Cell* 105 (3): 345–55. doi: 10.1016/S0092-8674(01) 00332-4.

Taylor, J., N. Abramova, J. Charlton, and P. N. Adler. 1998. "*Van Gogh*: a new Drosophila tissue polarity gene." *Genetics* 150 (1): 199–210. http://www.genetics .org/content/150/1/199.

Taylor, K., K. Kleinhesselink, M. D. George, R. Morgan, T. Smallwood, A. S. Hammonds, P. M. Fuller, et al. 2014. "Toll mediated infection response is altered by gravity and spaceflight in *Drosophila*." *PLoS One* 9 (1): e86485. doi: 10.1371/ journal.pone.0086485.

Teixeira, L., A. Ferreira, and M. Ashburner. 2008. "The bacterial symbiont *Wolbachia* induces resistance to RNA viral infections in *Drosophila melanogaster*." *PLoS Biol* 6 (12): e2. doi: 10.1371/journal.pbio.1000002.

Thomas, F., R. Poulin, J. F. Guegan, Y. Michalakis, and F. Renaud. 2000. "Are there pros as well as cons to being parasitized?" *Parasitol Today* 16 (12): 533–36. doi: 10.1016/S0169-4758(00)01790-7.

Thomas, S., K. H. Fisher, J. A. Snowden, S. J. Danson, S. Brown, and M. P. Zeidler. 2015. "Methotrexate is a JAK/STAT Pathway Inhibitor." *PLoS One* 10 (7): e0130078. doi: 10.1371/journal.pone.0130078.

Tidbury, H. J., A. B. Pedersen, and M. Boots. 2011. "Within and transgenerational immune priming in an insect to a DNA virus." *Proc Biol Sci* 278 (1707): 871–76. doi: 10.1098/rspb.2010.1517.

Tokunaga, C. 1966. "New mutants: report of C. Tokunaga." *Drosophila Information Service* 41:57.

Tomczak, K., P. Czerwinska, and M. Wiznerowicz. 2015. "The Cancer Genome Atlas (TCGA): an immeasurable source of knowledge." *Contemp Oncol (Pozn)* 19 (1A): A68–77. doi: 10.5114/wo.2014.47136.

Tracey, W. D., Jr., R. I. Wilson, G. Laurent, and S. Benzer. 2003. "*painless*, a *Drosophila* gene essential for nociception." *Cell* 113 (2): 261–73. doi: 10.1016/S0092-8674(03)00272-1.

Trentin, J. J. 1970. "Influence of hematopoietic organ stroma (hematopoietic inductive microenvironments) on stem cell differentiation." In *Regulation of hematopoiesis*, edited by A. S. Gordon. New York: Appleton-Century-Crofts.

Tsai, S. Q., and J. K. Joung. 2016. "Defining and improving the genome-wide specificities of CRISPR-Cas9 nucleases." *Nat Rev Genet* 17 (5): 300–312. doi: 10.1038/nrg.2016.28.

Tulina, N., and E. Matunis. 2001. "Control of stem cell self-renewal in *Drosophila* spermatogenesis by JAK-STAT signaling." *Science* 294 (5551): 2546–49. doi: 10.1126/science.1066700.

Turelli, M., and N. H. Barton. 2017. "Deploying dengue-suppressing *Wolbachia*: robust models predict slow but effective spatial spread in *Aedes aegypti*." *Theor Popul Biol* 115:45–60. doi: 10.1016/j.tpb.2017.03.003.

Turnbull, J. E. 1999. "Introduction: Heparan sulfate proteoglycans: multifunctional regulators of growth-factor function." In *Cell surface proteoglycans in signalling and development*, edited by A. Lander, Nakato, H., Selleck, S. B., Turnbull, J. E., Coath, C. Strasbourg: Human Frontier Science Program.

Tuschl, T., P. D. Zamore, R. Lehmann, D. P. Bartel, and P. A. Sharp. 1999. "Targeted mRNA degradation by double-stranded RNA in vitro." *Genes Dev* 13 (24): 3191–97. http://genesdev.cshlp.org/content/13/24/3191.

Twilley, N. 2015. "L. A.'s Back-Yard Entomologists." *Elements* (blog), *New Yorker*, July 7. http://www.newyorker.com/tech/elements/los-angeles-back-yard-entomologists.

Undiagnosed Diseases Network. 2017. "Undiagnosed Diseases Network." Accessed June 4. https://undiagnosed.hms.harvard.edu/.

Usui, T., Y. Shima, Y. Shimada, S. Hirano, R. W. Burgess, T. L. Schwarz, M. Takeichi, and T. Uemura. 1999. "Flamingo, a seven-pass transmembrane cadherin, regulates planar cell polarity under the control of Frizzled." *Cell* 98 (5): 585–95. doi: 10.1016/S0092-8674(00)80046-X.

van Alphen, B., and B. van Swinderen. 2013. "*Drosophila* strategies to study psychiatric disorders." *Brain Res Bull* 92:1–11. doi: 10.1016/j.brainresbull.2011.09.007.

van der Voet, M., B. Nijhof, M. A. Oortveld, and A. Schenck. 2014. "*Drosophila* models of early onset cognitive disorders and their clinical applications." *Neurosci Biobehav Rev* 46 Pt 2:326–42. doi: 10.1016/j.neubiorev.2014.01.013.

van Swinderen, B. 2005. "The remote roots of consciousness in fruit-fly selective attention?" *Bioessays* 27 (3): 321–30. doi: 10.1002/bies.20195.

Vavre, F., L. Mouton, and B. A. Pannebakker. 2009. "*Drosophila*-parasitoid communities as model systems for host-*Wolbachia* interactions." *Adv Parasitol* 70:299–331. doi: 10.1016/S0065-308X(09)70012-0.

Venken, K. J., and H. J. Bellen. 2012. "Genome-wide manipulations of *Drosophila melanogaster* with transposons, Flp recombinase, and PhiC31 integrase." *Methods Mol Biol* 859:203–28. doi: 10.1007/978-1-61779-603-6-12.

Vidal, M., S. Wells, A. Ryan, and R. Cagan. 2005. "ZD6474 suppresses oncogenic RET isoforms in a *Drosophila* model for type 2 multiple endocrine neoplasia syndromes and papillary thyroid carcinoma." *Cancer Res* 65 (9): 3538–41. doi: 10.1158/0008-5472.CAN-04-4561.

Vidal, O. M., W. Stec, N. Bausek, E. Smythe, and M. P. Zeidler. 2010. "Negative regulation of *Drosophila* JAK-STAT signalling by endocytic trafficking." *J Cell Sci* 123 (Pt 20): 3457–66. doi: 10.1242/jcs.066902.

Vig, M., C. Peinelt, A. Beck, D. L. Koomoa, D. Rabah, M. Koblan-Huberson, S. Kraft, H. Turner, A. Fleig, R. Penner, and J. P. Kinet. 2006. "CRACM1 is a plasma membrane protein essential for store-operated Ca^{2+} entry." *Science* 312 (5777): 1220–23. doi: 10.1126/science.1127883.

Vinayagam, A., M. M. Kulkarni, R. Sopko, X. Sun, Y. Hu, A. Nand, C. Villalta, et al. 2016. "An integrative analysis of the InR/PI3K/Akt network identifies the dynamic response to insulin signaling." *Cell Rep* 16 (11): 3062–74. doi: 10.1016/j.celrep.2016.08.029.

Vogel, E. W., U. Graf, H. J. Frei, and M. M. Nivard. 1999. "The results of assays in *Drosophila* as indicators of exposure to carcinogens." *IARC Sci Publ* (146): 427–70.

Vollmayr, B., and P. Gass. 2013. "Learned helplessness: unique features and translational value of a cognitive depression model." *Cell Tissue Res* 354 (1): 171–78. doi: 10.1007/s00441-013-1654-2.

Waldbauer, Gilbert. 2003. *What good are bugs? insects in the web of life.* Cambridge, MA: Harvard University Press.

Walker, T., P. H. Johnson, L. A. Moreira, I. Iturbe-Ormaetxe, F. D. Frentiu, C. J. McMeniman, Y. S. Leong, et al. 2011. "The wMel *Wolbachia* strain blocks dengue and invades caged *Aedes aegypti* populations." *Nature* 476 (7361): 450–53. doi: 10.1038/nature10355.

Wallingford, J. B. 2012. "Planar cell polarity and the developmental control of cell behavior in vertebrate embryos." *Annu Rev Cell Dev Biol* 28:627–53. doi: 10.1146/annurev-cellbio-092910-154208.

Walter, H. E. 1930. *Genetics: an introduction to the study of heredity.* 3rd ed. New York: Macmillan.

Wang, Q., M. E. Curran, I. Splawski, T. C. Burn, J. M. Millholland, T. J. VanRaay, J. Shen, et al. 1996. "Positional cloning of a novel potassium channel gene: *KVLQT1* mutations cause cardiac arrhythmias." *Nat Genet* 12 (1): 17–23. doi: 10.1038/ng0196-17.

Wangler, M. F., Y. Hu, and J. M. Shulman. 2017. "*Drosophila* and genome-wide association studies: a review and resource for the functional dissection of human complex traits." *Dis Model Mech* 10 (2): 77–88. doi: 10.1242/dmm.027680.

Warmke, J., R. Drysdale, and B. Ganetzky. 1991. "A distinct potassium channel polypeptide encoded by the *Drosophila eag* locus." *Science* 252 (5012): 1560–62. http://www.jstor.org/stable/2876117.

Warrick, J. M., H. L. Paulson, G. L. Gray-Board, Q. T. Bui, K. H. Fischbeck, R. N. Pittman, and N. M. Bonini. 1998. "Expanded polyglutamine protein forms nuclear inclusions and causes neural degeneration in *Drosophila.*" *Cell* 93 (6): 939–49. doi: 10.1016/S0092-8674(00)81200-3.

Wawersik, S., and R. L. Maas. 2000. "Vertebrate eye development as modeled in *Drosophila.*" *Hum Mol Genet* 9 (6): 917–25. doi: 10.1093/hmg/9.6.917.

Weavers, H., S. Prieto-Sanchez, F. Grawe, A. Garcia-Lopez, R. Artero, M. Wilsch-Brauninger, M. Ruiz-Gomez, H. Skaer, and B. Denholm. 2009. "The insect nephrocyte is a podocyte-like cell with a filtration slit diaphragm." *Nature* 457 (7227): 322–26. doi: 10.1038/nature07526.

Weber, K. E. 1988. "An apparatus for measurement of resistance to gas-phase reagents." *Drosophila Information Service* 67:90–92.

Webster, C. L., B. Longdon, S. H. Lewis, and D. J. Obbard. 2016. "Twenty-five new viruses associated with the Drosophilidae (Diptera)." *Evol Bioinform Online* 12 (Suppl 2): 13–25. doi: 10.4137/EBO.S39454.

Webster, C. L., F. M. Waldron, S. Robertson, D. Crowson, G. Ferrari, J. F. Quintana, J. M. Brouqui, et al. 2015. "The discovery, distribution, and evolution of viruses associated with *Drosophila melanogaster.*" *PLoS Biol* 13 (7): e1002210. doi: 10.1371/journal.pbio.1002210.

Wedeen, C., K. Harding, and M. Levine. 1986. "Spatial regulation of antennapedia and bithorax gene expression by the *Polycomb* locus in Drosophila." *Cell* 44 (5): 739–48. doi: 10.1016/0092-8674(86)90840-8.

Wehrli, M., and A. Tomlinson. 1995. "Epithelial planar polarity in the developing *Drosophila* eye." *Development* 121 (8): 2451–59. http://dev.biologists.org /content/121/8/2451.

Weiner, J. 1999. *Time, love, memory: a great biologist and his quest for the origins of behavior.* New York: Knopf.

Weismann, A. 1889. *Essays upon heredity and kindred biological problems.* Unspecified translation. Oxford: Clarendon.

Werren, J. H., L. Baldo, and M. E. Clark. 2008. "*Wolbachia*: master manipulators of invertebrate biology." *Nat Rev Microbiol* 6 (10): 741–51. doi: 10.1038/nrmicro1969.

West, L. S. 1951. *The housefly: its natural history, medical importance, and control.* Ithaca, NY: Comstock.

Wieschaus, E., and C. Nüsslein-Volhard. 2014. "Walter Gehring (1939–2014)." *Curr Biol* 24 (14): R632–34. doi: 10.1016/j.cub.2014.06.039.

Wieschaus, E., and C. Nüsslein-Volhard. 2016. "The Heidelberg screen for pattern mutants of *Drosophila*: a personal account." *Annu Rev Cell Dev Biol.* doi: 10.1146/annurev-cellbio-113015-023138.

Wigglesworth, V. B. 1965. *The principles of insect physiology.* 6th ed. London: Methuen.

Williams, M. J., A. Eriksson, M. Shaik, S. Voisin, O. Yamskova, J. Paulsson, K. Thombare, R. Fredriksson, and H. B. Schioth. 2015. "The obesity-linked gene *Nudt3 Drosophila* homolog *Aps* is associated with insulin signaling." *Mol Endocrinol* 29 (9): 1303–19. doi: 10.1210/ME.2015-1077.

Wilson, T. M. 1907. "On the chemistry and staining properties of certain derivatives of the methylene blue group when combined with eosin." *J Exp Med* 9 (6): 645–70. doi: 10.1084/jem.9.6.645.

Wolf, F. W., and U. Heberlein. 2003. "Invertebrate models of drug abuse." *J Neurobiol* 54 (1): 161–78. doi: 10.1002/neu.10166.

Wolff, T., N. A. Iyer, and G. M. Rubin. 2015. "Neuroarchitecture and neuroanatomy of the *Drosophila* central complex: A GAL4-based dissection of protocerebral bridge neurons and circuits." *J Comp Neurol* 523 (7): 997–1037. doi: 10.1002/cne.23705.

Woodard, C., T. Huang, H. Sun, S. L. Helfand, and J. Carlson. 1989. "Genetic analysis of olfactory behavior in *Drosophila*: a new screen yields the *ota* mutants." *Genetics* 123 (2): 315–26. http://www.genetics.org/content/123/2/315.

Wu, M. N., K. Koh, Z. Yue, W. J. Joiner, and A. Sehgal. 2008. "A genetic screen for sleep and circadian mutants reveals mechanisms underlying regulation of sleep in *Drosophila.*" *Sleep* 31 (4): 465–72. doi: 10.1093/sleep/31.4.465.

Wu, S., J. Huang, J. Dong, and D. Pan. 2003. "*hippo* encodes a Ste-20 family protein kinase that restricts cell proliferation and promotes apoptosis in conjunction with *salvador* and *warts.*" *Cell* 114 (4): 445–56. doi: 10.1016/S0092-8674(03)00549-X.

Wulff, H., N. A. Castle, and L. A. Pardo. 2009. "Voltage-gated potassium channels as therapeutic targets." *Nat Rev Drug Discov* 8 (12): 982–1001. doi: 10.1038/nrd2983.

Xu, T., W. Wang, S. Zhang, R. A. Stewart, and W. Yu. 1995. "Identifying tumor suppressors in genetic mosaics: the *Drosophila lats* gene encodes a putative protein kinase." *Development* 121 (4): 1053–63. http://dev.biologists.org/content/121/4/1053.

Yamamoto, S., M. Jaiswal, W. L. Charng, T. Gambin, E. Karaca, G. Mirzaa, W. Wiszniewski, et al. 2014. "A *Drosophila* genetic resource of mutants to study mechanisms underlying human genetic diseases." *Cell* 159 (1): 200–14. doi: 10.1016/j.cell.2014.09.002.

Yan, D., and X. Lin. 2009. "Shaping morphogen gradients by proteoglycans." *Cold Spring Harb Perspect Biol* 1 (3): a002493. doi: 10.1101/cshperspect.a002493.

Yan, D., R. A. Neumüller, M. Buckner, K. Ayers, H. Li, Y. Hu, D. Yang-Zhou, et al. 2014. "A regulatory network of *Drosophila* germline stem cell self-renewal." *Dev Cell* 28 (4): 459–73. doi: 10.1016/j.devcel.2014.01.020.

Yan, J., D. Huen, T. Morely, G. Johnson, D. Gubb, J. Roote, and P. N. Adler. 2008. "The *multiple-wing-hairs* gene encodes a novel GBD-FH3 domain-containing protein that functions both prior to and after wing hair initiation." *Genetics* 180 (1): 219–28. doi: 10.1534/genetics.108.091314.

Yang, J., C. McCart, D. J. Woods, S. Terhzaz, K. G. Greenwood, R. H. ffrench-Constant, and J. A. Dow. 2007. "A *Drosophila* systems approach to xenobiotic metabolism." *Physiol Genomics* 30 (3): 223–31. doi: 10.1152/physiolgenomics.00018.2007.

Yang, Y., S. Gehrke, Y. Imai, Z. Huang, Y. Ouyang, J. W. Wang, L. Yang, M. F. Beal, H. Vogel, and B. Lu. 2006. "Mitochondrial pathology and muscle and dopaminergic neuron degeneration caused by inactivation of *Drosophila* Pink1 is rescued by Parkin." *Proc Natl Acad Sci U S A* 103 (28): 10793–98. doi: 10.1073/pnas.0602493103.

Yang, Y., and M. Mlodzik. 2015. "Wnt-Frizzled/planar cell polarity signaling: cellular orientation by facing the wind (Wnt)." *Annu Rev Cell Dev Biol* 31: 623–46. doi: 10.1146/annurev-cellbio-100814-125315.

Yates, L. L., and C. H. Dean. 2011. "Planar polarity: a new player in both lung development and disease." *Organogenesis* 7 (3): 209–16. doi: 10.4161/org.7.3.18462.

Yayon, A., M. Klagsbrun, J. D. Esko, P. Leder, and D. M. Ornitz. 1991. "Cell surface, heparin-like molecules are required for binding of basic fibroblast growth factor to its high affinity receptor." *Cell* 64 (4): 841–48. doi: 10.1016/0092-8674(91)90512-W.

Ye, S., and T. S. Eisinger-Mathason. 2016. "Targeting the Hippo pathway: clinical implications and therapeutics." *Pharmacol Res* 103:270–78. doi: 10.1016/j.phrs.2015.11.025.

Yi, P., Z. Han, X. Li, and E. N. Olson. 2006. "The mevalonate pathway controls heart formation in *Drosophila* by isoprenylation of Ggamma1." *Science* 313 (5791): 1301–3. doi: 10.1126/science.1127704.

Yoneyama, S., Y. Guo, M. B. Lanktree, M. R. Barnes, C. C. Elbers, K. J. Karczewski, S. Padmanabhan, et al. 2014. "Gene-centric meta-analyses for central adiposity traits in up to 57 412 individuals of European descent confirm known loci and reveal several novel associations." *Hum Mol Genet* 23 (9): 2498–510. doi: 10.1093/hmg/ddt626.

Yu, J., X. Lan, X. Chen, C. Yu, Y. Xu, Y. Liu, L. Xu, H. Y. Fan, and C. Tong. 2016. "Protein synthesis and degradation are essential to regulate germline stem cell homeostasis in *Drosophila* testes." *Development* 143 (16): 2930–45. doi: 10.1242/dev.134247.

Yu, J., M. A. Vodyanik, K. Smuga-Otto, J. Antosiewicz-Bourget, J. L. Frane, S. Tian, J. Nie, et al. 2007. "Induced pluripotent stem cell lines derived from human somatic cells." *Science* 318 (5858): 1917–20. doi: 10.1126/science.1151526.

Yue, Z., J. Xie, A. S. Yu, J. Stock, J. Du, and L. Yue. 2015. "Role of TRP channels in the cardiovascular system." *Am J Physiol Heart Circ Physiol* 308 (3): H157–82. doi: 10.1152/ajpheart.00457.2014.

Yurkovic, A., O. Wang, A. C. Basu, and E. A. Kravitz. 2006. "Learning and memory associated with aggression in *Drosophila melanogaster*." *Proc Natl Acad Sci U S A* 103 (46): 17519–24. doi: 10.1073/pnas.0608211103.

Zalucki, O., and B. van Swinderen. 2016. "What is unconsciousness in a fly or a worm? A review of general anesthesia in different animal models." *Conscious Cogn* 44:72–88. doi: 10.1016/j.concog.2016.06.017.

Zehring, W. A., D. A. Wheeler, P. Reddy, R. J. Konopka, C. P. Kyriacou, M. Rosbash, J. C. Hall. 1984. "P-element transformation with *period* locus DNA restores rhythmicity to mutant, arrhythmic *Drosophila melanogaster*." Cell. 39 (2, pt. 1): 369–76. doi: 10.1016/0092-8674(84)90015-1.

Zemelman, B. V., G. A. Lee, M. Ng, and G. Miesenböck. 2002. "Selective photostimulation of genetically chARGed neurons." *Neuron* 33 (1): 15–22. doi: 10.1016/S0896-6273(01)00574-8.

Zhang, S. D., and W. F. Odenwald. 1995. "Misexpression of the *white* (*w*) gene triggers male-male courtship in *Drosophila*." *Proc Natl Acad Sci U S A* 92 (12): 5525–29. http://www.pnas.org/content/92/12/5525.

Zhang, S. L., A. V. Yeromin, X. H. Zhang, Y. Yu, O. Safrina, A. Penna, J. Roos, K. A. Stauderman, and M. D. Cahalan. 2006. "Genome-wide RNAi screen of Ca(2) influx identifies genes that regulate Ca(2) release-activated Ca(2) channel activity." *Proc Natl Acad Sci U S A* 103 (24): 9357–62. doi: 10.1073/pnas .0603161103.

Zhang, Y. V., R. P. Raghuwanshi, W. L. Shen, and C. Montell. 2013. "Food experience-induced taste desensitization modulated by the *Drosophila* TRPL channel." *Nat Neurosci* 16 (10): 1468–76. doi: 10.1038/nn.3513.

Zhou, C., R. Franconville, A. G. Vaughan, C. C. Robinett, V. Jayaraman, and B. S. Baker. 2015. "Central neural circuitry mediating courtship song perception in male *Drosophila*." *Elife* 4:e08477. doi: 10.7554/eLife.08477.

Zhou, X. L., A. F. Batiza, S. H. Loukin, C. P. Palmer, C. Kung, and Y. Saimi. 2003. "The transient receptor potential channel on the yeast vacuole is mechanosensitive." *Proc Natl Acad Sci U S A* 100 (12): 7105–10. doi: 10.1073/pnas .1230540100.

Zikova, M., J. P. Da Ponte, B. Dastugue, and K. Jagla. 2003. "Patterning of the cardiac outflow region in *Drosophila.*" *Proc Natl Acad Sci U S A* 100 (21): 12189–94. doi: 10.1073/pnas.2133156100.

Zimmer, C. T., W. T. Garrood, A. M. Puinean, M. Eckel-Zimmer, M. S. Williamson, T. G. Davies, and C. Bass. 2016. "A CRISPR/Cas9 mediated point mutation in the alpha 6 subunit of the nicotinic acetylcholine receptor confers resistance to spinosad in *Drosophila melanogaster.*" *Insect Biochem Mol Biol* 73:62–69. doi: 10.1016/j.ibmb.2016.04.007.

감사의 말

이 책은 많은 분들의 도움과 격려 덕분에 이룰 수 있었던, 오랫동안 간직해온 꿈의 결실이다. 먼저 집필 계획을 받아들인 하버드 대학교 출판부의 마이클 피셔와 집필이 끝날 때까지 인내심을 가지고 지원해준 담당 편집자 재니스 오데트에게 감사의 말을 전한다. 탁월한 그림을 그려준 비주얼라이징 사이언스의 피오나 마틴, 초파리 성체와 기생벌의 삽화를 그리는 데에 필요한 사진을 이용할 수 있도록 허락해준 알렉스 와일드 포토그래피의 알렉스 와일드에게 감사한다. 또 메인 주 시골에서 일주일 동안 아무런 방해도 받지 않은 채 집필할 기회를 준 패티슨 레지던시의 토드와 샤론 패티슨 부부(반갑게도 그곳에서 벗초파리에게 관심이 있는 한 블루베리 농장 주인과 이야기를 나눌 기회도 얻었다), 하워드 휴즈 의학연구소 산하 자넬리아 연구소에서 연구원으로 지내면서 한 달 동안 집필에 매달릴 기회를 준 동 연구소와 울리케 헤벨라인에게도 감사를 드린다.

책을 쓰는 일은 연구비 신청서를 쓰고 연구 논문을 쓰는 일과 전혀 다르다. 집필 과정에 도움을 준 모든 분들에게도 고맙다는 말을 전한다. 숱한 주말 아침마다 한 카페에서 함께 글을 쓰면서 책 분량의 문헌들을 놓고 토의함으로써 집필 과정을 덜 외롭게 해준 켈리 로버트슨에게도 감사드린다. 원고를 일부 또는 모두 읽고 평을 해준 친구, 동료, 검토자 분들, 개별 주제에 자문을 해준 분들, 집필 과정의 여러 단계에서 유용한 견해를 제시한 분들에게도 인사를 드린다. 휴고 벨렌, 도미니크 버그만,

343

데이비드 빌더, 셀마 브룸버그, 조지 처치, 일리아 드루진, 벤 어윈캠펜, 앤 그린, 창 리우, 닐 실버먼, 레베카 토레스, C. 팅 우를 비롯한 분들이다. 또 하버드 도서관의 직원들, 특히 숨어 있는 참고 문헌들을 찾도록 도와준 카운트웨이 의학 도서관과 비교동물학 박물관의 에른스트 마이어 도서관의 직원분들께 감사를 드린다.

또 과학자의 삶을 사는 내내 지원과 격려를 해준 모든 분들께도 감사를 드리고 싶다. 특히 미국 유전학회, 미국 초파리 위원회의 전현직 회원들, 로라 그레이벌, 로버트 E. 보스웰, 고인이 된 윌리엄 M. 겔바트, 조슈아 르베어, 에디 해로, 노버트 페리먼을 비롯하여 지난 세월 동안 나의 스승이자 관리자였던 많은 분들께 감사를 드린다. 시간을 내어 내게 과학을 가르쳐주고 어릴 때부터 생물학과 글쓰기를 둘 다 좋아하는 사람에게 딱 맞는 직업을 찾도록 도와준 이 지도자들께 평생 고마움을 안고 살아가련다. 마지막으로 밀고 뒤집고 교배하고 세고 짓눌러 으깨고 해부하고 무엇인가를 주입하고 추출하고 탐침을 꽂고 돌연변이를 일으키는 등 초파리를 대상으로 온갖 실험을 하면서 얻은 결과를 우리 모두를 위해서 공표한 모든 연구자들에게 감사를 표한다.

여러분이 없었다면, 우리는 지금도 어둠 속을 헤매고 있었을 것이다.

이 책을 나의 부모님인 제임스 모어와 엘리자베스 모어께 바치고 싶다. 그 어떤 말을 해도 지금껏 받은 사랑, 지원, 격려에 감사를 드리기에는 부족하니까.

역자 후기

오늘도 부엌에 가니 초파리가 한두 마리 보인다. 어제 과일 껍질을 담아
둔 곳을 보니, 역시나 초파리가 우글거리고 있다. 대체 이 성가신 녀석들
은 어떻게 알고, 어디에서 들어오는 것일까?

이렇게 집에서 마주치는 초파리는 성가시고 짜증을 일으키는 곤충이
다. 그러나 잠깐만 생각을 달리 하면 초파리가 전혀 다르게 느껴질 수도
있다. 초파리가 막 상하기 시작하는 과일을 보고 달려드는 것이 아니라,
사람을 물기 위해 달려든다면? 모기처럼 침으로 찌르거나, 파리처럼 상
하지 않은 음식에도 내려앉는다면? 해충처럼 우리에게 세균과 바이러스
등 온갖 병원균을 옮긴다면? 어디에나 흔한 초파리가 그런 짓들을 하지
않는, 음식이 상해간다는 것을 알려주는 그저 조금 성가실 뿐인 곤충이
라는 사실이 매우 다행스럽게 여겨지지 않을까?

게다가 꿀벌처럼 인류에게 눈에 띄는 혜택을 주는 것은 아닐지라도,
초파리는 우리의 비난과 짜증 가득한 시선을 받으면서도 뒤에서 우리에
게 엄청난 혜택을 주고 있다. 바로 생물학과 생명의학 분야에서 널리
쓰이는 실험동물이 됨으로써이다. 생물학 교과서에 으레 실려 있듯이,
유전학은 멘델의 완두 실험에서 기원했지만, 유전학이 본격적으로 발전
할 수 있는 토대를 마련한 것은 모건의 초파리 실험이었다. 그 뒤로 초파
리는 그 어떤 동물보다도 더 우리의 생물학 지식과 의학 발전에 지대한
기여를 해왔다. 누군가가 초파리에게서 먼저 어떤 발견을 하면, 다른 연
구자들은 그 현상이 다른 생물들에게 나타나는지 살펴본다. 당연히 사

람에게서도 찾아본다. 그 발견은 생명 현상을 깊이 이해하는 토대가 되기도 하고, 사람의 질병을 해결할 단서가 되기도 한다.

이 책은 그렇게 "초파리에게서 최초로" 발견되어 인류의 지식과 질병의 치료에 기여한 사례들이 어떤 것들이 있는지 살펴본다. 읽다 보면 현미경이 거의 유일한 도구이다시피 했던 유전학의 초창기부터, 유전자를 원하는 대로 편집할 수 있는 크리스퍼 같은 기술을 이용할 수 있는 오늘날에 이르기까지, 초파리에게서 최초로 발견이 이루어지는 거의 일방적인 양상이 꾸준히 이어져오고 있음을 알 수 있다. 게다가 이런 사례들은 우리와 초파리가 겉보기에는 전혀 다르지만, 실제로는 진화를 통해서 하나로 연결되어 있음을 잘 보여준다. 지구의 모든 생물이 하나라는 사실을 우리는 초파리를 통해서 깨닫게 된다.

책장을 넘기다 보면, 우리가 제공하는 것은 기껏해야 썩기 시작한 과일 쪼가리와 휘두르는 손바닥뿐이지만, 초파리가 우리에게 얼마나 많은 혜택을 주어왔는지를 실감하게 된다. 그저 너무나 많기에 저자가 압축하여 설명하고 있다는 점이 아쉬울 뿐이다. 아마 제대로 다 적으려면 수십 권짜리 전집이 나와야 하지 않을까? 저자의 바람처럼, 이 책을 읽고 나면 초파리를 바라보는 시각이 바뀔 것이 틀림없다. 손바닥을 휘두르는 대신에, 초파리 덫을 만들어 생포했다가 날려 보낼 독자도 나타날 성싶다.

이한음

인명 색인

치아브렐리 Ciabrelli, F.   262

카발리 Cavalli, G.   262
카우프먼 Kaufman, T.   58
칼슨 Carlson, J.   284
커런 Curran, C. H.   23
코센스 Cosens, D. J.   206
콜터 Coulter, D. E.   193
콩클린 Conklin, E. G.   269
쿨리 Cooley, L.   77
크로 Crow, J. F.   192-193
키거 Kiger, A.   287

테일러 Taylor, J.   143
통 Tong, C.   289
트라우트 Trout, W. E.   203
트레이시 Tracey, W. D.   287
트렌틴 Trentin, J. J.   256

파글리아리니 Pagliarini, R. A.   288
파킨슨 Parkinson, J.   225
파트리지 Partridge, L.   265
판 Pan, D.   128

판스빙데런 van Swinderen, B.   221
펄 Pearl, R.   29-30, 264-266
페닝거 Penninger, J. M.   288
페리 Perry, T.   191
페리먼 Perrimon, N.   80, 110-111, 284, 287, 289
페인 Payne, F.   195
펜세 Pendse, J.   137
피니 Feany, M.   229
피트 Pitt, A.   194
필립스 Phillips, J. P.   194

하렐 Harel, T.   250
하리하란 Hariharan, I. K.   128, 286
한나알라바 Hannah-Alava, A.   170
핸슨 Hanson, F. B.   75
허먼 Herman, M. M.   238
헤니코프 Henikoff, S.   51
헤버라인 Heberlein, U.   219, 285
호그 Hoge, M. A.   166
호그니스 Hogness, D.   60
호프먼 Hoffmann, J. A.   182
홀 Hall, J. C.   215, 284